KB068056

DNA 혁명
크리스퍼 유전자가위

DNA 혁명 크리스퍼 유전자가위

생명 편집의 기술과 윤리, 적용과 규제 이슈

초판 1쇄 발행	2017년 11월 7일
초판 9쇄 발행	2024년 3월 27일
지은이	전방욱
표지 디자인	정은경디자인
펴낸곳	이상북스
펴낸이	김영미
출판등록	제313-2009-7호(2009년 1월 13일)
주소	10546 경기도 고양시 덕양구 향기로 30, 106-1004
전화번호	02-6082-2562
팩스	02-3144-2562
이메일	klaff@hanmail.net

ⓒ 전방욱 2017
ISBN 978-89-93690-49-1 (03470)

DNA 혁명

크리스퍼 유전자가위

전방욱 지음

생명 편집의 기술과 윤리, 적용과 규제 이슈

일러두기: 관련 용어의 해설을 본문에 약물(●)을 표시하고 '용어 해설'에 실었다. 일부 용어의 경우 본문 괄호 안에도 동일한 해설을 두었다.

과학, 생명을 편집하다

'크리스퍼'(CRISPR)라고 하면 무엇이 연상되나요? 아침에 먹는 바삭한 시리얼, 설탕을 입힌 도넛, 아니면 빳빳한 새 돈이 생각나는지요? 크리스퍼는 이 모든 것과는 관련이 없습니다. 그것은 'Clustered Regulary Interspaced Short Palindromic Repeats'라는 엄청나게 긴 영어의 약어입니다. 우리말로 하면 '규칙적인 간격을 갖는 짧은 회문구조* 반복단위 배열'이라고 할 수 있을까요, 영어만큼이나 우리말 풀이도 어렵습니다. 쉽게 기억하기 어려운 이름입니다. 그런데 이런 긴 말을 몰라도 상관없습니다. 이 책에서는 그냥 '크리스퍼'라 지칭하고 설명을 이어 가겠습니다. 이 크리스퍼를 사용해 DNA를 정확하게 절단하는 가위를 '크리스퍼 유전자가위'라고 부릅니다.

크리스퍼 유전자가위*가 발견 또는 발명된 지 이제 5년밖에 지나지 않았지만 이 기술은 막강한 위력을 가진 것으로 나타났습니다. 전사(transcription, DNA의 유전 정보를 RNA의 유전 정보로 복사하는 과정)의 조절(regulation)이나 생체 내 염색체 이미징(imaging) 등 기초 생물학 연구에 다양하게 사용되는 것은 물론 돌연변이• 유전자 교정을 통한 체세포• 유전자 치료, 자녀의 유전병을 막기 위한 배아 및 배우자세포 돌연변이 유전자 교정•, 외래 유전자를 도입하지 않는 식물 유전체• 변형, 해충이나 침입종의 멸종과 멸종 동물의 복원 등에 광범위하게 사용될 수 있다는 사실이 증명되었습니다.

그러나 한편으로 이런 위력을 가진 기술은 미숙한 임상 적용으로 인한 부작용 발생, 치료가 아닌 인간 유전자의 증강•, 유전자 편집• 식물의 규제 곤란, 멸종이나 복원을 통한 생태계의 혼란 등을 불러올 수 있습니다. 따라서 이 기술을 시민들이 참여해 윤리 차원에서 숙고하고 법과 제도를 통해 민주 방식으로 통제하는 것이 중요합니다. 기술을 개발하는 것과 통제하는 것은 항상 동전의 앞뒷면처럼 분리될 수 없는 일입니다.

특히 우리를 혼란에 빠뜨리는 것은 인간의 진화를 좌우할지도 모를 인간 배아의 변형입니다. 2017년 상반기까지 세 건의 인간 배아 편집이 중국에서 이루어졌습니다. 특히 7월 말에는 마침내 미국에서도 인간 배아를 유전자 편집했다는 말이 떠돌았습니다. 이전의 사례는 생명공학의 무법지대라 여겨지는 중국에서 이루어진 연구이고 결과도 신통치 않아 국내에서는 별다른 반향을 일으키지 못했습니다. 그런데 인간 배아의 유전자 편집과 관련해 긴급 집담회를 준비하던 중, 8월로 접어들어 미국 연구팀 외에도 한국 연구팀이 포함되었다는 사실을 확인했습니다.

8월 3일, 논문이 공개되며 몇 가지 주목할 만한 사실이 추가로 드러났습니다. 기존의 기술적 결함들이 많이 시정되긴 했지만 결국 실험을 위해 생성된 배아*에서 돌연변이 유전자 교정이 이루어졌음을 알 수 있었습니다. 이것은 국내 생명윤리법에서 문제가 되는 행위가 미국에서 이루어진 것이라고 할 수 있습니다. 하지만 연구자와 일부 언론은 국내에서도 할 수 있는 연구의 공을 미국에게 돌릴 수밖에 없었다느니, 고통 받는 환자를 위해서라도 연구를 규제하는 생명윤리법을 개정해야 한다는 목소리를 오히려 높였습니다.

공동 연구팀의 논문은 인간 배아의 유전자변형, 생명윤리법 개정, 유전자 치료*의 과장과 얽힌 이권 등 많은 문제점을 던져 주었습니다. 2004년 생명윤리법의 합의를 위반하며 무리하게 줄기세포 연구를 강행하고 이를 바탕으로 법 개정을 요구하던 일이 2017년 현재에도 다시 나타나고 있는 것입니다.

원래 2016년 말에 마감했어야 할 이 책의 원고를 크리스퍼 유전자가위를 둘러싸고 새로운 이슈가 발생할 때마다 수정하며 오늘에 이르렀습니다. 그러나 크리스퍼 유전자가위 기술에 대한 시민들의 이해와 각성이 절박하게 필요한 시점에서 더 이상 미룰 수 없어 부족하나마 이 책을 세상에 내놓게 되었습니다. 다양한 관점과 최근의 동향을 아는 대로 담으려 했으나 어쩔 수 없이 모자란 부분이 있을 것입니다.

이 책은 10장으로 구성되어 있습니다. 1장 '크리스퍼 유전자가위의 등장'에서는 DNA와 돌연변이, 그리고 인위적으로 돌연변이를 도입하기 위해 개발된 초기의 유전자가위에 대해 설명합니다. 또 기초적인 미생물의 면역 연구에서 발견·개발된 크리스퍼 유전자가위의 장단점과 위력을 제시합니다.

2장 '실험동물의 생산'에서는 질병 모델과 이종간 장기 이식을 위한 동물의 유전자 편집과 이와 관련된 윤리 문제에 대해 살펴봅니다.

3장 '체세포 치료'에서는 유전자가위를 사용한 최초의 백혈병 치료를 비롯해 거의 모든 질병에 광범위하게 적용되는 크리스퍼 유전자가위의 적용 사례를 제시하며, 체세포 치료의 기술적·윤리적 문제에 대해 생각해 봅니다.

4장 '인간 배아의 유전자 편집'에서는 인간 배아의 유전자 편집 사례와 이를 둘러싼 윤리적·법적·사회적 논의에 대해 다루고, 특히 한국과 미국의 공동 실험을 중심으로 기술적·윤리적 함의를 살펴봅니다.

5장 '치료와 증강의 경계'에서는 생식세포• 치료의 기술적·윤리적 문제를 살펴보고 생식세포 편집과 필연적으로 연관될 수밖에 없는 생식세포 증강 문제를 생각해 봅니다.

6장 '농작물과 가축 개량'에서는 농작물과 가축에 대한 유전자가위 기술의 적용 방법 및 사례와 각국의 규제 현황, 윤리적 문제를 살펴봅니다.

7장 '멸종과 복원'에서는 유전자 드라이브•의 기본 원리를 설명하고, 모기와 침입종에 대한 적용 실험 및 이에 따른 문제를 제시합니다. 그리고 이미 멸종한 동물의 복원 시도에 대해 생각해 봅니다.

8장 '특허권 경쟁'에서는 크리스퍼 유전자가위를 둘러싼 특허 소유권 다툼과 대리 라이선싱, 크리스퍼 유전자가위의 상업화를 통한 스타트업 회사들의 성장을 다룹니다.

9장 '프레이밍 전쟁'에서는 유전자가위 기술을 편집이나 교정으로 표현하는 문제, 정밀성의 표현을 통해 크리스퍼 유전자가위를 둘러싼 프레이밍 논쟁을 살펴보고, 크리스퍼 유전자가위 기술에 따르는 과장과 마케팅의 위험성을 생각해 봅니다.

10장 '과학자의 자기 규제에서 시민 규제로'에서는 유전자가위 기술의 적용을 둘러싼 다양한 규제 방식과 각국의 규제 현황을 살펴보고 과학자들의 자기 규제 노력과 개선 방향, 이를 근본적으로 극복하기 위한 시민적 숙의의 필요성을 다룹니다.

책을 쓰는 과정에서 많은 분들의 도움을 받았습니다. 8장의 특허 관련 내용을 바로잡아 주신 두리암특허법률사무소의 문환구 변리사 님, 그리고 페이스북의 관련 내용을 인용할 수 있도록 허락해 주신 법무법인 나눔의 이미영 변호사 님과 SK증권 황대하 부장님께 감사의 마음을 전합니다. 유전자가위에 대해 함께 공부한 강릉원주대학교 생물학과 학생들과 서울생명윤리포럼 동료들에게도 감사드립니다. 어머님과 온 가족에게 힘이 되었으면 합니다. 마음고생하며 기다려 주신 이상북스 송성호 대표의 짐도 좀 덜어 주면 좋겠습니다.

2017년 10월, 가을이 짙어가는 주문진 우거에서
전방욱

저자 서문 – 과학, 생명을 편집하다   005

제 1 장   크리스퍼 유전자가위의 등장

생명의 암호 DNA   016

돌연변이   017

초기의 유전자가위   019

공격의 기억   023

크리스퍼와 치즈   024

공동 연구   027

절단 부위의 수리   030

유전자가위의 장단점   033

위력적인 크리스퍼 유전자가위   035

제 2 장   실험동물의 생산

유전적 변이와 질병 모델   038

다양한 동물 모델   039

동물 복지   042

유용 물질의 생산   043

장기 이식 동물   044

대체 장기의 배양   046

윤리적 균형   048

제 3 장   체세포 치료

기적적 치료   052

질병 치료의 방식   054

개별적인 병의 치료   057

신약 개발   084

기술 문제   085

윤리 문제   088

제 4 장   인간 배아의 유전자 편집

전조   096

첫 번째 실험   097

논쟁   099

두 번째 실험   101

연구 러시   102

세 번째 실험   103

한·미 공동 실험   104

기술적 함의   105

윤리적 함의   106

사안별, 다중심적 규제 방식   108

다섯번째 실험   112

계속되는 생식세포 편집   113

제 5 장   치료와 증강의 경계

체세포 치료, 생식세포 치료, 그리고 증강   116

생식세포 치료의 기술 문제   117

생식세포 치료의 윤리 문제   119

무엇이 질병인가   128

생식세포 증강의 윤리 문제   131

제 6 장   **농작물과 가축 개량**

식량증산의 필요성과 기존의 육종 방법   138

식물 유전체 변형의 난점   140

식물 유전체 변형 방법   142

식물체 편집   147

크리스퍼 파스타   178

각국의 규제 기준   180

바람직한 규제   182

모호한 기준   183

우려의 시선   185

가축 개량   187

제 7 장   **멸종과 복원**

유전자 드라이브   194

모기와 질병   196

사용처   199

유전자 드라이브의 기술 한계   201

모기 멸종의 윤리   203

규제 하의 연구   204

모기에게 국경이 있을까   207

매머드의 복원   209

제 8 장   **특허권 경쟁**

특허는 누구의 것인가   214

특허권 경쟁의 영향   219

대리 라이선싱   221

유전자 편집 기술의 상업화   223

스타트업   226

제 9 장   **프레이밍 전쟁**

용어 해석의 중요성   234

편집이냐, 교정이냐   235

정밀성의 신화   244

과장과 마케팅   246

제 10 장   **과학자의 자기 규제에서 시민 규제로**

다양한 규제 방식   254

각국의 규제 상황   256

아실로마의 환상   261

제2의 아실로마 회의가 필요할까   263

인간 유전자 편집 국제 정상회담   266

자기 규제 플러스   269

시민 숙의의 필요성   272

퀴즈   275

용어 해설   286

참고문헌   296

찾아보기   329

1

크리스퍼 유전자가위의 등장

생명의 암호 DNA

DNA는 세포 내부에 들어 있는 생명의 암호다. 이 분자는 세포가 자라고 분열하며 조직이나 생물체로 발달하는 데 필요한 모든 정보를 담고 있다. 그래서 분자 수준에서 생명을 이해하려면 우선 DNA를 이해해야 한다. DNA는 당, 인산, 그리고 네 종류의 염기로 구성된 뉴클레오티드(nucleotide)라는 기본 단위가 결합하여 이루어진 이중나선구조다. 이 뉴클레오티드 또는 염기가 배열된 순서를 서열(sequence)이라고 한다. 문장 안의 글자처럼 뉴클레오티드 서열은 세포가 읽을 수 있는 정보를 담고 있다. 하나의 DNA 사슬 속에는 보통 수백만 개의 뉴클레오티드가 들어 있기 때문에 담을 수 있는 정보의 양이 엄청나게 많다.

생물이 갖는 모든 염기서열 정보를 유전체라고 한다. 유전체는 사람의 경우 대략 32억 개의 DNA 염기로 구성되고 염색체 안에 들어 있다. 유전자는 세포가 읽는 유전체의 개별 영역이며 행동하고 기능하는 데 필요한 단백질을 만드는 방법을 알려 준다. 유전자는 생물체에게 특정한 형질을 부여한다. 예를 들어 꽃의 색깔이라는 형질은 그 식물의 유전자에 의해 결정된다. 생물체의 모든 세포에 들어 있는 유전체는 본질적으로 같지만, 유전자가 각각 어떻게 활성화되는가에 따라 세포마다 차이가 나타난다. 예를 들어, 눈에서 특화된 세포의 유전자들은 빛을 감지하는 단백질을 만들고, 적혈구 세포의 유전자는 산소를 운반하는 단백질을 만드는 식으로 활성화된다.

유전자의 정보는 분자생물학에서 중심 교리●라고 부르는 특정한 방식으로 전개된다. 세포는 DNA의 암호화된 정보를 이용해 다른 형태의 분자를 만든다. 처음에는 DNA의 복사본을 RNA라는 일종의 중개자 분자로 만들고, 이들 RNA를 단백질을 만드는 데 사용한다. DNA를 모든 종류의 요리 정보를 담고 있는 요리책이라고 상상해 보자. 어떤 요리를 할 때 책 전체를 볼 필요가 없다. 만들고 싶은 요리의 조리법이 있는 페이지만 복사(전사)해 이것만 들고 요리하면 된다. DNA가 요리책 전체라면 RNA는 복사한 페이지에 가깝다. 때로는 RNA가 단백질을 만들지 않고 독립적으로 독특한 역할을 맡는 경우가 있다. 예를 들면 crRNA[•](크리스퍼 RNA)는 독립적인 RNA로 독특한 면역작용을 하는 데 관여한다.

돌연변이

생물체는 하나의 세포에서 생명 활동을 시작한다. 이 하나의 세포가 여러 개의 딸세포를 만들거나 다세포 생물체로 발달하려면, 유전 정보를 자신의 DNA에 담아 안정적으로 전달해야 한다. 이처럼 DNA가 자신의 복사본을 만들 때 방사선, 자외선, 화학물질 등 여러 가지 요인에 의해 손상이 일어날 수 있다.

생물은 DNA에 생기는 손상을 복구하는 기능을 가져 생존에 필요한 유전적 안전성을 유지한다. 그러나 어떤 경우에는 복구가 제대로 이루어지지 않고 DNA의 염기서열의 변화가 영구적으로 DNA에 고정되는데, 이것이 변이(돌연변이)다. 이로 인해 생물체의 개체가 갖는 유전자들이 약간씩 달라질 수 있다. 예를 들어 개체의 눈 색깔과 같이 집단 내에서 형질의 차이가 나타날 수 있다. 변이는 오랜 진화 과정을 거치며 생물 다양성을 만들어 내는 원동력이 되기도 하지만, 개인에게는 질병을 일으키는 원인이 될 수도 있다.

초기 유전학자들은 특정한 유전 현상을 이해하기 위해 돌연변이 표현형을 갖는 개체를 선발하거나 인위적으로 돌연변이 표현형을 만드는 방법을 생각했다. 멘델(Gregor Mendel)은 유전을 연구하기 위해 완두콩 종자의 색깔과 키가 다른 자연적 변이를 이용했다. 모건(Thomas Morgan)은 흰 눈의 초파리를 처음으로 발견해 연구했다. 멀러(Hermann Joseph Muller)는 초파리에 자외선을 쬐어 돌연변이를 유도했다. 아우어바흐(Charlotte Auerbach)는 겨자가스가 돌연변이를 일으키는 효과가 있다는 사실을 발견했다. 이처럼 과학자들은 오랫동안 표현형으로 나타나는 임의 돌연변이로부터 관련 유전자를 밝히려고 노력했다.

유전체의 서열을 밝히면서 이미 우리가 알고 있는 유전자의 돌연변이를 일으킬 수 있게 되었고, 이로부터 나타나는 표현형을 통해 돌연변이의 효과를 분석하려 했다. 이것이 유전자 편집 기술의 시초라 할 수 있다. 카페치(Mario Capecchi)는 효모와 마우스(실험동물) 세포를 사용해 외부에서 공급한 DNA 토막을 재조합 방법으로 유전체에 도입해 표적 돌연변이를 일으키는 방법을 고안했으나 효율이 극히 낮았다. 온전한 염색체는 굳이 재조합할 이유가 없기 때문에 효율이 낮은 것은 당연하다. 그러나 DNA 이중가닥을 절단하면 절단 부위에서 상동재조합●(homologous recombination, HR)을 일으키고 국부적 돌연변이를 형성할 수 있다는 사실을 알아냈다.

DNA의 이중가닥은 세포분열 도중에 자연적으로 또는 DNA가 손상될 경우 절단될 수 있다. 따라서 세포는 DNA의 이중가닥 절단●을 수리하는 매우 정교한 장치를 진화시켜 왔다. 세포 내부의 DNA를 변화시키려면, 변화시키고자 하는 DNA 부위에서 이중가닥을 절단하는 방법을 알아내야 한다. 가공한 핵산분해효소(뉴클레아제nuclease, 핵산을 뉴클레오티드로 가수분해하는 효소)는 정해진 위치에서 DNA의 이중가닥을 절단한다.

초기의 유전자가위

_제한효소

유전자가위는 특정 부위에서 DNA를 절단할 수 있는 능력을 갖는 광범위한 효소를 말한다. 이 유전자가위는 DNA의 표적을 인식하는 부분과 DNA를 자르는 두 부분으로 구성되어 있다. 자연계에서 이런 효소는 많은 박테리아에서 발견되며 바이러스와 같은 외부 침입자를 방어하는 데 쓰인다.

가장 초기에 발견된 유전자가위는 제한효소인데, 짧은 DNA 서열을 인식하고 표적 부위 안이나 인접 부위에서 DNA의 이중가닥을 절단한다. 제한효소(制限酵素, restriction enzyme)는 DNA 염기서열에서 특정 부위를 절단하지만, 제한효소가 인식할 수 있는 염기의 수가 적어서(4-8 염기쌍) 표적 부위가 너무 많아지기 때문에 유전자 편집 용도로는 적절하지 않다. 또 염기의 수가 많은 유전체에서 의도했던 곳과 상관없는 여러 부위를 끊을 수 있다.

_ 메가뉴클레아제

하버(James E. Haber), 뒤종(Bernard Dujon), 제이신(Maria Jasin) 등은 인식 부위가 매우 긴 귀소성 핵산분해효소(homing nuclease), 즉 메가뉴클레아제(meganucleases)를 발견했다. 이 효소는 유전체의 독특한 위치에 결합하고 DNA의 이중가닥을 절단해 재조합이나 돌연변이를 일으킨다. 이것은 임의적인 상동재조합에 비해 재조합 효율을 수천 배 높일 수 있다. 그러나 이 효소는 인식 부위가 제한적이고 설계가 어려워 실제로 잘 사용되지 못했다.

_ 아연손가락핵산분해효소

아연손가락핵산분해효소●(zinc finger nuclease, ZFN)는 DNA의 표적에 결합하는 아연손가락(zinc finger) 부분과 DNA를 자르는 FokI 제한효소(박테리아 Flavobacterium okeanokoites에서 첫 번째로 발견된 제한효소)라는 두 부분으로 구성된다. DNA가 RNA로 전사되려면 이를 돕는 전사인자(轉寫因子, transcription factor, 전사 과정에 참여하는 단백질)가 필요하다.

아연손가락은 전사인자에서 흔히 나타나는 DNA 인식 부위다. 각 아연손가락 단백질 모듈은 3개의 염기서열을 인식할 수 있으며, 이 단백질의 아미노산 서열을 변화시키면 인식하는 3개의 염기서열을 바꿀 수 있다. 이 모듈을 직렬로 연결하면 높은 특이성을 갖고 연속적인 DNA 서열을 인식할 수 있다. 프로그램

이 가능한 이 DNA 인식 영역과 핵산분해효소를 결합시키면 특정한 부위를 자르는 유전자가위를 만들 수 있다. 이때 가장 편리하게 사용할 수 있는 핵산분해효소는 비특이적으로 DNA를 자르는 FokI 제한효소다. FokI 제한효소는 단일 가닥만을 절단하기 때문에 DNA 이중가닥을 절단하기 위해서는 이 제한효소를 반드시 쌍으로 만들어야 한다. 한 쌍의 단백질은 모두 DNA 인식 영역과 핵산분해효소 영역을 갖는다. 만드는 데는 품이 더 들지만 양가닥에서 인식하는 서열의 길이는 두 배로 늘어나고 인식의 정확도도 높아진다. 실제로 각각 3개의 아연손가락 모듈을 사용할 경우 인식할 수 있는 DNA 서열은 18염기쌍, 즉 4^{18}(687억 1947만 6736)가지 염기쌍을 구별할 수 있다. 커다란 유전체에서조차 이런 서열은 2개 이상 나타나지 않는다. 인간 유전체의 염기쌍은 대략 3억 2000만 개이므로, 이 인식 영역을 갖는 ZFN은 인간의 유전체 중 단 한 곳만을 자르도록 만들 수 있다.

ZFN은 유전자 편집을 위해 개발된 최초의 정밀 유전자가위였다. 1996년 초파리 전사인자의 아연손가락을 핵산분해효소 영역에 연결시켜 만든 최초의 ZFN은 초파리 유전체를 변형하는 데 성공했다. 이후 많은 ZFN이 디자인되었고, 다양한 생물체와 세포주에서 특정 유전자를 성공적으로 변형했다. 변형 효율은 시스템에 따라 다르지만 대개 10퍼센트 정도다.

이 같은 이점이 있지만 ZFN을 사용해 유전체를 변형하려면 시간이 많이 소요되고 디자인을 하더라도 유전자가위가 작동하지 않는 경우도 있다. 대개는 아연손가락의 데이터베이스를 활용해 특정한 DNA 서열과 특이하게 상호작용하는 단백질을 고르지만,

어떤 조건에서는 효율적으로 표적과 결합하는 단백질이라도 다른 조건에서는 동일한 효율성으로 결합하지 않을 수 있다.

_TALE 유전자가위

TALE 유전자가위●(TALEN)는 산토모나스(Xanthomonas)과에 속하는 식물 병원성 박테리아의 특정한 DNA 결합단백질(TALE)로 DNA 염기서열을 인식한다. 그리고 ZFN과 마찬가지로 FokI 핵산분해효소를 사용해 절단한다. 각 TALE 단백질은 34-35개의 아미노산 반복단위로 1개의 염기를 인식한다. TALEN은 ZFN과 마찬가지로 어떤 표적 DNA나 인식하도록 프로그래밍될 수 있다. TALE 단백질은 각 염기에 대응하는 아미노산을 알 수 있기 때문에 아연손가락단백질보다 만들기가 쉽다. 유전자가위를 만들 때에는 일반적으로 18-20개의 염기서열을 인식하는 TALE 단백질을 사용한다.

TALEN은 세포를 구분하지 않고 DNA를 자를 수 있어 여러 종류의 생물체와 배양세포의 DNA를 성공적으로 변형시켰다. 그러나 TALEN이 ZFN을 대신해 널리 사용되기도 전에 크리스퍼 유전자가위가 등장했다.

ZFN과 TALEN은 모두 생물체의 유전체 편집 혁명을 일으켰다. 이 두 기술은 작물 생산, 질병 모델의 발달, 새로운 유전자 연구, 질병에 대한 유전자 치료 시험, 맞춤형 의학●의 개발 등 다양한 분야에 광범위하게 적용되었다. 그러나 이들보다 더 간편하고 효율적인 유전자가위가 전혀 엉뚱한 연구에서 개발되었다.

공격의 기억

생물체가 살아가려면 면역계*가 필요하다. 삶이란 방어하려는 생물체와 그것을 공격하려는 병원체 사이의 끝없는 군비경쟁이기 때문에 특정한 면역반응을 나타내는 능력이 필수다. 면역계가 없다면 생물체는 병원체에 무방비로 노출될 것이다. 인간은 다양한 종류의 공격자를 물리칠 수 있는 고도로 발달된 면역계를 가졌다. 이중 적응면역계*는 많은 면역세포와 다양한 물질이 관여해 외래 침입자와 각각 상호작용하는 믿기지 않을 정도로 복잡한 과정을 갖는다. 이때 외래 침입자들과 관련된 분자들을 특이적으로 인지하는 기억세포를 형성해 공격의 기억을 간직한다. 그래서 병원체가 다음에 다시 공격하면 반격을 하게 된다. 적응면역은 고도의 협동과 조절작용을 필요로 한다. 그래서 최근까지도 과학자들은 단세포 박테리아에 적응면역계가 존재할 리 없다고 생각했다. 그러나 10-15년 전쯤 과학자들은 예상과 달리 박테리아가 면역 기억을 갖는다는 사실을 발견했다. 박테리아가 채택한 적응면역계는 인간에서 나타나는 적응면역계와는 매우 다르지만 효과는 놀랍도록 유사하다.

박테리오파지*(bacteriophage)는 박테리아를 잡아먹는다는 뜻을 가진 박테리아 특이적인 바이러스다. 지구에 가장 많이 존재하는 형태의 생물이며 지구 전체에 존재하는 개체수는 박테리아의 열 배 정도인 무려 100만 조에 달한다. 양손으로 퍼 올린 바닷물에는 지구상의 인류보다 많은 박테리오파지가 존재하며, 대양에 존재하는 박테리오파지는 매일 박테리아의 3분의 2를 죽인다고 한다. 따라서 박테리아가 살아남기 위해서는 박테리오파지를 효과적으로 방어하는 전략을 가져야 하고 자신도 바이러스 못지 않게 빨리 번식해야 한다. 박테리오파지는 달착륙선과 비슷하게 세포 표면에 착륙할 수 있는 다리와 DNA를 저장하는 머리, 그리고 DNA를 주사기처럼 세포로 주입하는 펌프를 가졌다. 박테리오파지가 접근해 박테리아 세포에 착륙하면 박테리아 세포막 안쪽으로 DNA를 빠르게 주입한다. 이들은 박테리아의 복제 기구를 통제해 자신의 DNA를 복제한다. 일단 충분한 시간 동안 복제된 후 이들은 단백질 껍질을 쓰고 성숙한 박테리오파지가 되어 세포 밖으로 터져 나온다. 이런 재앙을 막기 위해 박테리아는 영리한 방어 체계를 발달시켰다.

크리스퍼와 치즈

1987년 오사카 대학의 나카타(Atsuo Nakata) 연구팀은 창자 속에 살고 있는 대장균의 유전체를 분석하다가 그 전에는 보지 못했던 어떤 것과도 닮지 않은 DNA 부위를 발견했다. iap(isozyme converting alkaline phosphatase) 유전자 부근에서 발견된, 29염기쌍을 갖는 반복단위 사이에 32-33개의 독특한 스페이서(spacer) 서열(반복서열 사이에 위치한 비반복 서열)이 끼어 있는 이 구조는 복제할 때 발생한 실수처럼 보였다. 1995년 이후 스페인 알리깐떼 대학의 모히카(Francisco Mojica) 연구팀은 다른 원핵생물과 고세균●에서도 이와 유사한 구조가 나타난다는 사실을 실험과 컴퓨터 검색을 통해 밝혔다. 얀센(Ruud Jansen) 등은 이제까지 서열이 결정된 미생물 유전체를 컴퓨터로 검색해 크리스퍼 배열[*]이 40퍼센트의 박테리아와 90퍼센트의 고세균 유전체에 존재함을 밝혔다. 얀센 연구팀은 네 종류의 크리스퍼 연관(CRISPR associated, Cas) 유전자가 크리스퍼 배열 부근에 존재함을 알아냈다.

이 배열의 생물학적 의미를 찾기 위해 몇 가지 가설이 제안되었으나 2005년에 접어들어서야 세 연구팀이 독립적으로 크리스퍼 배열에 들어 있는 스페이서 서열이 플라스미드(plasmid, 박테리아 세포 내에서 독자적 증식이 가능한 염색체 이외의 DNA 분자)나 파지에서 유래하는 DNA와 유사하다는 결과를 얻었다. 이로써 크리스퍼가 외래 DNA의 감염에 대한 저항성을 나타낸다는 가설이 설득력을 갖게 되었다.

크리스퍼 배열의 잠재력을 처음으로 깨달은 사람은 생명과학자들이 아니었다. 치즈와 요구르트 제조업자들은 10여 년 동안 박테리오파지의 공격을 더 잘 물리치는 종균을 만들기 위해 크리스퍼에 의존해 왔다. 그것은 박테리아가 바이러스를 물리칠 수 있는 매우 효율적인 방법이었다. 종균에 파지가 감염되면 유제품 산업에 광범위하고 심각한 문제를 일으킨다. 이것은 일찍이 사람들이 처음 치즈를 제조할 때부터 겪은 문제였다. 파지의 공격으로 전 세계적으로 약 2퍼센트 치즈의 품질이 떨어지는데, 일단 감염되면 우유를 초기 배양할 때 산성화가 지연되어 크림의 생산량이 10퍼센트 정도 줄어든다고 한다.

2000년대 초 덴마크의 한 요구르트 회사 과학자들은 요구르트와 치즈의 종균인 유산균의 유전자 서열 결정을 하는 동안 크리스퍼 배열을 처음 알게 되었다. 이들은 2005년에 크리스퍼 배열의 존재와 파지 저항성과의 연결고리를 처음으로 생각해 냈다. 그리고 2007년, 바랭구(Rodolphe Barrangou) 연구팀은 크리스퍼 배열이 실제로 파지 저항성과 관계가 있다는 것을 입증했다. 그곳에서 과학자들이 연구한 유산균(Streptococcus thermophilus)은 요구르트와 모차렐라치즈, 그리고 다른 유제품을 만들기 위한 중요한 성분이었다. 그들은 그들의 박테리아주의 바이러스 저항성을 증가시키고자 했다. 과학자들은 그 박테리아 균주들이 크리스퍼 배열 안의 DNA와 짝이 맞는 DNA를 가진 모든 바이러스에 대해 완벽한 면역반응을 나타낸다는 사실을 알아냈다.

박테리아 균주가 짝이 맞지 않는 바이러스로 감염되면 박테리아 세포는 바이러스로부터 새로운 DNA 조각을 훔쳐 그것을 잘라 크리스퍼 배열로 넣어 새로운 면역 능력을 갖게 된다. 감염 동안에 자신을 진화시키며 적응한다. 과학자들은 크리스퍼 배열의 그 정보를 재감염 동안 특정 바이러스를 인식하는 데 사용하는 현상을 발견하고 놀랐다. 그것은 경찰관이 전과자의 지문을 등록해 두었다가 유사한 범죄가 일어났을 때 범죄 현장에서 채취한 지문과 대조해 범인을 검거하는 것에 비유할 수 있다. 동일한 방식으로 크리스퍼 배열은 DNA를 인식하고 실제로 바이러스를 파괴한다. 크리스퍼 배열은 후에 짝을 이루는 DNA를 파괴하는 안내자의 역할을 해서 이후의 바이러스 감염을 물리칠 수 있는 것이다. 박테리아는 이 시스템을 자연적으로 이용하지만 과학자들은 배양 시 면역반응을 부여하는 데 이용할 수 있도록 노력한다.

크리스퍼 배열이 면역작용에 참여하는 것은 알아냈지만 어떤 메커니즘으로 그런 반응이 일어나는지는 여전히 베일에 싸여 있었다.

공동 연구

크리스퍼 배열은 모든 박테리아의 절반 정도와 고세균의 대부분에 존재한다. 또 크리스퍼 배열은 대부분의 유전자처럼 단백질을 만들지 않고 대신 단일 가닥의 RNA를 만든다. 이 발견으로 새로운 가설이 등장했다.

오늘날의 동식물은 RNA 바이러스에 대해 자신을 방어하는 능력을 가졌다. 일부 연구자들은 크리스퍼가 원초적 면역계인지 여부를 알기 위해 연구를 시작했다. 그 아이디어로 연구한 사람 중 캘리포니아 주립대학 버클리 분교의 밴필드(Jill Banfield)가 있었는데, 같은 곳에 다행스럽게도 미국 최고의 RNA 연구자 다우드나(Jennifer A. Doudna)가 근무하고 있었다. 두 사람은 공동으로 박테리아가 면역계로 이용하기 위해 크리스퍼 배열을 RNA 분자 형태로 이용한다는 가설을 세우고 그것을 증명하기 위한 실험을 시작했다.

그 결과 크리스퍼 배열과 이와 연관된 유전자를 갖는 박테리아는 실제로 자신을 감염시키는 바이러스에 적응하는 능력을 갖는 것으로 나타났다. 그러나 동식물의 면역계가 사용하는 방식과 이 시스템이 작동하는 방식이 동일하다는 결과를 얻을 수는 없었다.

2011년, 미국 미생물학회의 초청을 받은 다우드나(Jennifer A. Doudna)는 우메오 대학의 샤르팡티에(Emmanuelle Charpentier)를 만났을 때 Csn1(후에 Cas9*으로 개칭)이라는 크리스퍼와 연관된 단백질이 특이한 것 같다는 말을 들었다. 이 단백질은 바이러스의 특정 DNA 서열을 찾아 미세 수술 도구처럼 자른다고 했다. 두 사람의 연구팀은 크리스퍼 유전자가위가 두 종류의 짧은 RNA와 이것과 결합한 Cas9으로 이루어진다는 사실을 발견했다. RNA 가닥은 바이러스 DNA의 상보적인 부위를 GPS처럼 찾아내 크리스퍼 유전자가위를 데려오고, Cas9은 모양을 바꾸어 DNA를 움켜잡고 정확한 분자 메스처럼 DNA를 잘라 낸다.

Cas9의 3D 프린트 모델을 보면 크리스퍼 유전자가위가 작동하는 방법을 정확히 알 수 있다. Cas9 단백질은 홈이 파진 조가비나 야구 글러브처럼 생겼다. 그리고 RNA와 DNA 핵산 분자를 움켜잡는다. 이 단백질은 DNA 분자를 벌어지게 한다. 분자 속에 들어 있는 두 종류의 RNA 중 crRNA 서열은 이 단백질이 DNA의 어느 곳으로 향할지 정보를 준다. Cas9 단백질은 DNA 이중가닥을 벌리면서 훑어 가다가 crRNA가 짝을 이루는 DNA를 만나면 RNA-DNA 복합체를 형성한다. 그 부위에서 다른 가닥의 DNA도 이 단백질과 결합하게 되고, 2개의 분자 가위는 DNA의 각 가닥을 매우 정확하게 잘라 낸다.

모식도에서 Cas9의 단백질은 배경의 풍선 모양으로 표현된다. 단백질 내부에서는 DNA의 두 가닥이 벌어져 있고, 그중 한 가닥에 20개의 염기로 구성된 인식 부위를 갖는 crRNA가 결합한다.

이때 tracrRNA(트랜스크리스퍼 RNA)라는 두 번째의 RNA가 crRNA의 말단과 염기쌍을 형성해야 단백질과 crRNA가 정확하게 결합할 수 있다.

다른 종류의 크리스퍼 유전자가위는 더 복잡한 성분을 갖는다. 하지만 이들이 실험한 화농연쇄상구균(*Streptococcus pyogenes*)의 크리스퍼 유전자가위는 단순한 편이어서 crRNA, tracrRNA, 그리고 Cas9 단백질로 구성된다. 다우드나 연구팀의 박사후 연구원이던 지넥(Martin Jinek)은 두 종류의 RNA의 끝을 연결시켜 Cas9 단백질에 결합할 수 있는 sgRNA●(단일가이드 RNA)를 만들었다. 이제 크리스퍼 유전자가위는 sgRNA와 Cas9 단백질로 구성되어 더욱 단순해졌다.

다음 단계에서는 Cas9의 절단 능력을 테스트하기 위해 이중가닥의 고리형 DNA 분자를 사용해 그것이 제대로 절단되는지 실험으로 증명했다. sgRNA를 사용해 특정한 위치에서 DNA를 절단했고, 그런 다음 잘린 DNA 토막의 길이를 측정했다. 그 결과 각각 다르게 만든 sgRNA는 예상했던 위치에서 특정한 DNA를 정확하게 잘라 냈다. 프로그램 단백질이 절단하고자 하는 부위에서 DNA를 절단한다는 사실을 깨달았다. 연구를 시작할 당시에는 새로운 기술을 개발할 생각이 없었으나 이 참신한 발견으로 인해 과학자들은 이제 믿을 수 있고 빠르며 저렴한 DNA 절단 및 돌연변이 방법을 갖게 된 것이다.

이 획기적 기술은 박테리아 유전학에 대한 단순한 호기심에서 비롯되었다. 다우드나 실험실의 박사과정 학생이던 스턴버그(Samuel Sternberg)는 다음과 같이 이 과정을 증언한다. "나는 여전히 이 기술이 이처럼 폭발적인 결과를 나타내는 데 놀라곤 한다. (크리스퍼 유전자가위는) 불과 몇 년 전만 해도 인간의 건강과는 전혀 상관없는 별 볼일 없는 연구 주제였다. 그런데 올해만 해도 크리스퍼와 유전체 편집에 관한 컨퍼런스는 세계 전역에서 열리고 있다. 박사과정을 시작하고 내가 크리스퍼의 연구 결과를 발표했을 때 반응은 신통치 않았지만 동료들과 나는 개의치 않았다. 크리스퍼는 멋진 주제가 되는 큰 질문이고 짜릿한 가능성이 있었다. 그래서 우리는 주저하지 않고 이 일에 매달렸다. 과학은 이런 우연한 발견의 이야기로 가득하다. 아무도 다음에 일어날 엄청난 일을 예측하지 못할 정도로 기초 연구에는 기본적으로 중요하고도 놀라운 요소가 많다. 우리는 우리를 어디로 인도하든 호기심을 따르는 것뿐이다. 자연이 미리 마련해 둔 다른 놀라운 도구와 기술이 있을지 누가 알겠는가?"

절단 부위의 수리

만약 DNA에서 이중가닥 절단이 일어나면 식물과 동물 세포는 그 부위를 찾아내야 한다. 세포분열 시 자연적으로, 또는 방사선이나 약품 등에 의한 돌연변이 때문에 일어나는 절단이 세포에 해를 끼치기 때문이다. 세포는 필히 이것을 수리하는 기구를 가져야 한다.

절단은 두 가지 기본 경로를 통해 수리된다. 첫 번째 경로는 세포가 절단된 부위의 DNA 토막을 약간 탈락시키거나 새로운

DNA 토막을 추가해 절단된 곳을 화학적으로 봉합하는 것이다. 이 경로는 비상동말단접합●(non-homologous end joining, NHEJ)이라 하는데, 만약 이런 식으로 수리가 된다면 DNA 서열이 흐트러지거나 돌연변이가 일어날 수 있다. 손을 크게 베었을 때 임시방편으로 반창고를 붙이면 일단 피는 멎지만 피부근육이나 혈관신경 등에서 나중에 문제가 발생할 수 있는 것과 마찬가지다.

두 번째 경로는 상동의존성수리●(homology directed repair, HDR)라 하는데, 절단 부위 사이에 주변의 서열과 비슷한 DNA 주형(틀)을 넣으면 절단 부위에서 재조합되어 그 자리에 새로운 유전 정보를 도입하게 된다. 이것은 세포가 이중가닥 절단을 정교하게 수리하는 방식이라고 알려졌다. 복합골절이 일어난 부위를 잘라 내고 새로운 인공뼈로 대체하는 방법과 유사하다.

과학자들은 이 경로를 이용하려고 한다. 만약 특정한 곳에서 유전체를 자르는 효소를 디자인한다면 선택한 방식대로 절단된 부위를 복구할 수 있다. 예를 들어, 만약 우리가 분자 가위를 사용해 유전적 돌연변이 부위나 그 근처를 자르게 한다면, 우리는 그 자리에 들어맞는 수리 주형●으로 새로운 DNA를 사용해 잘못된 서열을 교정할 수 있다.

하지만 분자 가위를 디자인하는 것은 오랫동안 쉽지 않은 일이었다. 30억 개의 글자로 이루어진 유전체의 한 부위를 표적하는 효소를 어떻게 특이적이고 효율적으로 절단하겠는가? 그런데 박테리아는 이와 같은 방식으로 이미 이 문제를 정확하게 해결하고 있었다. 박테리아는 크리스퍼 유전자가위를 사용해 바이러스의 DNA 서열을 표적하고 자른다.

우리는 이제 크리스퍼 유전자가위를 사용해 실험실에서 인간 DNA를 표적하고 잘라 유전체를 실제로 편집하는 단계에 이르렀다. 크리스퍼 유전자가위는 이를테면 '아래한글' 프로그램의 '찾아 바꾸기' 기능을 할 수 있다. 글자가 잘못되었으면 그것을 '찾는 단어'에 입력해 해당 문서의 어느 곳에 그 글자가 있건 '바꾸는 단어'를 사용해 잘못된 철자를 바로잡을 수 있다. 이와 정확히 같은 방식으로 크리스퍼 유전자가위는 유전체 문서의 오자를 발견해 바꿀 수 있게 한다. '찾는 단어' 방식처럼, RNA의 글자는 단순히 문장 전체에 있는 DNA의 글자와 짝이 맞으면 된다. 생물정보학을 배운 학생이라면 찾는 단어를 바꾸기 위한 RNA를 간단히 디자인할 수 있고, 분자생물학을 배우는 학생도 할 수 있다. 휴대폰에 이 서열을 쳐 넣어 메일을 보내면 며칠 내로 DNA나 RNA 서열을 받을 수 있다.

sgRNA의 서열을 변화시켜 동일한 핵산분해효소인 Cas9 단백질을 재프로그램하는 식으로 세포 DNA의 어느 부위를 절단할지 결정할 수 있게 되었다. 바야흐로 유전체의 특정 부위를 망가뜨리거나 교체할 수 있는 새로운 유전체 공학이 탄생한 것이다. 최초의 논문이 2012년 여름에 출판되었는데, 매우 놀랍게도 불과 몇 달 만에 관련 논문들이 출판되기 시작했다. 2012년 말에는 벌써 인간 세포, 인간 줄기세포, 마우스(mouse, 실험용 생쥐) 세포, 식물 세포 등 다른 종류의 세포에 이 변형 방법을 적용한 여섯 편의 원고가 과학학술지에 투고되었다. 그 이후 전 세계의 많은 실험실에서 자신들이 관심을 갖는 시스템의 유전체를 가공하기 위해 이 기술을 채택하기 시작했다. 이 기술이 왜 그처럼 빨리 도

약했는지에 대한 몇 가지 이유를 들 수 있다. 첫째, ZFN과 TALEN과 같은 이전의 기술들은 실험할 때마다 특정한 DNA와 결합하는 새로운 단백질을 만들어야 했지만 크리스퍼 유전자가위는 DNA와 짝을 이루는(상보적인) 짧은 서열의 RNA만 합성하면 되기 때문에 이용하기가 쉽다. 둘째, 지난 몇 년 간의 적용 사례를 통해 실제로 증명되었듯이 다양한 시스템에 달리 적용할 수 있다. 이 시스템은 사람들이 채택하고자 하는 어떤 종류의 세포에서도 효율적으로 작동한다. 따라서 이것은 매우 대중화된 기술이다. 셋째, 비용이 저렴해 과학자들이 다양한 연구와 응용을 위해 사용할 수 있다.

이 시스템이 또한 흥미로운 것은 sgRNA가 안내하는 부위에서 DNA와 결합하는 능력을 유지하지만 더 이상 DNA를 절단하지 않는 변형 Cas9(dCas9*)을 만들 수 있다는 것이다. 이를 이용하면 유전체의 특정 부위에 이 복합체를 고정시켜 전사를 조절할 수 있다. 형광 단백질을 변형 Cas9 단백질에 결합시켜 유전체의 특정 부분을 표지하면, 살아 있는 세포에서 유전체의 행동을 관찰할 수 있다.

유전자가위의 장단점

이미 언급한 바와 같이 단백질에 근거한 유전자가위(ZFN과 TALEN)와 달리 RNA가 안내하는 크리스퍼 유전자가위는 디자인하고 만들기가 쉽다. 크리스퍼 유전자가위는 표적하는 DNA 서열과 짝을 이루는 sgRNA에 의존하기 때문에 실험이 손쉽다. 또한 여러 유전체 부위를 동시에 편집할 수 있는 효율적인 다중편집(multiplex editing) 능력으로 연구자들이 가장 많이 선택하는 방법이 되었다. 크리스퍼 유전자가위는 다른 방법으로는 변형하기 어려운 유전체 영역을 쉽게 편집할 수 있다. 흥미롭게도 크리스퍼 유전자가위는 후성 유전체처럼 염기가 메틸화된 부위도 절단할 수 있는데, 이는 구아닌(guanine)과 시토신(cytosine)의 함량이 높아 표적이 어려운 DNA 부위다.

그러나 Cas9의 sgRNA 성분은 표적 DNA와 어느 정도 짝을 잘못 이룰 경우가 있기 때문에 표적이탈효과(유전자가위에 의해 발생하는 비의도적인 이중가닥 절단)는 여전히 문제로 남는다. sgRNA 염기를 화학적으로 변형하면 특이성이 좀 높아지지만 임상에 응용할 수 있을 만큼 완벽하지는 않다. 이런 측면에서 볼 때 TALEN과 ZFN의 강력한 표적적중 활성은 Cas9을 능가하며, 이 유전체 편집 도구를 활용한 유전자 치료 임상시험은 유망한 결과를 낳고 있다.

단백질의 크기는 종종 세포 내로 전달하기 쉬운지 여부를 결정한다. Cas9의 암호화 서열은 4kb 이상인데 비해 TALEN의 경우는 3kb, ZFN의 경우는 단지 2kb 정도면 암호화될 수 있어서 전달 바이러스에 싣기 쉽다. TALEN은 세포에서 독성을 덜 나타내며 ZFN보다 정밀한 방식으로 유전자 편집을 수행한다. 이상적인 핵산분해효소를 선택하려면 이 모든 요인을 주의 깊게 고려할 필요가 있다. 다양한 박테리아에서 Cas9의 다수 상동분자가 꾸준히 발견되고 있으므로 위에서 언급한 크리스퍼 유전자가위의 여러 단점은 더 개선될 것으로 보인다.

위력적인 크리스퍼 유전자가위

2013년 봄, 다우드나는 교정에서 동료 밴스(Russell Vance)와 이야기를 나누었다. 밴스는 크리스퍼 유전자가위를 사용해 인간 질병의 마우스 모델을 만들고 싶어했다. 밴스는 다우드나의 실험실에 학생을 보내 유전자가위의 일부 성분을 얻어 갔고, 불과 몇 주 뒤 크리스퍼 유전자가위를 사용해 털 색깔을 바꾼 마우스를 얻었다고 이메일을 보내왔다. 이전의 기술을 사용하면 최소한 6개월에서 1년이 소요되는 실험이었다. 그들은 크리스퍼 유전자가위 성분이 여러 개의 생쥐 난자 안에서 발현되도록 했다. 배아 실험에서는 보통 오른쪽에서 피펫(pipette)으로 마우스의 수정란을 고정하고 왼쪽에서 크리스퍼 유전자가위의 성분을 난자에 주입한다. 이 난자들을 암컷 마우스에 착상하면 동물들은 정상으로 발달해 태어난다. 밴스는 검은색의 마우스 계열에서 털 색깔을 만드는 데 필수인 유전자를 표적하는 sgRNA를 디자인해 그 유전자를 망가뜨렸다. 그랬더니 여덟 마리 중 여섯 마리의 마우스가 흰색의 털을 갖고 태어났다. 이 마우스들의 돌연변이 DNA 서열을 조사하면, 원하는 곳에 정확히 유전자가위로 절단된 변화가 나타난 것을 알 수 있다. 그리고 이 마우스들은 이 유전적 변화를 자손에게 물려줄 수 있다.

다우드나는 이 실험 결과를 자신의 실험실에서 생화학자로서

구조생물학을 전공하는 연구원들에게 알렸는데, 절반은 굉장하다는 찬사를 보냈지만 나머지 절반은 겁이 난다는 반응을 보였다고 한다. 밴스의 마우스 실험은 이 기술의 위력을 시각적으로 보여 주었지만, 한편으로는 이 실험이 갖는 윤리적 함의도 생각할 수 있는 계기를 주었다. 1년이 지난 2014년 1월, 난징 의과대학의 샤(Jiahao Sha) 연구팀이 원숭이의 생식세포를 편집해 DNA가 변형된 원숭이를 출산시켰다. 이것은 인간과 가장 가까운 종인 원숭이에서 유전자변형생물체(genetically modified organism, GMO)의 출현을 알리는 것이었으며, 크리스퍼 유전자가위를 인간의 생식세포에 처리하면 GMO 인간도 만들 수 있으리라는 두려움을 안겨 주었다. 이전에는 이론적으로나 가능했던 일이 이제 실제로 벌어진 것이다.

2

실험동물의 생산

유전적 변이와 질병 모델

인간과 비인간 유전체를 탐색하는 기초 연구는 과학자들이 질병 배후의 기초 생물학을 이해하거나 새롭고 유망한 치료 표적을 찾는 데 아주 중요하다. 연구자들은 유전형(유전자)과 표현형(형질) 사이의 관계를 밝히는 데 유전체 편집을 이용한다. 유전체 편집은 현재 암, 정신질환, 희귀 질병 등 여러 가지 질병에 대한 연구에 적용되고 있다. 크리스퍼 유전자가위의 발견 이후 유전자 치료의 가능성에 열광했지만, 대부분의 연구는 배양접시 위의 세포나 마우스 또는 제브라피시 같은 사람이 아닌 생물체에서 이루어진다. 또 질병에 기여한다고 생각되는 특정 유전자를 제거하거나 편집해 인간 질병을 모델링하는 동물을 만든다.

최근 대규모의 DNA 서열 결정이 이루어지면서 환자 집단에서 다양한 유전자 변이를 밝혔다. 이를 통해 유전적 변이와 질병의 경향, 진행, 그리고 치료에 대한 반응 사이의 관계를 더 잘 이해할 수 있다.

돌연변이 cDNA(complementary DNA, 상보적 DNA) 구성체가 비정상 수준으로 과다 발현하면 정상 단백질과 돌연변이 단백질이 공동 발현되기 때문에 질병 관련 유전형과 표현형 사이의 관계가 뚜렷하게 드러나지 않는다. 크리스퍼 유전자가위에 의한 상동의존성수리 방식은 일련의 돌연변이 대립유전자(부모로부터 각각 유래하는 한 쌍의 유전자)가 효과적으로 교정되어 질병 관련 표현형과 유전적 변이를 기능적으로 연결할 수 있는 실험 패러다임이다. 더 나아가 과학자들은 크리스퍼 유전자가위가 다수의 DNA

를 표적하도록 디자인된 게슈탈트(GESTALT)라는 돌연변이 추적 시스템을 개발했다. 이는 세포 수준에서 개별적 돌연변이가 유전질환에 미치는 역할을 확인하는 역할을 한다. 크리스퍼 유전자가위 기술은 다양한 질병을 이해하고 유전자 치료를 촉진하는 생의학 연구법이다.

다양한 동물 모델

그동안에는 적절한 유전자 편집 도구가 없었기 때문에 유전자 기능을 분석할 수 있는 모델 생물체를 만들 수 없었다. 이제 크리스퍼 유전자가위의 등장으로 초파리, 어류, 선충, 도롱뇽, 개구리와 같은 동물 모델의 생식세포에서 표적 유전체를 쉽게 변형할 수 있게 되었다. 이 기술은 신약 연구에 더욱 적합한 마우스와 쥐(rat) 모델, 또 영장류를 포함하는 커다란 동물에서 인간 질병 모델을 더 쉽게 만들고, 인간·돼지·원숭이의 질병을 이해하는데 도움을 줄 것이다. 전반적으로 크리스퍼 유전자가위는 이런 모델 시스템에서 수행되는 기능유전체 연구에 상당한 영향을 미칠 것이다. 또한 몇 년 전만 해도 상상하지 못했던 방식으로 실험생물학 분야를 발전시킬 것이다.

크리스퍼 유전자가위는 기존의 모델 생물에서 유전체 변형의 범위를 크게 넓혔으며, 새로운 동물 모델 종을 개발하도록 했다. 크리스퍼 유전자가위는 기존의 모델 생물인 예쁜꼬마선충, 초파리, 제브라피시, 송사리, 아프리카발톱개구리(Xenopus), 마우스,

그리고 쥐의 유전자를 더 쉽고 효율적으로 변형시킬 뿐 아니라 염소, 양, 돼지, 소와 같이 농업적으로 중요한 종에서도 유전자를 변형시킨다. 새로운 모델 생물체나 유전체 변형이 쉽지 않았던 생물체에서도 이제는 크리스퍼 유전자가위를 사용해 유전체 편집을 할 수 있다. 무척추동물에서는 초파리와 예쁜꼬마선충, 척추동물에서는 서양발톱개구리(*Xenopus tropicalis*)와 아프리카발톱개구리(*Xenopus laevis*), 송사리(*Oryzias latipes*) 등이 주된 편집 대상이다.

크리스퍼 유전자가위 성분을 직접 접합자*에 주입해 소와 양에서 성공적으로 유전체를 편집할 수 있었고, 돼지와 토끼 등에서도 유전체 편집에 성공을 거두었다. 전반적으로 이런 사례들을 통해 크리스퍼 유전자가위 기술이 동물에서 유전자변형의 규모와 정밀성, 그리고 이용가능성을 엄청나게 개선할 수 있다는 점이 드러난다. 가축의 육종은 주로 세포주에서 바람직한 변형을 일으킨 다음 핵이식을 통해 가축의 접합자로 직접 주입하는 경향으로 바뀌고 있다. 또한 크리스퍼 유전자가위 기술은 이전의 방법과 비교할 때 실험 디자인과 방법이 엄청나게 유연하고 간편하다.

이전에는 유전자를 변형할 수 없었던 말미잘과 감염성 선충(*Prisionchus pacificus*), 삿갓고둥류(*Crepidula fornicate*)에도 크리스퍼 유전자가위를 적용할 수 있게 되었다. 이런 식으로 만들어진 새로운 동물 모델을 통해 생물학을 더 잘 이해하고 크리스퍼 유전자가위를 기술적으로 더욱 확장할 수 있는 연구를 기대하고 있다.

크리스퍼 유전자가위는 갑각류인 물벼룩과 파르히알레 하와이엔시스(*Parhyale hawaiensis*), 그리고 곤충인 누에, 호랑나비(*Papilio xuthus*)와 산호랑나비(*Papilio machaon*), 바구미인 거짓쌀도둑거저리(*Tribolium castaneum*)에도 적용되었다. 특히 모기에서는 말라리아 퇴치를 위해 크리스퍼 유전자가위를 이용한 유전자 드라이브를 연구하고 있다. 2017년 8월, 록펠러 대학의 크로나우어(Daniel J. C. Kronauer) 연구팀과 뉴욕 대학의 데스플란(Claude Desplan) 연구팀은 개미의 후각 수용체 ORCO 유전자를 돌연변이시켜 사회성을 연구한 결과를 발표했다.

매우 인기 있는 모델과 가축 종 이외의 후구동물도 크리스퍼 유전자가위를 적용한 연구에 사용된다. 보라성게와 유령멍게(*Ciona intestinalis*) 등에 대한 연구는 진화와 발생을 이해하는 데 도움을 줄 것이다.

크리스퍼 유전자가위는 칠성장어, 대서양 송사리 무지개송어(*Fundulus heteroclitus*), 아프리카 송사리 청록색킬리피시(*Nothobranchius furzeri*)와 같은 몇 가지 어류와 영원과 같은 도롱뇽 등 새로운 척추동물 모델을 만드는 데도 적용되었다.

이처럼 유전적으로 조작이 어렵거나 불가능했던 다양한 생물체에 크리스퍼 유전자가위를 사용해 기초생물학이나 질병을 연구하는 모델 생물체를 만들 수 있다. 특히 정상형의 대립유전자를 갖는 생물체의 배아에 크리스퍼 유전자가위를 주입해 특정 질병을 나타내는 돌연변이를 유발하거나, 또는 기존의 질병 돌연변이체를 크리스퍼 유전자가위로 교정해 인간의 유전자 치료를 위한 모델 동물체를 만든다. 흔히 마우스를 이용하지만, 모델 동물마다 유전자 편집의 효율성과 벡터(vector, 유전자를 운반하는 플라스미드 운반체)에 대한 면역반응이 매우 다를 수 있기 때문에 대형 포유동물, 경우에 따라서는 인간을 제외한 영장류도 사용하는 경우가 있다.

동물 복지

실험을 위해 동물을 사용할 경우에는 실험동물을 존중하고 특히 지각이 있는 생물을 연구할 때에는 불필요하게 고통을 주지 않아야 한다는 도덕적 책임감을 가져야 한다.

유전자 편집 실험을 하기 위해 감수성과 인지능력을 갖춘 동물에게 평생 실험실 조건을 벗어나지 못하는 잠재적 고통을 주거나 심지어 이들 동물을 죽이려면 상당한 윤리적 정당성이 있어야 한다. 유전자 편집의 기술적 어려움으로 인해 실험동물의 복지가 위태로워질 수 있고, 표적이탈 돌연변이 때문에 유전자의 기능 상실 또는 부작용 심지어 태아의 기형이 발생할 수 있다. 이런 의구심이 완전하게 해소되지 않는다면 시민은 비인간 동물을 사용하는 연구를 승인하지 않을 것이다. 그러므로 연구에 동물을 사용하려면 동물 질병과 인간 질병을 호전시키거나 기본적인 생물학 작용을 이해하기 위한 연구로서 가치가 있어야 한다.

유전자 치료 연구에서, 특히 질병을 유발하는 실험의 경우 최소한의 동물을 사용하며, 가급적 마우스와 같은 소형 동물을 우선 사용하도록 노력해야 한다. 또한 크리스퍼 유전자가위의 출현으로 한꺼번에 다중의 돌연변이가 가능해졌기 때문에 임상적으로 중요성이 덜한 돌연변이를 유발해 동물들에게 불필요한 고통을 주지 않도록 노력해야 한다. 이미 확립된 모델 동물을 유전자 편집을 통해 무차별적으로 만들려는 시도 역시 자제되어야 한다. 임상시험으로 이행하기 전 전임상●시험에서 효율적인 동물실험을 통해 충분한 과학적 · 의학적 증거를 확보해 인간 대상의 임상시험 항목을 최소화해야 한다.

동물의 복지를 위해, 필요한 실험을 디자인할 때는 시각과 후각 그리고 접촉을 통해 그들 종의 다른 구성원의 집단과 통합할수 있는 동물의 능력, 위험한 물질이나 질병 전파를 피할 수 있는 사육 시설의 디자인, 환경을 향상시키는 요소의 이용 가능성과 적절성, 동물 조작의 강도와 실험 과정의 위험성 정도, 감금 기간 등을 고려해야 한다.

유용 물질의 생산

크리스퍼 유전자가위로 변형 돼지를 만들어 생물학적 요법에 유용한 물질을 만드는 연구도 진행 중이다. 인간 혈청 알부민(albumin, ALB)은 간이 제 기능을 하지 못하고 외상성 쇼크를 나타내는 환자의 치료에 중요하다. 그러나 비용이 많이 들고 이용 가능한 양이 적어 임상에 사용이 어렵다. 그래서 인간 혈청 알부민을 만드는 돼지가 개발되었는데, 돼지의 원래 알부민과 인간 알부민을 분리하기가 쉽지 않다. 장 펑(Feng Zhang) 연구팀은 크리스퍼 유전자가위에 의한 유전자 편집으로 돼지 알부민 유전자를 인간 알부민 cDNA로 대체했다. 재조합 인간 알부민만을 생산하는 이 변형 돼지는 대형 가축에서 인간화된 다클론항체(polyclonal antibodies)와 같은 물질을 생산할 수 있다.

장기 이식 동물

전 세계에서 매년 장기 이식을 받는 사람이 수만 명에 달하지만 대체 장기를 기다리다 죽는 사람도 많다. 게다가 사용할 수 있는 장기에 비해 장기 기증을 필요로 하는 사람의 수가 점점 더 많아지고 있다. 크리스퍼 유전자가위 기술의 용도 중 하나는 면역거부반응 및 인수공통전염병 연구에 사용하는 대 동물을 만드는 것이다. 동물, 주로 돼지의 장기를 인간에게 이식하려는 목적의 이종이식* 연구는 장기 기증자가 부족한 현재 상황을 해결하는 데 기여할 수 있을 것 같다. 돼지는 심장, 각막, 간, 신장 등의 장기를 제공할 수 있다.

이 분야의 생의학을 연구하는 데 두 가지 어려운 점이 있다. 첫째는 인간 조직이 면역거부반응을 나타내고, 둘째는 돼지 세포에 의해 방출되는 돼지 내인성 레트로바이러스(porcine endogenous retrovirus, PERV)가 인간 세포를 감염시킬 수 있다는 점이다. 다른 종 사이의 장기 이식을 성사시키기 위해 가공된 장기를 연구하는 연구자들은 동물에서 인간으로 감염되는 질환에 주의해야 할 뿐 아니라, 종간 이식에 따르는 초급성 거부반응, 급성 혈관 거부반응, 만성 이종이식세포 거부반응을 효과적으로 억제시켜야 한다. 크리스퍼 유전자가위 기술은 숙주의 면역 장벽을 낮추고 기증 장기의 기능을 강화시킬 수 있다.

크리스퍼 유전자가위로 돼지 세포 내부의 레트로바이러스(RNA를 기본 유전체로 갖는 바이러스)를 제거할 수 있다는 2015년의 실험 결과는 모든 동물이 질병 전파의 위험성 없이 가공될 수 있다는 가능성을 보여 준다. 크리스퍼 유전자가위는 다른 유전자가위와 달리 동시에 여러 유전자를 결실(deletion, 유전자의 일부 염기가 탈락하는 현상)시킬 수 있다. 레트로바이러스에 감염되지 않은 장기를 얻기 위해 2015년 11월 하버드 대학의 처치(George Church) 연구팀은 크리스퍼 유전자가위로 내인성 레트로바이러스의 감염 위험성을 감소시킬 수 있다는 결과를 제시했다. 이 연구자들은 크리스퍼 유전자가위로 내인성 레트로바이러스 역전사효소 유전자를 파괴해 감염을 성공적으로 줄였고, 이종이식의 가능성을 한층 더 높였다. 미래에 이종이식을 위한 가공 조직이나 면역-호환성이 있는 장기를 만들 수 있는 장기 제공자를 생산할 크리스퍼 유전자가위의 잠재력은 상당하다. 이로부터 만든 조직이나 장기로 병든 조직이나 장기를 대체해 사람의 질병을 치료하는 데 이용할 수 있다. 예를 들어 2007년 3월 리빙셀테크놀로지(Living Cell Technologies)의 엘리어트(Robert B. Elliott) 연구팀은 캡슐에 넣은 돼지 췌장도세포(islet)가 제1형 당뇨병을 앓는 환자에서 인슐린 생산을 회복시킨다는 실험 결과를 제시했다. 하지만 다른 후기 임상시험을 거쳐야 돼지에서 사람에게 장기를 이식하는 경우의 안전성과 효율성을 검정할 수 있다.

2017년 8월, 하버드 대학의 처치 연구팀 및 e제네시스 (eGenesis)의 양(Luhan Yang) 연구팀은 크리스퍼 유전자가위로 돼지 태아의 결합조직 세포에서 내인성 레트로바이러스를 완벽하게 불활성화시켰고, 이 세포의 핵을 클로닝(cloning) 기법으로 난세포에 도입해 레트로바이러스가 없는 돼지를 만드는 데 성공했다.

대체 장기의 배양

장기 부족을 완화하는 또 다른 방법은 실험실에서 장기를 배양하는 것이다. 십 수년 전부터 과학자들은 줄기세포를 이용해 다양한 세포와 조직, 그리고 새로운 장기를 만들 수 있다고 생각했다. 하지만 연구자들은 아직 줄기세포의 발달을 조정해 기능이 완벽한 인간 장기를 만드는 방법을 밝혀 내지 못했다. 많은 연구자들이 돼지와 같은 동물들로부터 장기를 채취할 수 있는 다른 방법을 찾아낼 수 있을지 모른다고 생각한다.

물론 정상적인 돼지의 심장은 이식을 필요로 하는 사람에게 거의 쓸모가 없을 것이다. 우선 우리의 면역체계가 엄청난 거부반응을 일으키므로 직접적인 종간 이식을 할 수 없다. 따라서 장기 이식 전에 장기의 기능을 파괴하는 면역반응을 예방해야 한다. 연구자들은 인간의 줄기세포를 동물 배아에 주입해 키메라 (chimera)를 만들어 그 키메라가 인간 세포로 이루어진 장기를 갖게 하려고 한다. 그다음 그 심장이나 간 혹은 신장 등의 장기를 적출해 사람에게 이식하는 것이다.

이 아이디어는 억지스럽게 들릴지 모르지만 미국과 일본의 연구원들은 이미 기본 가능성을 확인한 상태다. 여러 연구팀이 맞춤형 마우스 배아에 쥐 줄기세포를 주입해 만든 키메라를 마우스 대리모에 착상시켰다. 임신 몇 주 뒤 대리모들은 마우스의 췌장을 가진 쥐를 낳았다. 2017년 1월, 솔크생물학연구소의 벨몬테(Juan Carlos Izpisua Belmonte) 연구팀은 인간 줄기세포를 돼지 배아에 반복 주입해 아주 적은 비율(1만 분의 1)이기는 하지만 인간 세포를 포함하는 키메라 배아를 만들어 4주 동안 키웠다고 발표했다. 특히 하버드 대학의 처치 연구팀은 이 과정에서 인간 줄기세포가 키메라 배아의 주기에 맞추어 생장하도록 크리스퍼 유전자가위를 사용해 특정 유전자를 제거했다. 궁극적으로는 배아를 몇 달 생장시킨 후 인간에서 기원한 장기인지 여부를 확인한다. 이런 실험들이 성공하면 배아가 분만 시까지(돼지의 경우는 넉 달) 자라도록 한다.

아직 키메라 돼지 새끼를 생산할 단계는 아니다. 키메라가 임신기간 동안 생존할 수 있도록 인간 줄기세포와 동물 배아를 가장 잘 마련할 수 있는 방법도 알아내야 한다. 완벽하게 형성된 장기를 만들 수 없을지라도 그동안 발견한 기술들은 암을 비롯한 많은 복잡하고 치명적인 질병들의 발병과 진행, 그리고 임상 결과들을 더 잘 이해하게 해 줄 것이다. 만약 성공한다면, 이 방식은 장기 이식 치료에 엄청난 영향을 미칠 수 있다. 전 세계 수만 명의 고통 받는 사람들을 위해 농장 동물로부터 대체 장기를 대량 공급할 수 있기 때문이다.

윤리적 균형

과학자들이 모든 절차를 완벽하게 수행한다고 해도 이 신기술이 야기하는 새로운 윤리적 · 사회적 · 규제적 문제들을 해결하기 위해서는 보다 광범위한 시민의 의견을 경청해야 한다.

불필요한 고통을 주지 않고 적절하게 생활하고 운동할 공간을 제공해야 한다는 동물 복지에 관한 기본 원칙 외에도 고려할 사항이 있다. 동물에서 인간화한 이 조직들은 의도하지 않은 생물체를 만들 수 있기 때문에 특별히 신경계와 생식세포에 주의를 기울여야 한다.

예를 들어 인간의 신경이 돼지 뇌의 상당 부분을 점유해 고차원적 추론을 하는 동물이 된다는 윤리적인 악몽을 상상해 보라. 우리는 인간 유도만능줄기세포●(induced pluripotent stem cells)를 주입하기 전에 신경 발달에 필요한 유전 프로그램을 삭제함으로써 그 문제를 미연에 방지할 수 있다.

연구팀들이 회피하고자 하는 또 다른 시나리오는 키메라 동물을 서로 육종하는 것이다. 성공확률이 낮기는 하지만 인간 줄기세포의 일부가 원하는 장기를 만드는 것 외에도 생식세포를 형성하는 부위로 이동할 가능성은 상존한다. 그 결과 인간과 동일한 정자나 난자를 생산하는 동물이 만들어질 것이다. 어떤 돼지에서 나온 인간화 정자를 다른 돼지의 인간화 난자에 수정해 만든 동물들을 번식시키면 농장 동물 안에서 인간을 키우는 도덕적 재앙을 초래할 수 있다. 이러한 골치 아픈 결과를 예방하는 최선의 방법은, 예를 들면 돼지의 난자를 돼지의 정자로 수정한 후 인간 줄기세포를 추가해 매번 이식을 위해 사용할 키메라 동물을 만드는 것이다.

물론 기술적인 어려움을 극복할 수 없다면 이 모든 것은 수포로 돌아갈 것이다. 그러나 실험의 예비 결과로 다음 몇 십 년 내에 키메라 동물 배아로부터 인간의 장기를 만들어 낼 가능성을 조심스럽게 예측할 수 있다.

3

체세포 치료

기적적 치료

2015년, 한 살배기 소녀 라일라(Layla)는 더 이상 치료받을 방법이 없어 백혈병으로 죽어 가고 있었다. 라일라는 생후 3개월에 급성 림프모구성 백혈병 진단을 받았는데, 이는 골수의 암 줄기세포가 혈액 내로 미성숙한 면역세포를 다량 방출하는 병이다. 라일라는 즉시 병원에 입원해 면역계를 복구하기 위해 화학요법과 골수이식수술을 받았다. 환자가 좀 더 나이가 많은 경우 이 치료는 대개 성공하지만 라일라와 같은 어린 아동에서 성공률은 25퍼센트에 불과하다. 라일라는 운이 좋지 못했다. 화학요법 후에도 암 세포들은 여전히 살아남았고, 골수이식수술을 감행해 기증자의 면역세포가 암세포를 공격하기 바랐으나 그것 역시 실패로 돌아갔다.

병이 재발했고, 달리 방법이 없었다. 의료진은 이 종류의 암을 치료하기 위한 유전자 요법을 개발 중인 런던 대학의 카심(Waseem Qasim)에게 이메일을 보냈다.

기본 아이디어는 환자의 몸에서 면역세포를 떼 내어 암 세포를 공격할 수 있도록 유전적으로 바꾼 다음 그것을 다시 몸에 넣는 것이다. 세계 여러 곳에서 이미 여러 건의 임상시험이 진행되고 있었다. 그중 한 시험은 T-세포●라는 면역세포의 외부에 CAR19라는 수용체를 첨가해 표면에 CD19라는 단백질을 가진 급성 림프모구성 백혈병 세포를 찾아내 죽이도록 프로그램한다.

그러나 각 암 환자를 위해 맞춤형 T-세포를 가공하는 것은 비용이 많이 든다. 게다가 라일라의 경우에는 변형시킬 만한 충분한 T-세포가 남아 있지 않았다. 하지만 카심의 연구진은 수백 명의 환자에게 나누어 줄 수 있는 건강한 기증자의 T-세포를 변형시키는 요법을 개발 중이었다. 만약 다른 사람의 T-세포를 조직이 적합하지 않은 환자에게 주사하면 이들 T-세포는 그 환자의 세포를 외래 세포로 인식해 공격한다. 이것을 방지하기 위해 카심의 연구진은 유전자 편집을 사용해 수용체가 다른 세포들을 외래의 것으로 인식하도록 하는 기증자 세포의 유전자를 불활성화시켰다. 기존의 유전자 요법은 DNA에 유전자를 부가하는 데만 사용했는데, 유전자 편집으로 특정한 DNA 서열을 분자가위로 절단해 특정한 유전자를 불활성화시키는 돌연변이를 도입했다. 카심의 분자가위는 TALEN이라 알려진 종류였다.

그러나 극복해야 할 문제가 여전히 남아 있었다. 수혜자의 면역계 또한 자신의 것이 아닌 T-세포를 인식해 공격하는데, 백혈병 환자는 자신의 면역계를 파괴하는 약을 투여받기 때문에 이것은 문제가 아니다. 그런데 이 약품 중 하나인 항체도 기증자의 T-세포를 파괴할 수 있다. 그래서 카심의 연구진은 항체가 알아채지 못하도록 기증자 T-세포의 두 번째 유전자도 불활성화시켰다.

라일라의 의료진이 카심에게 이메일을 보냈을 때, 카심은 UCAR-T(범용 CAR-T)라는 T-세포를 뉴욕의 생명공학 회사인 셀렉티스(Cellectis)와 공동 개발하는 중이었다. 마우스에서 한 차례 테스트를 거쳤을 뿐 사람에서는 한 번도 사용된 적 없는 치료 방법이었지만 라일라는 선택의 여지가 없었다. 일주일 내에 효과가 나타났다. 기적적으로 한 달 만에 이 세포들은 골수에서 모든 암 세포를 몰아냈다. 석 달 후 라일라는 면역계를 복구하기 위한 두 번째 골수이식수술을 받았다. 이 건강한 면역세포들은 UCAR-T 세포들을 외래의 것으로 인식해 파괴했으며, 라일라의 체내에는 유전학적으로 변형된 세포가 더 이상 남아 있지 않게 되었다. 라일라는 안정 상태를 유지하고 있으며 암이 재발하는 조짐은 없다. 다른 환자들도 같은 치료를 받고 있다.

셀렉티스는 현재 UCAR-T의 임상시험을 실시하는 중이다. 카심은 영국의 다른 환자들도 이 세포들로 치료받고 있다고 밝혔다. 치료 효과가 우연히 나타난 것이 아닌지를 확인하기 위해서는 이 임상시험의 결과를 기다려야 한다. 만약 성공적인 임상시험 결과가 나온다면 이 방법은 백혈병과 다른 암을 치료하는 데 커다란 진전이 될 것이다.

최근 여러 생명공학 회사들이 앞 다투어 CAR-T의 임상시험에 뛰어들고 있다. 2017년 8월, 미 식품의약국(FDA) 자문위원회는 변형된 T-세포를 이용해 백혈병을 공격하는 CAR-T 유전자 치료법을 승인했다.

질병 치료의 방식

이 사례처럼 유전자 편집은 질병 치료에 사용될 수 있으며 사용하는 방법에 따라 체외•(ex vivo) 유전자 치료법과 체내•(in vivo) 유전자 치료법으로 나눌 수 있다. 크리스퍼 유전자가위를 기반으로 하는 질병 치료는 체외와 체내 모두에서 이루어졌다.

2007년 11월 교토 대학의 야마나카(Shinya Yamanaka) 연구팀이 인간의 섬유아세포로부터 유도만능줄기세포를 만들어내는 데 성공하면서, 인간 줄기세포를 간접적으로 모델링하는 동물 줄기세포 및 윤리적 논란이 많은 인간 배아줄기세포* 연구는 퇴조했다. 유도만능줄기세포는 무한 증식하고 몸의 어떤 유형의 세포로든 분화할 수 있는 특징이 있어 생체 밖에서 유전자를 치료하는 데 중요한 재료가 될 수 있다. 성체 줄기세포도 최근 몇 년 동안 시험관 내(in vitro)에서 직접 증식할 수 있게 되었다. 정상인에서 유래하는 성체 줄기세포를 유전자 편집하여 질병 돌연변이 성체 줄기세포를 만들어 이를 배양하거나, 정상인에서 채취한 섬유아세포를 리프로그래밍*(reprogramming)해 유도만능줄기세포를 만든 다음 유전자 편집을 거쳐 질병 돌연변이 유도만능줄기세포를 만들어 배양하면, 유전자 돌연변이에 의한 질병을 이해하는 체외 세포 모델을 만들 수 있다. 또 환자에서 유래하는 돌연변이 성체 줄기세포나 환자의 유도만능줄기세포를 유전자 편집 도구로 교정해 정상적인 세포로 분화 가능한지 안전성과 효율성을 확인한 다음 이를 유전자 치료 연구에 이용할 수 있다. 마치 고장 난 자동차의 부품을 고쳐 끼워 넣듯이, 배양된 환자 유래 줄기세포의 유전체를 교정한 이후 다시 환자에게 넣는 방식으로 치료가 이루어진다.

체외 치료에서 세포는 몸에서 분리되어 크리스퍼 유전자가위로 편집된 다음 몸에 재이식된다. 체외 유전자 치료법의 장점 중하나는 예를 들어 투여량 등의 변수를 정확히 통제할 수 있다는 점이다. 또한 체내 방법에서는 사용이 곤란했던 전기천공법* 같은 전달 방법을 사용할 수 있고, 무엇보다 교정할 세포를 분석해 직접 선택할 수 있다는 것이 장점이다. 유전자가위를 사용해 편집을 한다고 해도 표적을 벗어나는 돌연변이가 발생할 가능성이 있다. 때문에 이를 골라 낸 후 원래 의도했던 대로 편집이 된 대립유전자를 갖는 재조합 체세포 클론만을 환자에게 이식해야 한다. 이런 선택 단계를 거치기 때문에 크리스퍼 유전자가위는 생체 내 방법보다 생체 외 방법에서 더 효율적이고 정확하게 사용할 수 있다.

그러나 이런 방법을 사용하더라도 체외 편집 이후 제대로 편집된 세포를 배양해 증식시켜야 하기 때문에, 이 과정에서 유전체가 원치 않게 변화할 가능성이 있다. 특히 유도만능줄기세포는 재프로그래밍과 증식 도중에 돌연변이가 축적되고 복사본 수의 변이가 축적되기 쉬워 안전성이 우려된다. 또 체외 유전자 치료는 교정된 세포를 효율적으로 직접 이식하는 것이 어렵다. 현재 세포에 의한 이식은 조혈모세포•의 경우 임상에서 효율적으로 이루어지고 있는데, 간이나 근육 같은 다른 조직의 경우에는 방법을 더 개발해야 한다. 어려운 점이 많지만 크리스퍼 유전자가위 기술에 의한 유전자 치료는 임상으로 이행하는 데 매우 유망하며, 지난 몇 년 동안 상당한 진척이 이루어졌다. 바이러스 감염 저해 및 암 면역 요법은 크리스퍼 유전자가위를 체외 치료에 적용하는 주요 사례다. 조혈모 시스템의 세포, 특히 T-세포는 앞서 든 예와 같이 체외 치료에 특히 적절하다. 그런 세포는 혈액에서 쉽게 분리할 수 있고, 체외 환경에서 증식시킨 다음 어떤 면역반응도 일으키지 않고 이식할 수 있다.

생체 내 치료는 효율적인 편집을 위해 전달 방식이 중요한데, 상대적으로 제한된 방법만 가능하다. 보통 유전자 편집 도구를 담은 벡터를 아픈 곳에서 발현되도록 주입하거나 세포를 직접 이식한다. 편집 물질은 몸에서 질병을 앓는 조직이나 기관으로 직접 전달된다. 이제까지는 눈, 혈액, 간과 같이 비교적 손쉬운 표적 기관이나 접합자를 대상으로 행해졌는데, 일부 방법은 너무 침습적이거나 비윤리적이어서 사람에게 적용하기에는 무리가 있다. 임상으로 이행하기 위해서는 우선 원하는 조직으로 편집 도구를 효율적으로 안전하게 전달하는 방법을 최적화해야 한다. 유전질환은 체내 치료의 주요 표적이다. 유전자를 교정할 때 상동의존성수리가 비상동말단접합에 비해 비효율적이라는 단점과 표적이탈효과로 인한 안전성 문제를 해결해야 한다. 특히 B형 바이러스와 같은 외부 바이러스를 효율적으로 제거할 수 있다. 일부 연구에서는 수리 효율이 낮았으나 교정된 세포들이 선택적으로 선호되면서 낮은 효율을 보상했다.

유전 질병을 치료하는 연구는 우선 배양세포로부터 시작되어 접합자(단세포기), 그리고 인간 유전질환의 동물 모델로 점차 확대되었다.

개별적인 병의 치료

유전체 편집 방식은 2009년 이래 의학 요법에 적용되었다. 상가모테라퓨틱스(Sangamo Therapeutics)는 인간면역결핍바이러스(human immunodeficiency virus, HIV) 감염 환자에서 면역세포를 편집하기 위해 ZFN을 사용하기 시작했다. TALEN을 사용하는 암면역요법도 이미 두 명의 환자에게 시도되었다. 아데노연관바이러스(adeno-associated virus, AAV) 등의 벡터를 통한 교정된 단백질 발현과 같은 다른 치료 전략도 있는데, 이런 시스템으로는 온전한 길이의 단백질이 발현될 수 없기 때문에 기능이 완벽하지는 않지만 단축된 단백질이 사용된다.

크리스퍼 유전자가위 기술은 환자의 유전자 돌연변이를 직접 교정하고 조절 패턴을 변화시킬 수 있다. 크리스퍼 유전자가위는 ZFN과 TALEN과 같은 다른 유전자 편집 도구와 비교할 때 특히 시간을 절약할 수 있다. 크리스퍼 유전자가위는 현재 동물 모델에서 유전자 이상의 병증을 완화시킬 수 있으며, 이는 실명, 혈액 이상, 선천성 심장질환의 체내 요법으로 진전될 것이다. 크리스퍼테라퓨틱스(CRISPR Therapeutics)와 에디타스메디신(Editas Medicine)은 뒤센근이영양증, 낫세포빈혈증 등과 같은 일부 유전질환에서 치료 연구의 원리증명실험을 끝내고 임상 이행을 준비하고 있다. 2017년 8월 말, CAR-T에 기반한 암 치료체 킴리아(Kymriah)는 미국 식품의약국의 승인을 받은 상태로 시판을 앞두고 있다.

_슈퍼박테리아 제거

여러 가지 항생제에 견디는 성질을 가진 박테리아를 다제내성균이라고 하며 흔히 슈퍼박테리아라고도 부른다. 박테리아는 항생제 저항성을 나타내며 돌연변이하기 때문에 여러 종류의 항생제를 과다 사용할 수밖에 없고, 잘못된 증상에 항생제를 사용하거나 사료에도 항생제를 섞기 때문에 슈퍼박테리아가 나타날 가능성은 상존한다. 여러 종류의 미생물이 섞여 있을 때 해로운 박테리아나 항생제에 저항성을 나타내는 박테리아만을 특이적으로 공격할 수 있는 항생제가 없기 때문에 문제는 더욱 심각하다. 기존의 항생제로는 슈퍼박테리아를 죽일 수 없기 때문에 2050년이면 전 세계에서 매년 1000만 명이 이 박테리아로 인해 목숨을 잃을 것으로 예상된다. 항생제 제약회사들은 슈퍼박테리아를 막을 수 있는 새로운 방법을 찾기 위해 노력 중이다. 단일 항생제나 의약품을 개발할 때 소요되는 비용은 현재 수백만 달러에 이르는 것으로 알려졌는데, 최근에는 크리스퍼 유전자가위를 사용해 슈퍼박테리아의 뉴클레오티드 서열을 특이적으로 표적하는 항미생물제를 개발하고 있다.

2014년 10월 록펠러 대학의 마라피니(Luciano M. Marrafini) 연구팀은 황색포도상구균(Staphylococcus aureus)의 항생제 저항성 유전자와 독성 인자를 표적하기 위한 크리스퍼 유전자가위를 디자인해 박테리오파지를 통해 전달했다. 또 독성이 없는 황색포도상구균에는 영향을 미치지 않고 독성 황색포도상구균만 공격하는 크리스퍼 유전자가위를 개발했다. 크리스퍼 유전자가위의 다중편집 능력을 테스트하기 위해 슈퍼항원 엔테로톡신(enterotoxin) SEK 유전자와 MEC4 유전자 부위를 표적하는 두 종류의 sgRNA를 디자인했고, 이들이 상당히 효율적으로 표적 주를 파괴시킬 수 있다는 사실을 발견했다. 복수의 유전체 부위를 표적하면 복잡한 미생물 군집에서 특정 병원체를 효율적으로 억제할 수 있다.

이와 유사하게 2014년 9월, 매사추세츠 공과대학의 루(Timothy K. Lu) 연구팀은 크리스퍼 유전자가위를 사용해 혼합된 미생물상에서 병원체의 특정 부위를 표적하였다. 이들은 박테리오파지와 접합 플라스미드에 의한 크리스퍼 유전자가위의 전달 시스템으로 표적 유전자의 염색체 복사본을 공격해 형질전환[•] 효율을 1000분의 1로 감소시켰다. 크리스퍼 유전자가위로 표적 주를 특이적으로 넉다운(knockdown, 유전자변형을 통한 유전자의 활성 저하)시켜 박테리아의 복합 군집을 조절할 수 있었다.

2015년 6월 텔아비브 대학의 큄론(Udi Quimron) 연구팀은 크리스퍼 유전자가위 항미생물제 연구의 연장으로 항생제 저항성 박테리아에 감수성을 재부여하기 위해 두 종류의 파지를 가공해 크리스퍼 유전자가위 성분을 전달했다. 먼저 도입하는 파지는 용원성[•](lysogenic)이고 유전체의 저항성 유전자를 표적하기 위한 완벽한 크리스퍼 기구를 갖춘 반면, 다음으로 도입하는 파지는 용균성[•](lytic)이다. 첫 번째 파지로 감염된 박테리아는 항생제 감수성은 커지지만 용균성 파지에는 저항성을 나타낸다. 그다음으로 항생제 저항성 박테리아만을 표적하는 용균성 파지를 도입한다. 특정한 박테리아를 죽인 다음 이 항생제로 다시 새로운 항생제 저항성 박테리아를 표적한다. 이중 파지에 근거한 이 크리스퍼 유전자가위 시스템을 사용하면 감수성 박테리아는 수평이동하는 저항성 유전자를 획득하지 못하게 된다.

파지는 숙주 박테리아만을 특이적으로 공격하기 때문에, 이 방법으로 모든 병원체를 제거할 수는 없다. 따라서 숙주 박테리아의 범위를 넓히기 위해 파지의 꼬리섬유(미부섬유)를 변형하는 방법이 개발되었다. 2015년 매사추세츠 공과대학의 루 연구팀은 파지 꼬리섬유를 변형해 병원성 예르시니아(Yersinia)와 클렙시엘라(Klebsiella) 종을 표적하였다. 2017년 5월 미시시피 주립대의 서근석 연구팀은 크리스퍼 유전자가위 성분을 효율적으로 전달하는 주형 파지를 디자인했으며, 파지 꼬리섬유를 변형시킴으로써 숙주 범위를 확장했다. 이들 파지는 서열 특이적 방식으로 황색포도상구균의 주요 독성 인자(nuc)를 제거할 수 있었다. 이로써 보다 안전하고 효율적으로 황색포도상구균을 통제할 수 있다.

크리스퍼 유전자가위는 미생물 생태계에서 특이적으로 슈퍼박테리아를 제거할 수 있는 유망한 도구다. 또 생의학적으로 중요한 다른 많은 병원체도 표적할 수 있다. 크리스퍼 유전자가위는 서열 특이적 방식으로 슈퍼박테리아를 표적하고 심지어 저항성 균주에 다시 감수성을 부여할 수 있다. 따라서 크리스퍼 유전자가위는 슈퍼박테리아의 위협으로부터 벗어나는 바람직한 방향을 제시한다. 이런 기대를 실현하려면 무엇보다 크리스퍼 유전자가위의 전달 문제를 조속히 해결해야 한다.

_바이러스 제거

바이러스는 살아 있는 세포 안에서 증식하는 감염성 입자다. 이들은 모든 형태의 생명을 감염시킬 수 있다. 대부분의 바이러스는 의약품으로 퇴치할 수 없으며 적응력과 돌연변이율이 매우 높아 백신으로도 감염을 예방하기 어렵다. 특히 백신에 의한 예방법은 HIV를 포함한 일부 바이러스에 대해서는 효과가 없다.

HIV는 면역계의 모든 세포를 감염시키기 때문이다.

　HIV, B형간염바이러스(HBV), C형간염바이러스(HCV), 인플루엔자바이러스 등은 치료와 관리가 어려워 세계적으로 문제를 일으키는 중요한 인간 바이러스다. 최근 이런 인간 바이러스를 제거하기 위해 크리스퍼 유전자가위를 사용하는 방법을 모색하고 있다.

　크리스퍼 유전자가위는 체외에서 HIV를 제거하는 데 사용된다. HIV는 생활사 동안에 면역세포의 숙주 유전체로 통합되어 전사하지 않고 잠복한다. 이런 바이러스는 기억 T-세포와 같은 수명이 긴 세포에 머물기 때문에 강력한 항레트로바이러스제를 사용해도 없애기 어렵다. 연구자들은 유전체 편집 기술을 사용해 이 같은 HIV의 잠복성 감염에 대처할 두 가지 방법을 테스트하고 있다. 첫 번째 방법은 크리스퍼 유전자가위로 바이러스의 게놈 서열을 표적하여 감염된 T-세포의 유전체로부터 통합된 HIV DNA를 영구 제거하는 것이다.

　2013년 8월 교토 대학의 에비나(Hirotaka Ebina) 연구팀은 크리스퍼 유전자가위로 Jurkat 세포에서 고도로 보존적인 긴 말단반복단위(long terminal repeat, LTR)를 표적해 HIV 유전체를 편집했다. 2015년 3월, 솔크생물학연구소의 벨몬테 연구팀은 감염된 일차 CD4+ T-세포에서 크리스퍼 유전자가위를 담은 벡터가 안정적으로 발현해 보존성이 강한 HIV의 긴 말단반복서열을 파괴한다는 사실을 밝혔다. 그 결과 바이러스는 잠복 부위에서 성공적으로 제거되었다. 두 번째 방법은 HIV가 T-세포에 감염되는 데 필요한 보조 수용체인 케모카인수용체(chemokine receptor 5, CCR5)

를 크리스퍼 유전자가위로 변화시켜 HIV 저항성을 나타내는 것이다. 2013년 1월 서울대학교의 김진수 연구팀은 CCR5를 특정하게 표적하는 sgRNA 및 Cas9을 암호화하는 플라스미드를 사람의 배아 신장세포(HEK 293T)에 감염시키면 CCR5의 주요 유전자가 파괴될 수 있다는 사실을 보였다. 2014년 6월 캘리포니아 주립대학 샌프란시스코 분교의 칸(Yuet Wai Kan) 연구팀은 크리스퍼 유전자가위를 피기백●(PiggyBac)과 함께 사용해 자연적으로 나타나는 CCR5Δ32 결실을 유도만능줄기세포에서 재현하였으며, 이 변형된 유도만능줄기세포를 HIV에 저항성을 나타내는 단구세포●/대식세포●로 분화시켰다. 2014년 11월 하버드 대학의 코완(Chad Cowan) 연구팀은 임상과 관련 있는 인간 체세포에서 CCR5를 표적하기 위해 크리스퍼 유전자가위의 암호를 담고 있는 플라스미드를 전기천공법으로 사람의 CD4+ 세포와 CD34+ 조혈모전구세포로 전달했으며, 그 결과 임상적 유용성을 확인했다. 2014년 12월 상해 파스퇴르연구소의 주(Paul Zhou) 연구팀은 렌티바이러스(Lentivirus)를 사용해 CCR5를 표적하는 sgRNA 및 Cas9을 사람의 CD4+ T-세포로 운반하여 CCR5 유전자를 효과적으로 파괴했다. 그러나 이 시스템에서는 표적이탈효과 때문에 세포 독성이 나타났다. 마찬가지로 2015년 10월 우한 대학의 구오(Deyin Guo) 연구팀은 렌티바이러스로 크리스퍼 유전자가위를 인간 1차세포● CD4+ T-세포로 전달해 HIV 출입을 돕는 보조수용체인 CXCR4 유전자를 효율적으로 파괴했고, 그 결과 이 세포들은 HIV 저항성을 나타냈다. 한편 ZFN을 사용해 CCR5를 돌연변이시키려는 전략은 임상시험에서 성공을 거두고 있다.

크리스퍼 유전자가위로 HIV를 완벽하게 제거할 가능성도 드러났다. 2015년 2월 맥길 대학의 리앙(Chen Liang) 연구팀은 HIV 유전체의 10개 부위를 표적하는 sgRNA를 디자인해 돌연변이를 통해 바이러스 복제를 20분의 1로 감소시켰다. 2017년 6월 매사추세츠 공과대학의 앤더슨(Daniel G. Anderson) 연구팀은 크리스퍼 유전자가위가 동물모델에서 HIV를 완벽하게 제거할 수 있음을 제시했는데, 제거 효율은 96퍼센트로 나타났다.

크리스퍼 유전자가위 기술은 숙주세포로 HIV가 통합되는데 필요한 필수 유전자를 파괴할 때도 사용되었다. 특히 2016년 5월, 템플 대학의 칼릴리(K. Khalili) 연구팀은 숙주 유전체로 바이러스 DNA가 통합할 때 중요한 역할을 하는 HIV 유전자를 표적하기 위해 마우스 꼬리의 혈관을 통해 크리스퍼 유전자가위 성분을 전달했다. 그 결과 다수의 조직 및 기관에서 HIV가 적게 발현되어, 크리스퍼 유전자가위에 의해 바이러스 감염을 생체에서도 방지할 수 있다는 사실을 알았다.

그럼에도 불구하고 HIV 프로바이러스(provirus, 숙주에 유전체 상태로 통합된 바이러스)가 진화함에 따라 표적 부위에서 돌연변이가 발생해 크리스퍼 유전자가위에 대한 저항성이 나타난다는 점 때문에 실제로 크리스퍼 유전자가위를 HIV 제거에 사용하기는 어렵다. 2016년 3월, 암스테르담 대학의 다스(Atze T. Das) 연구팀과 2016년 5월, 맥길 대학의 리앙(Cheng Liang) 연구팀이 HIV 회피 변이체의 서열을 결정한 결과 크리스퍼 유전자가위 절단 부위에서 뉴클레오티드 삽입·결실·치환이 일어났는데, 이는 DNA가 비상동말단접합 방식으로 수리될 때 흔히 나타나는 현상이다. 이러한 바이러스 저항성의 등장을 극복하기 위한 해결책을 더 모색해야 한다.

간염 바이러스에는 A · B · C형이 있는데, 이들은 사람에서 급성 또는 만성 감염을 일으키는 별개의 바이러스들이다. 간에 B형 간염바이러스(HBV)가 감염되어 만성 질환이 되면 간경화나 간암을 일으킨다. 만성 HBV 환자를 위한 항바이러스제도 간에서 바이러스를 완전히 제거하지는 못하는데, 그 이유는 바이러스 복제의 주형 역할을 하는 공유결합으로 닫힌 원형 DNA(covalently closed circular DNA, cccDNA)의 안전성이 높기 때문이다. 2014년 1월 국립 대만 대학의 양홍치(Hung-ChihYang) 연구팀은 HBV 발현 벡터를 마우스의 꼬리 혈관을 통해 주입해 마우스의 간에서 만성 HBV 감염을 모델링하였다. 이때 크리스퍼 유전자가위를 함께 주입해 HBV 서열의 P1과 XCp라는 유전자 부위를 표적했더니, 벡터 분해가 일어나며 혈청 내 HBV 표면항원이 감소했다. 이 HBV 마우스 모델에서는 cccDNA 중간산물이 실제로 생산되지 않았는데, 이로써 HBV가 유전체 편집으로 제거될 수 있다는 사실을 알 수 있다. 2015년 2월 베이징방사선의학연구소의 가오(X Gao) 연구팀은 체내와 시험관 내 모델 시스템에서 크리스퍼 유전자가위를 사용해 HBV의 표면항원을 표적하였고, 그 결과 배양세포와 마우스 혈청에서 표면항원이 아주 낮은 수준으로 나타났다. 2015년 4월 수저우 대학의 시웅(Sidong Xiong) 연구팀, 2015년 4월 듀크 대학의 쿨렌(Bryan R. Cullen) 연구팀, 그리고 2017년 3월 베이징 군사과학연구소의 송(Hongbin Song) 연구팀 등은 크리스퍼 유전자가위로 HBV cccDNA를 표적하여 바이러스 수치를 떨어뜨리는 돌연변이를 일으켰다고 발표했다.

인간 유두종바이러스(human papillomavirus, HPV)는 DNA 바이러스이며, 세계적으로 악명을 떨치는 인간 병원체인데 암을 일으킬 수도 있다. 2014년 8월 듀크 대학의 쿨렌은 크리스퍼 유전자가위로 HPV18과 HPV16의 유전자 암호를 담고 있는 독성 E6와 E7을 표적하여 바이러스를 불활성화시켰다. 유사하게 2015년 7월, 안후이 대학의 장(Xue-Jun Zhang) 연구팀은 크리스퍼 유전자가위로 HPV6와 HPV11 두 계열에서 E7 유전자를 표적하여 E7-형질전환 각질형성세포에서 세포의 증식을 억제했고, 이후 세포자살(apoptosis)을 유도하였다. 2017년 3월 베이징 군사과학연구소의 장(Zhang) 연구팀은 변형시킨 크리스퍼 유전자가위로 단순포진바이러스(Herpes simplex virus, HSV) 유전자를 제거했다. 그 결과 바이러스의 수치가 감소했고, 혼합 바이러스 풀에서 바이러스 유전체를 선택적으로 구별할 수 있는 특이성이 나타났다.

크리스퍼 유전자가위는 인간 종양 바이러스인 엡스타인-바 바이러스(Epstein-Barr virus, EBV)와 같은 바이러스를 직접 표적하는 데도 사용할 수 있다. 2014년 8월 스탠포드 대학의 퀘이크(Stephen R. Quake) 연구팀은 크리스퍼 유전자가위로 버킷림프종(Burkitt lymphoma) 환자의 세포를 표적해 암세포 생장률이 상당히 감소했으며 부수적으로 바이러스 수치가 감소했다고 밝혔다.

크리스퍼 유전자가위 기술은 이처럼 여러 종류의 바이러스를 직접 공격하는데 성공적으로 사용되었다. 장래에 인간 바이러스뿐 아니라 동물 바이러스를 통제하는 데까지 이른다면 전염병이나 세계적 유행병을 퇴치하는 데 도움이 될 것이다.

_암

암은 일반적으로 다른 부분으로 퍼지거나 침투할 수 있는 세포가 비정상적으로 자라는 일단의 질병이다. 흡연은 암 사망률에서 22퍼센트를 차지하는 주요 원인이며, 다른 10퍼센트의 암 사망률은 비만, 식단조절 실패, 운동 부족, 과다 음주 등에서 기인한다. 감염과 방사성, 환경오염물질도 암의 발병과 관련한다. 그리고 대략 5-10퍼센트의 암이 부모에게 물려받은 유전적 결함 때문이라고 추정된다. 다른 질병과 비교했을 때 암으로 인한 사망률은 높은 편이며, 그럼에도 불구하고 효과적이거나 특이적인 치료법이 아직 없는 실정이다. 따라서 비용 효율적이고 효과적인 암 치료 기술을 개발할 필요는 점점 커지고 있다. 이제까지 가장 성공적인 암 치료법은 화학요법이었으나 문제점도 많다. 대안적인 면역요법은 화학요법과 별도로 또는 함께 사용될 수 있는데, 암의 치료제로 점차 각광받고 있다. 최근 크리스퍼 유전자가위는 암을 통제하고 인위적으로 유도해, 차세대 동물 모델을 개발하고 암을 야기하는 유전자들을 표적하는 데 모두 사용되고 있다.

크리스퍼 유전자가위로 유도하는 돌연변이를 보고 질병 증상을 정밀하게 모사할 수 있다. 이를 통해 연구자들은 유전자와 종양 억제자 등 여러 인자에 의한 암의 발병 과정을 밝힐 수 있게 되었다. 이는 동물 모델에서 성공적으로 적용되어 크리스퍼 유전자가위가 갖는 암 분석의 잠재력을 보여 준다. 예를 들어 2014년 10월, 브로드연구소의 장 펑 연구팀은 크리스퍼 유전자가위로 폐의 선암에서 KRAS, p53, LKB1 유전자를 돌연변이시켰다.

그들은 폐에서 AAV 벡터를 사용해 p53과 LKB1 유전자를 넉아 웃(knockout, 염기의 탈락이나 첨가를 통한 유전자의 기능 상실)했고, KRAS 유전자를 넉인(knockin, 유전자변형을 통한 유전자의 기능 회복) 돌연변 이시켰다. 이 실험을 통해 육안으로 확인되는, 선암 병리를 나타 내는 종양을 얻었으며, 이로써 크리스퍼 유전자가위로 가공한 마우스가 생의학과 질병 모델링 응용에 유용하리라는 사실이 확 인되었다. Pten과 p53 유전자를 표적하는 크리스퍼 유전자가위 를 sgRNA와 함께 마우스의 간에 직접 주입해 간암 모델을 위한 치료법을 개발하는 중이다.

이어서 2014년 10월 메모리얼슬론케터링암센터의 벤추라 (Andrea Ventura) 연구팀과 2015년 11월, 뮌헨 공과대학의 라트 (Roland Rad) 연구팀은 크리스퍼 유전자가위로 체내 돌연변이를 일으켜 폐암과 간암, 간 내 담도암을 연구하기 위한 마우스 모델 을 만들었다. 또 2015년 3월, 매사추세츠 공과대학의 샤프(Phillip Sharp) 연구팀은 종양 생장과 전이의 이종이식 마우스 모델에 서 크리스퍼 유전자가위로 암 진행 동안 다양한 유전자 표현형 을 분석했다. 2016년 11월 마카오 대학의 등(Chu-Xia Deng) 연구 팀은 크리스퍼 유전자가위가 암생물학을 이해하기 위한 암 동물 모델을 만드는 데 유용할 수 있다고 제안했다. 최근에는 크리스 퍼 유전자가위로 여러 유전자가 한꺼번에 변형된 마우스 모델이 만들어졌다. 바이러스(AAV와 렌티바이러스)와 리포솜•(liposome) 입 자로 sgRNA를 전달하는 체내 및 체외 유전체 편집을 통해 상피 세포•, 뉴런, 면역세포 등이 변형되었다.

앞에서 언급한 라일라의 예에서 알 수 있듯이 암세포의 특정

항원을 인식하도록 T-세포를 유전적으로 변형하는 T-세포 공학은 암 면역치료제를 개발하는 데 유망하다. 보통 키메라성항원수용체●(chimeric antigen receptor, CAR) T-세포를 치료 연구에 사용한다. CAR-T 세포는 일반적으로 각 환자에서 T-세포 집단을 분리해 특이적으로 변형하고 증식하여 만든다. 크리스퍼 유전자가위를 적용해 T-세포의 키메라성항원수용체를 가공하면 그 정확한 특이성 때문에 면역요법의 잠재력이 최대로 발휘된다. 예를 들어 2016년 10월 필라델피아아동병원의 그룹(Stephan Gruppe) 연구팀은 CD19-특이적인 T-세포가 백혈병 치료에 특히 효율적이라는 사실을 밝혔다. 가공한 T-세포로 표적한 CD19 단백질의 특정 부위는 변형된 키메라성항원수용체를 일정하게 발현하는 것으로 나타났다. 이 결과는 이전의 방법과 비교해 재현이 가능했고 일관성이 있었다. 더 나아가 크리스퍼 유전자가위로 가공한 T-세포는 급성 림프모구 백혈병의 마우스 모델에서 기존의 CAR-T 세포보다 면역반응을 훨씬 잘 나타내는 것으로 밝혀졌다.

크리스퍼 유전자가위는 세포 독성을 나타내는 T-세포 관련 단백질 4(CTLA4) 또는 예정된 세포사 단백질 1(PD1)과 같은 T-세포 저해 단백질들의 암호를 담은 유전자를 제거해 CAR-T 세포의 기능을 촉진하는 데도 적용할 수 있다. 2015년 8월 캘리포니아 주립대학 샌프란시스코 분교의 마슨(Alexander Marson) 연구팀은 전기천공법으로 사람의 T-세포에 크리스퍼 유전자가위 성분을 전달하여 CXCR4와 PD1 유전자를 효과적으로 파괴했다. 중국에서도 유사한 시험이 진행되고 있다. 2016년 11월, 난징 의과대학의 수(Shu Su) 연구팀은 유사한 연구에서 PD1 유전자를 표적하는 크리스퍼 유전자가위를 환자 유래의 T-세포로 전달해 암세포에 대한 세포 독성을 증가시켰다. 임상시험에서는 자가이식 T-세포를 모아 크리스퍼 유전자가위로 변형하여 친화도가 증가한 T-세포 수용체(TCL)를 발현시키게 된다. 2016년 12월 중국 과학원 동물학연구소의 왕(Haoyi Wang) 교수와 2017년 5월 펜실베이니아 대학의 자오(Yangbing Zhao) 교수는 크리스퍼 유전자가위로 각각 두 가지(TRAC, B2M) 또는 세 가지 유전자[T-세포 수용체 알파 소단위(TRAC), B2M, PD1]를 동시에 파괴해 보다 개선된 CAR-T 세포를 생산할 수 있었다. 이 크리스퍼 유전자가위로 편집한 CAR-T 세포를 림프종 이종이식 마우스 모델에 삽입하면, 대조구에 비해 종양의 크기가 상당히 감소되었다. 최근 노바티스(Norvatis)는 인텔리아테라퓨틱스(Intelia Therapeutics)가 개발한 치료 CAR-T 세포를 가공하는 크리스퍼 유전자가위 기반 기술에 대한 배타적 권리를 얻었다.

크리스퍼 유전자가위로 편집한 CAR-T 세포의 임상시험은 미국과 중국에서 진행 중이다. 2016년 6월 미국 국립보건원(NIH)의 재조합DNA자문위원회(Recombinant DNA Advisory Committee, RAC)는 암을 퇴치하기 위해 크리스퍼 유전자가위를 사용해 인간 T-세포를 변형하는 임상시험을 승인했다. 이에 따라 펜실베이니아 대학의 준(Carl H. June) 연구팀은 흑색종, 골수종 또는 육종을 앓는 18명의 환자에게 크리스퍼 유전자가위 기술을 적용했다. 종양표적 수용체를 발현하도록 크리스퍼 유전자가위로 편집한 T-세포는 백혈병과 림프종을 치료하는데 강력한 잠재력을 나타내며, 궁극적으로 고형암의 치료에도 기여할 수 있다.

중국 연구진은 크리스퍼 유전자가위로 편집한 유전자를 포함하는 세포를 세계 최초로 사람에게 주입했다. 2016년 10월, 쓰촨대학의 유(Lou You) 연구팀은 혈액의 T-세포를 취해 면역반응을 조절하는 데 관여하는 단백질 PD1의 암호를 담은 유전자를 넉아웃시킨 변형 세포를 전이성 비소세포폐암(metastatic non-small cell lung cancer) 환자에게 이식했다. 이 외에도 거세불응성 전립선암(constration resistant prostate cancer), 근침윤성 방광암(muscle-invasive bladder cancer), 전이성 신세포암(metastatic renal cell carcinoma) 환자에게 같은 임상시험을 적용하고 있다.

이처럼 단백질의 기능을 바꾸도록 변형된 면역세포를 증식시켜 다시 주입할 경우 암에 대해 더 효과적으로 대처할 수 있을 것이다.

크리스퍼 유전자가위 기술로 암을 퇴치하는 일 외에도, 신약 개발에 도움을 주는 유전체 내의 표적을 연구하거나 미래의 항암 약품을 테스트하기 위한 모델 시스템을 개발할 수 있다. 2016년 8월 드레스덴 공과대학의 게블러(Christina Gebler) 연구팀은 암의 특징을 이해하기 위해 크리스퍼 유전자가위로 종양 돌연변이의 기능적 관련성을 시험하는 선별법을 생각했다. 출판된 문헌의 암 돌연변이 사례들을 생물정보학으로 분석해 암을 일으키는 돌연변이(드라이버 돌연변이)와 암에 기여하지 않는 돌연변이를 구분할 수 있었다. 60만 8671개의 암 돌연변이 중 88퍼센트가량을 비특이적인 표적이탈효과 없이 디자인된 sgRNA로 표적할 수 있음을 밝혔다. 밝혀진 암 드라이버 돌연변이 가운데 대략

85퍼센트 정도가 크리스퍼 유전자가위 sgRNA와 염기쌍을 형성했다. 이처럼 크리스퍼 선별법은 다양한 종류의 암 돌연변이가 자료 수집을 통해 치료의 표적으로 사용할 수 있는 변이된 단백질과 조절인자를 나타낼 수 있다. 2016년 12월 하버드 대학의 웨이(Wunsheng Wei) 연구팀은 크리스퍼 유전자가위로 유전체의 결실을 일으켜 포유동물에서 기능적인 비암호화 부위*를 밝혀냈다.

_신경질환

신경과학과 신경생물학은 신경계를 과학적으로 연구한다. 뇌와 척수 또는 다른 신경의 비정상적 구조와 기능은 파킨슨병, 알츠하이머병, 자폐증, 조현병, 치매, 그리고 외상성 뇌손상과 같은 신경이상을 야기한다. 이것은 전 세계 약 10억 명의 사람들을 괴롭히며, 이로 인해 매년 680만 명의 환자가 사망한다. 미국 국립보건원은 신경생물학 연구를 위한 NIH 청사진(NIH Blueprint for Neuroscience Research)을 위해 55억 5000만 달러를 투자할 예정이다. 신경과학의 발달로 신경계와 신경이상을 더욱 효율적으로 이해할 수 있게 되었다. 신경이상 문제를 극복하기 위해서는 혁신적 기술과 공동의 과학적 노력이 필요하다. 최근 크리스퍼 유전자가위 기술을 사용해 신경계와 신경이상을 테스트하고 밝히는 새로운 시험관 내 및 생체 내 모델을 만들었다. 이로써 기초 및 임상 신경과학 연구를 발전시킬 수 있다.

조현병(정신분열증)은 전 세계적으로 150만 명의 사람들이 앓고 있는 정신질환으로, 사회적 행동이 비정상적이고 현실을 이해하지 못하는 특징이 나타난다. 2015년 9월, 하버드 대학의 영-피어스(Tracy L. Young-Pearse) 연구팀은 크리스퍼 유전자가위와 TALEN을 사용해 DISC1(disrupted in schizophrenia 1) 유전자의 내부나 주변을 절단하는 연구를 통해 DISC1 단백질의 암호를 담고 있는 유전자가 조현병을 일으키는 후보 유전자라고 밝혔다. 체내에서 DISC1을 교정하면 조현병을 극복할 수 있는지 여부를 알기 위해서는 더 많은 연구가 필요하며, 이는 다른 정신질환의 이해와 치료를 위한 새로운 지평을 열어 줄 것이다.

2015년 10월 앨버트아인슈타인 의과대학의 증(Deyou Zeng) 연구팀은 자폐스펙트럼장애(autistic spectrum disorder, ASD)에서 CHD8과 같은 자폐증 관련 유전자의 역할을 조사하기 위해 크리스퍼 유전자가위로 이 유전자가 돌연변이된 유도만능줄기세포주를 확립했다. 전사체 자료 분석을 통해 CHD8이 ASD 발병 과정에서 다수의 유전자 및 뇌 크기와 관련된 유전자를 조절한다는 사실을 확인했다.

2016년 1월, 광저우 생의학건강연구소의 리(Z Li) 연구팀은 SCN1A 암호화 유전자가 돌연변이가 되면 간질을 일으킨다는 결과를 보고했다. 이들 SCN1A 기능소실 돌연변이에 의해 간질이 나타나는 메커니즘을 밝히기 위해 유도만능줄기세포 모델에서 크리스퍼 유전자가위와 TALEN을 적용했다.

2015년 10월, 브로드연구소의 장 펑 연구팀은 마우스 모델의 생체에서 크리스퍼 유전자가위를 사용해 학습과 기억에 관련된 여러 유전자(Dnmt1, Dnmt3a, Dnmt3b)를 동시에 녹아웃시켰다. 체내에서 조립된 신경회로의 변화를 일으킬 수 있는 이 돌연변이의 결과는 뇌를 치료하는 데 응용할 수 있다.

마우스 모델은 개발이 빠르고 수명이 짧기 때문에 신경질환을 이해하는 데 중요하다. 연구에 도움이 되는 마우스 모델의 이 흥미로운 특징이나 시각 피질 영역은 인간이나 다른 영장류들과 다르다. 또한 설치류는 자폐스펙트럼장애 모델에서 관찰되는 인간 사회행동의 복잡성을 나타낼 수 없다. 이런 이유로 알츠하이머병, 헌팅턴병, 파킨슨병 등의 질환에 초점을 맞춘 노화 관련 신경이상은 일반적으로 돼지나 비인간 영장류를 대상으로 연구한다. 이 때문에 크리스퍼 유전자가위는 가까운 장래에 많이 활용될 것으로 예상된다. 크리스퍼 유전자가위로 대형 동물에서 유전체를 가공하는 방식으로 다중편집에 의한 복합 돌연변이 모델을 생산할 수 있다.

2016년 2월 중국 과학원 동물학연구소의 자오(Jianguo Zhao) 연구팀은 미니 돼지에서 세 종류의 sgRNA를 사용해 크리스퍼 유전자가위로 3개의 유전자 자리●(parkin, DS-1, PINK1)를 동시에 표적해 파킨슨 질병의 돼지 모델을 생산했다.

크리스퍼 유전자가위의 다중편집 가능성은 신경과학에서 발견되는 다요인 복합 질환을 밝힐 수 있는 획기적 능력이다. 크리스퍼 유전자가위로 복잡한 신경계를 체계적으로 변형시키고 정확하게 선발하는 능력을 사용해 다중편집된 대형 동물과 세포 모델의 유전체 스크리닝(genome screening, 개체군에서 돌연변이 개체를 식별하고 선별하는 기술)으로 복잡한 질병 모델의 특성을 더욱 잘 밝히게 될 것이다. 크리스퍼 유전자가위로 이미 개발한 모델을 체내 재표적하여 치매와 같은 질환의 연령과 관련된 신경의 변화를 조사하면 관련 치료제를 개발할 수 있다.

유전자 발현이나 후성적 변형을 가역적으로 조정해 현재 존재하는 모델을 확대할 수 있다. 크리스퍼 유전자가위를 살아 있는 뇌에서 사용해야 하는 것이나, 표적이탈효과와 크리스퍼 유전자가위 성분의 전달을 통제하는 것도 문제다. 특히 생체 내에서 크리스퍼 유전자 성분을 뇌로 전달하는 것은 어렵고도 미묘한 문제다. 2014년 10월, 하버드 대학의 류(David R. Liu) 연구팀은 바이러스 방식과 리포솜 방식으로 크리스퍼 유전자가위의 성분을 전달하여 체내에서 마우스 내이(內耳)의 유전자를 넉아웃시켰다. 크리스퍼 유전자가위와 그 전달 시스템이 효율적인 신경질환을 치료할 수 있도록 유효하고 적절히 개발된다면 이 강력한 유전체 공학 기술은 최상의 잠재력을 갖게 될 것이다.

_낭포성섬유증

낭포성섬유증은 상피세포의 액체 이동을 조절하는 이온 채널[•]인 낭포성섬유증 막관통 전도조절 단백질[•](cystic fibrosis transmembrane conductance regulator, CFTR)의 돌연변이에서 유래하는 단일 유전자질환이다. 기능 상실 대립유전자 돌연변이가 일어나면 소화관과 기관에서 점액질이 축적되고 호흡이 곤란해지거나 감염이 반복되는 등 다양한 증상이 나타난다. 2013년 12월 위트레흐트 대학의 클레버스(Hans Clevers) 연구팀은 낭포성섬유증 환자의 장 줄기세포를 분리해 3차원 소기관을 갖도록 증식시키고, 여기에 크리스퍼 유전자가위 성분과 DNA 주형을 담은 벡터를 감염시켜 CFTR 돌연변이 유전자를 표적했다. 이후 서열을 결정해 CFTR 의존적인 소기관의 증식 실험으로부터 성공적인 유전자 교정이 이루어졌음을 확인했다.

_안질환

2013년 12월, 중국 과학원 상하이생물학연구소의 리(Jinsong Li)연구진은 마우스 접합자에서 백내장(Cataract)을 치료하기 위해 크리스퍼 유전자가위를 사용했다. 유전자 치료를 위해 유전자가위 성분과 DNA 주형을 접합자로 동시에 주입해 상동의존성수리를 통해 Crygc 유전자의 질병 관련 돌연변이를 교정했다. 회복된 마우스는 임신이 가능했고, 교정된 대립유전자를 다음 세대로 전달할 수 있었다.

2014년 1월, 솔크생물학연구소의 벨몬테 연구팀은 크리스퍼 유전자가위 성분의 암호를 담은 AAV 플라스미드를 사용해 유전성 망막퇴행 및 색소성 망막염과 관련된 MERKT 유전자 돌연변이를 가진 쥐에서 망막의 생리적 기능을 상당히 개선시켰다.

2016년 1월, 시다스-시나이메디컬센터의 왕(Shaomei Wang) 연구진은 망막이영양증을 치료하기 위해, 중증 우성 망막세포 변성증(severe dominant retinitis pigmentosa) 모델 쥐에서 크리스퍼 유전자가위를 사용해 로돕신 S334 돌연변이 대립유전자를 체내(in vivo)에서 선택적으로 결실시켰다. 그 결과 망막 변성이 방지되고 시각 기능이 개선되었다.

2017년 2월, 서울대학교의 김정훈 연구팀은 레이저로 마우스의 망막에 신생 혈관을 만든 후 리보핵산단백질 형태의 크리스퍼 유전자가위를 직접 주입해 비정상으로 증가한 혈관내피성장인자(VEGFA) 유전자를 교정했다. 이 결과는 노인성 실명을 일으키는 황반변성을 치료할 가능성을 제시하고, 비유전성 퇴행성 질병에도 효과적임을 알려 준다.

2017년 2월, 사노피 젠자임(Sanofi Genzyme) 희귀질환팀의 루안(Guo-Xiang Ruan)은 레버 선천성 흑암시를 일으키는 가장 주요한 원인인 CEP290 유전자의 돌연변이에 의한 LCA10 유전질환을 교정하기 위해 크리스퍼 유전자가위를 사용하여 CEP290 인트론(intron, DNA 중에서 유전 정보를 갖지 않는 부분) 제거 돌연변이를 293FT 세포에 도입해 LCA10 모델을 만들었고, 다시 크리스퍼 유전자가위를 사용하여 이 돌연변이를 복구했다.

현재 아이오와 대학의 셰필드(Val C. Sheffield) 연구팀은 녹내장을 일으키는 돌연변이 유전자 POAG를 갖는 마우스 모델(Tg-MYOCY437H)을 만든 다음, 크리스퍼 유전자가위를 사용해 MYOC 돌연변이에 의한 녹내장을 효과적으로 치료하는 방법을 연구하고 있다.

_혈액 이상

낫세포빈혈증은 글루탐산이 발린으로 바뀌어 헤모글로빈의 소단위인 베타글로빈에 영향을 주는 돌연변이로 나타난다. 낫처럼 생긴 비정상적인 적혈구 세포의 모양 때문에 두 가지 만성적 영향이 나타난다. 첫째, 헤모글로빈에 철분이 적게 결합하여 몸 전체를 순환하는 산소의 양이 감소해 빈혈이 나타난다. 또 낫세포 모양으로 혈관이 차단되어 고통과 산소 부족 현상이 발생한다. 선진국에서는 증상이 잘 관리되는 반면 아프리카에서는 낫세포 빈혈증 환자 중 유아 사망률이 50-90퍼센트에 이른다.

환자는 심장마비 위험을 줄이기 위해 매달 지루한 수혈을 받아야 한다. 한 가지 방법은 줄기세포나 골수 이식을 받는 것인데, 위험성이 높은 치료이고 적합한 기증자를 찾기도 쉽지 않다. 다행히 질병을 야기하는 단일 돌연변이는 유전자 편집을 위한 이상적 후보다. 2015년 11월, 서던캘리포니아 대학의 캐논(Poula Cannon) 연구팀은 환자 유래 조혈모세포와 줄기세포에 크리스퍼 유전자가위와 DNA 주형을 사용해 낫세포빈혈증의 원인이 되는 베타글로빈 유전자를 성공적으로 교정했다.

　베타지중해성빈혈은 세계적으로 가장 보편적인 유전질환의 하나인데, 헤모글로빈 베타 사슬 유전자의 돌연변이에서 유래한다. 이 돌연변이가 일어나면 헤모글로빈 생산이 감소되고 빈혈이 일어난다. 현재 베타지중해성빈혈의 단 하나의 치료법은 면역거부반응을 일으키지 않는 건강한 기증자의 조혈모세포를 이식하는 것이다. 대안으로 2014년 9월, 캘리포니아 주립대학 샌프란시스코 분교의 칸 연구팀은 환자에서 유도한 만능줄기세포에서 크리스퍼 유전자가위로 베타사슬 유전자를 교정해 면역거부반응 없이 이식할 수 있는 조혈모세포를 만들었다. 우선 베타지중해성빈혈에 동형접합(chomozygous, 대립유전자의 유전형이 같은)인 환자의 섬유아세포로부터 유도만능줄기세포를 수립해 이식을 위한 세포를 충분히 만들었다. 돌연변이 대립유전자를 잘라 내는 크리스퍼 유전자가위 성분과 DNA 주형을 넣어 주었더니 교정된 유도만능줄기세포에서 표적이탈효과가 발견되지 않았고, 회복된 헤모글로빈 베타 사슬 유전자에서 정상 표현형이 완벽하게 회복되었다.

성인 감마글로빈과 일부 아미노산 성분이 다른 태아 감마글로빈은 성인에서는 더 이상 발현되지 않는다. 상가모테라퓨틱스(Sangamo Therapeutics)와 바이오젠(Biogen)은 성인에서 태아 감마글로빈을 억제하는 전사인자인 BCL11A의 촉진자를 체계적으로 파괴해 태아 감마글로빈 발현을 재활성화시키려고 한다. 베타지중해성빈혈 환자에서 태아 감마글로빈을 다시 발현시키면, 이 헤모글로빈 병증을 완화할 수 있을 것으로 기대된다.

대표 혈액질환 중 하나인 혈우병은 유전적 돌연변이로 인해 혈액 응고인자가 부족해 피가 쉽게 멎지 않는 출혈성 질환이다. 그 중에서도 A형 혈우병은 혈액 응고인자 VIII을 암호화하는 F8 유전자의 돌연변이에 의해 일어나는 X-염색체와 연관된 유전질환이다. 2015년 8월, 서울대학교 김진수 연구팀은 A형 혈우병 환자의 세포를 채취해 유도만능줄기세포를 만든 다음 크리스퍼 유전자가위를 활용해 뒤집어진 유전자를 교정해 정상적인 유전자 배열을 갖게 하는 데 성공했다. 또한 이처럼 F8 유전자를 발현하도록 교정한 줄기세포를 혈관 내피세포로 분화시켜 혈우병 생쥐에게 이식시켰더니, 혈액 응고인자 VIII이 생성되어 출혈 증상이 현저히 개선되는 결과를 얻었다. 이처럼 유전자가위 기술은 환자에서 유도된 만능줄기세포에서 커다란 염색체의 재배열 이상도 교정할 수 있다는 가능성을 보여 주었다.

B형 혈우병은 X-연관 혈액 응고와 관련된 F9 유전자의 돌연변이로 나타나는 질환이다. 2016년 5월, 동중국 국립대학의 리(Dali Li) 연구팀은 F9 유전자에 돌연변이를 갖는(Y371D) B형 혈우병을 갖는 가계를 밝혀냈다. 우선 이 유전자에 돌연변이를 발생

시켜 심각한 혈우병을 나타내는 마우스 모델을 사용하여 F9 돌연변이의 역할을 테스트했다. 이후 B형 혈우병 마우스 모델에 Cas9 DNA 구성체와 아데노바이러스 전달 벡터를 사용하여 F9 Y371D 돌연변이를 표적했다. 그 결과 이미 유도한 질병 상태를 역전시키기에 충분한 0.56퍼센트의 돌연변이 유전자가 교정되었다.

이런 실험 결과로 미루어 볼 때 크리스퍼 유전자가위는 혈우병을 근본적으로 치료할 수 있게 될 것이다. 또한 기술이 더 개발되면 효율성이 낮은 문제도 해결할 수 있을 것이다.

_심혈관질환

PCSK9(proprotein convertase subtilicin/kexin type 9) 단백질은 간세포에서 혈장으로 분비되며, 저밀도지질단백질(low density lipoprotein, LDL) 수용체의 길항제로 작용해 저밀도 콜레스테롤의 흡수와 분해를 제한한다. PCSK9에서 자연적으로 기능상실 돌연변이가 일어나면 혈액 콜레스테롤 수준이 낮아진다. 2015년 4월 브로드연구소의 장 펑 연구팀과 2014년 6월 하버드 대학 무수누루(Kiran Musunuru) 연구팀은 고콜레스테롤혈증(hypercholesterolemia)을 치료하기 위해 비상동말단접합에 의한 생체 내 유전체 편집을 시도했다. 아데노바이러스로 크리스퍼 유전자가위를 마우스 모델의 간으로 체내 전달하였더니, 혈액 콜레스테롤 수준이 개선되었다는 결과를 얻었다. 이 결과는 심혈관질환의 예방과 관리에 도움을 줄 것이다.

_간질환

1유형 티로신혈증은 대사 효소 푸마릴아세토아세트산 가수분해 효소(fumarylacetoacetate hydrolase)를 암호화하는 Fah 유전자가 점 돌연변이[•]를 일으켜 G에서 A로 바뀌어 일어나며, 이 효소가 돌 연변이되면 독성 대사물이 축적되며 간세포가 죽는다.

2014년 3월, 매사추세츠 공과대학의 앤더슨 연구팀은 마우스 티로신혈증 모델의 간세포에서 크리스퍼 유전자가위를 사용하 여 Fah 돌연변이 유전자를 성공적으로 교정했다. 유전성 티로신 혈증을 앓는 모델 생쥐의 꼬리에 수압을 가해 간으로 크리스퍼 유전자가위 성분과 DNA 주형을 직접 전달했는데, 처음에는 간 세포에서 Fah 유전자 돌연변이를 성공적으로 교정한 빈도가 0.4 퍼센트로 낮았지만, 편집된 간세포가 생존하고 자라 간의 대부 분을 다시 차지했다. 또한 Fah 양성 간세포 클론은 체중 감소 증 상을 완화시켰다.

2016년 8월, 베일러 의과대학의 비씽(Karl-Dimiter Bissing) 연구 팀은 유전자 결실로 질병 관련 경로를 재프로그래밍해 양성 표 현형으로 되돌리려고 시도했다. 크리스퍼 유전자가위로 Hpd 유 전자를 넉아웃시킬 경우 편집하지 않은 간세포에 비해 생장이 유리했으며, 마우스는 최적의 대사 프로파일을 나타냈다.

X-유전자와 연관된 오르니틴 트랜스카바밀라아제 효소 결 핍(Ornithine transcarbamylase deficiency, OTC)은 고암모니아혈증 (Hyperammonemia)의 결과로 사망에 이르는 유전적 대사 간질환 이다. 2016년 2월, 매사추세츠 공과대학의 앤더슨 연구팀은 이중 AAV 시스템으로 크리스퍼 유전자가위 성분과 DNA 주형을 새로

태어난 마우스에 전달해 10퍼센트의 간세포를 정상으로 교정했다. 그 결과 질병을 악화시키는 식단을 주었을 때에도 마우스의 생존율이 높아졌다.

인텔리아테라퓨틱스와 에디타스메디신 등 몇 회사는 크리스퍼 유전자가위를 사용해 간에 영향을 미치는 유전적 이상인 항트립신 결핍을 표적하기 위한 프로그램을 시작했다. 펜실베이니아 대학 연구진의 전임상연구로 고암모니아혈증 오르니틴 트랜스카바밀라아제 효소의 역위와 같은 다른 간질환에도 특이적인 크리스퍼 치료법을 적용할 수 있다는 사실이 밝혀졌다.

_근이영양증

근이영양증(muscular dystrophy)은 근육 및 근막을 유지하는 디스트로핀(dystrophin, 정상 근육의 횡문근 세포막에서 볼 수 있는 단백질)의 선천적 결핍으로 팔과 다리 등의 근력이 점차 감소하며 결국은 움직일 수 없게 되는 병이다. 그중 뒤센근이영양증(Duchenne muscular dystrophy)은 진행성 근이영양증 중 가장 빈도가 높은 유전질환이다. 현재로서는 이용할 수 있는 효율적인 치료법이 없다. 두 연구진이 각각 유도만능줄기세포와 불멸세포(immortal cells, 지속적인 분열 능력을 갖는 세포)에서 크리스퍼 유전자가위를 사용해 근이영양증을 야기하는 대립유전자를 교정했다.

2015년 1월, 교토 대학의 호타(Akitsu Hotta) 교수는 엑손(exon, DNA 중에서 유전 정보를 갖는 부분) 44가 없는 뒤센근이영양증 환자 유래 유도만능줄기세포에 크리스퍼 유전자가위 성분과 DNA 주형을 도입해 디스트로핀 유전자를 복구했다. 엑손 44가 넉인된 유도만능줄기세포를 선발해 근육섬유세포로 분화시켰는데, 여기에서는 정상 디스트로핀이 발현되었다. 2015년 2월, 듀크 대학의 찰스 거스바흐(Charles Gersbach) 교수는 뒤센근이영양증 환자의 근원세포(myoblast, 근 형성 도중 세포분열이 정지되어 미분화 상태로 있는 세포)에 크리스퍼 유전자가위 성분과 DNA 주형을 함께 도입해 돌연변이가 잘 일어나는 엑손 45-55 부위를 표적하거나 엑손을 결실시켜 디스트로핀 유전자의 암호화 부분을 복구했다. 유전자 교정 이후 시험관 내에서 이 환자의 근원세포에서 디스트로핀이 발현되고, 유전자를 교정한 환자의 세포를 면역결핍 생쥐에게 주입하면 사람의 디스트로핀이 체내에서 발현된다는 사실도 확인했다. 특히 크리스퍼 유전자가위에 의한 다중유전자 편집으로 커다란 염기서열을 제거했고, 60퍼센트 이상의 질병 유발 뒤센근이영양증 돌연변이를 교정할 수 있었다.

2016년 1월, 텍사스 대학 올슨(Eric Olson) 연구팀은 돌연변이 마우스 생식세포로 크리스퍼 유전자가위 성분과 DNA 성분을 직접 주입해 디스트로핀 유전자를 교정했다. 그러나 접합자 편집은 사람에게 적용할 수 없고 이 방식으로는 골격근 세포를 교정할 수 없다. 따라서 돌연변이된 엑손을 크리스퍼 유전자가위로 절단한 후 비상동말단접합을 통해 수리하는 방식을 사용할 수밖에 없다. 거스바흐, 올슨, 그리고 2016년 1월 하버드 대학의 웨이저스(Amy J. Wagers) 연구팀은 잇따른 연구에서, 미숙한 상태에서 정지 암호를 주어 엑손 23을 자르도록 디자인한 크리스퍼 유전자가위를 AAV에 의해 몸 전체로 전달하는 방식을 개발했다. 그 결과 길이는 짧아졌지만 기능은 유지하는 새로운 디스트로핀을 만들어 근육조직과 골격근 기능을 회복시킬 수 있다.

_바르트 신드롬

바르트 신드롬(Barth syndrome)은 Tafazzin 유전자에 영향을 주는 돌연변이에서 유래한 X-연관 유전자 심장병이다. Taffazzin은 지질 카디오리핀(cardiolipin)의 합성과 관련된 미토콘드리아의 아실전이효소(acyltransferase)를 암호화하는데, 카디오리핀은 심장 및 다른 기관에서 미토콘드리아의 구조와 기능에 중요한 역할을 한다.

2014년 5월, 하버드 대학의 푸(William T. Pu) 연구팀은 바르트 환자의 질병 특이적인 유도만능줄기세포를 생산한 다음 하트인어칩(heart-in-a-chip) 모델 시스템을 통해 Tafazzin 유전자 돌연변이가 근원섬유마디(sarcomere) 조립과 심근세포 수축에 영향을 미친다는 것을 발견했다. 크리스퍼 유전자가위로 건강한 사람의 Tafazzin을 가공하면 바르트 신드롬 환자와 유사한 증상을 나타내는 유도만능줄기세포를 만들 수 있다. 이 유도만능줄기세포는 바르트 신드롬의 잠재적인 치료제를 시험하기 위해 사용된다.

신약 개발

크리스퍼 유전자가위는 또한 진단 마커를 개발하고 치료 표적을 밝히는 잠재적 역할을 가질 것이다. 유전자가위는 동시에 여러 유전자 자리를 표적해 다중편집을 할 수 있으며, 더 효율적으로 신약을 개발할 수 있다. 크리스퍼 유전자가위는 유전체에서 보다 정확하게 뉴클레오티드의 변화를 일으켜 질병을 재현하는 세포 및 동물 모델에서 맞춤 의약품을 밝힐 수 있는 강력한 도구가 되었다. 이것은 영장류 질병 모델의 수립 시 가장 뚜렷하게 나타나, 크리스퍼 유전자가위는 신약 개발을 가속화하고 의약품의 유용성과 안전성을 테스트하는 데 더욱 효과적으로 사용될 수 있다.

2015년 5월, 콜드스프링하버연구소의 바콕(Christopher R. Vakoc) 연구팀은 특히 암과 같은 복합 질병에서 크리스퍼 유전자가위에 기반한 유전체 수준 선별법이 항암제의 선발과 디자인에 유망하다고 밝혔다.

기술 문제

체세포 치료에서 사용 가능성이 확인됨에 따라 크리스퍼 유전자가위 기술은 상당한 주목을 끌게 되었다. 이 기술은 치료 방법이 없는 유전병으로 고통 받는 많은 환자들에게 희망을 준다. 한편으로 크리스퍼 유전자가위 기술은 허황되거나 섣부른 치료 효과를 주장하는 부작용을 불러일으킨다. 따라서 환자와 대중에게 체세포 치료의 연구 성과를 전달할 때는 주의를 기울여야 한다. 또 임상연구로 진행하기 위해 여전히 극복해야 할 문제점도 많다.

첫째, 크리스퍼 유전자가위 기술을 안전하고 효율적으로 적용하는 표적적중 시스템을 개발해야 한다. 이를 위해 집중적인 임상시험과 조사를 통해 질병의 바탕이 되는 발병 메커니즘을 완전히 이해해야 한다. 이것은 특히 미래의 맞춤형 정밀 의학에 필수다.

둘째, 원하는 세포나 조직으로 크리스퍼 유전자가위 성분을 효율적으로 안전하게 전달하는 방법이 어렵다는 점이다. 지난 25년 동안 벡터를 이용한 유전자 치료의 임상시험이 실시되었는데, 이 결과는 크리스퍼 유전자가위를 담은 벡터를 전달할 때에도 시사하는 바가 많을 것이다. AAV 벡터가 특히 유망한 것으로 보이는데, 광범위한 종류의 세포를 통과하는 효율성이 높고 세포 독성과 면역발생 가능성이 낮기 때문이다.

흔히 사용하는 화농연쇄상구균 Cas9의 암호화 DNA는 상대적으로 크기가 크기 때문에 벡터에 담기가 어려운데 황색포도상구균 Cas9의 암호화 DNA는 상대적으로 작아 AAV 입자 내로 크리스퍼 유전자가위 성분을 싣기에 유리하다.

셋째, 크리스퍼 유전자가위를 사용할 때 비상동말단접합에 비해 상동의존성수리의 효율성이 낮다는 것이다. 이는 체세포 치료를 위해 유전자 기능을 회복시켜야 하는 경우 문제가 되며, 다양한 수리 경로를 통제하는 방법에 대한 이해가 필요하다. 현재는 비상동말단접합의 주요 분자인 K70이나 DNA 연결효소 ligase IV를 억제하거나 아데노바이러스의 E1B55K 및 E4orf6 단백질을 공동 발현하는 등의 방법으로 비상동말단접합에 대한 상동의존성수리의 비율을 높일 수 있다.

넷째, 환자에게 크리스퍼 유전자가위를 적용할 때, 의도했던 표적을 벗어나 세포 독성을 유발할 가능성이 있다는 것이다. 표적 서열이 아닌 유전체 좌위에서 비의도적으로 이중가닥이 절단되면 돌연변이나 염색체 재배열이 일어날 수 있다. 표적이탈 돌연변이의 빈도가 여전히 문제로 남아 있지만, 최근 개발된 전 유전체 스크리닝 방법으로 비의도적인 이중가닥 절단을 찾아낼 수 있다. 연구에 의하면 표적이탈 돌연변이의 수는 sgRNA에 따라 상당히 달라진다고 한다. 표적이탈효과가 매우 낮더라도 체내 유전자 치료에서는 발암 억제 유전자가 영향을 받을 수 있으므로 크리스퍼 유전자가위의 특이성을 높이는 것이 중요하다. sgRNA의 끝에 2개의 구아닌을 붙이거나 몇 개의 뉴클레오티드를 잘라 내면 sgRNA의 특이성을 높일 수 있다. 또한 쌍을 이루는 크리스퍼 틈새형성효소(nickase, 이중가닥 DNA를 절단하는 대신 한 가닥만 끊도록 돌연변이시킨 크리스퍼 유전자가위)로 단일 가닥을 각각 절단하면 표적이탈효과를 상당히 감소시킬 수 있다. Cas9 단백질 대신 Cas9-HF1, Cpf1처럼 특히 특이성이 높은 상동분자를 사용해도 표적이탈효과를 줄일 수 있다.

마지막으로, DNA 수리 이후 돌연변이 극복을 예측하는 방법을 개발하고, 독성과 안전성 조사 등도 강화할 필요가 있다. 예를 들면 AAV의 단백질과 Cas 단백질에 대한 면역반응도 해결해야 할 기본 문제다.

윤리 문제

_생체 외 연구

전임상단계의 생체 외 연구 자체에서는 윤리적 쟁점을 찾기 어렵다. 그러나 최종적으로 사람에서 임상 적용 가능 여부를 실험해야 하므로 전임상연구가 제1상 임상연구로 이행할 때는 위험성/이익 분석에 대한 윤리적 고려가 필요하다.

생체 외 편집을 하기 위해서는 세포 증식이 필요한데, 도중에 원하지 않는 유전체의 변화가 부가로 일어날 수 있다. 이를 걸러낼 더 안정적이고 효율적이고 안전한 유전자 교정 전략이 필요하다. 성체 줄기세포를 3차원적 소기관으로 배양하면 유전적 안전성이 증가한다지만, 시험관 내 세포 증식의 안전성은 여전히 우려스러운 수준이다. 체외 유전자 치료의 다른 단점은 교정된 세포를 효율적으로 직접 이식하기 어렵다는 것이다. 현재 조혈모세포의 경우 세포 이식이 잘 이루어지고 있으며, 간이나 근육과 같은 다른 조직에서는 세포 이식 방법을 개발 중이다.

_생체 내 연구

임상으로 이행하기 위해서는 우선 원하는 조직으로 편집 도구를 효율적으로 안전하게 전달하는 방법이 최적화되어야 한다. 유전자를 교정할 때 비상동말단접합에 비해 상동의존성수리가 비효율적이라는 단점과 표적이탈효과로 인한 안전성 문제를 해결해야 한다. 전임상연구에서 임상연구로 이행하기 전에 체세포 유전자 치료의 효과가 생식세포로 전이되는지 여부를 면밀하게 조사해야 한다.

_치료라는 오해

전임상연구에서 임상연구로 이행할 경우 심각한 한 가지 문제는 치료라는 오해다. 인간을 대상으로 유전자 치료를 허용하기 위해서는 그 위험성에 비해 상당한 이익이 존재해야 한다. 전임상연구나 제1상 시험[●]조차 치료와 직접적으로 관련 있는 것으로 보도하는 언론의 태도에도 문제가 있다. 연구자 역시 생식선 연구와 관련된 윤리 장벽을 돌파하기 위해 임상의 이익을 강조하는 경향이 있다. 이런 것이 연구 단계조차 치료라는 오해를 갖게 하는 이유가 된다. 연구는 일반화된 지식을 얻는 데 목적이 있는 반면 시술은 일차적으로 환자의 복지에 관련이 있다.

그러나 연구와 시술을 엄격하게 구분하기는 어렵다. 앞에서 기술한 라일라의 경우처럼 불치의 말기 암을 앓는 환자에게는 임상연구가 시작되기도 전에 시험적 시술이 행해지는 경우가 있기 때문이다. 결과적으로 이익을 얻을 수 있느냐 여부와 상관없이, 임상시험에 참여하는 연구 대상자가 임상연구의 목적이 일반적 지식을 얻는 것이라는 임상연구의 목적을 이해하지 못할 때, 임상 이익을 과도하게 기대하고 그 해악의 잠재적 위험성을 과소평가하는 윤리적 문제가 생길 수 있다.

이를 회피하기 위해서는 전임상연구에서 임상연구로 성급하게 이행하려는 태도를 버리고 충분한 실험을 통해 위험성을 최대한 줄이고 이익을 극대화해야 한다. 그럼에도 불확실성이 남아 있다면 주의 깊게 선발한 인간 대상자에게 이를 충분히 알리고 연구에 참여할 것인지를 신중하게 물어야 한다.

_위험성/이익 평가

유전자 치료의 위험성/이익 평가는 환자나 환자 가족, 더 나아가 환자 집단을 위주로 논의되어 왔다. 이들에게 미치는 이익이 위험성보다 클 경우 치료는 정당화된다. 완벽한 유전자 치료가 이루어진다고 해도 예상치 못한 부작용의 발생 등 우리가 현재 가진 유전학 지식으로는 유전자 치료의 영향을 완벽하게 이해할 수 없다.

위험성/이익의 평가는 기술의 한계에 의해 결정된다. 유전자 치료 자체의 위험성을 낮추기 위해서는 오류율(표적이탈효과)을 0으로 만드는 것이 중요하지만 표적이탈효과를 완전히 없애기란 원천적으로 불가능하다. 그러나 오류율을 얼마나 낮춰야 유전자 치료를 허용할 수 있을 것인가는 결정하기 곤란한 문제다. 여러 연구자들은 유전자 편집 도구가 임상 적용되기 위해 오류율이 0이 될 필요는 없고, 사회적 합의에 따라야 한다고 주장한다.

최근에는 크리스퍼 유전자가위가 주요 편집 도구로 부상하며 안전성과 효율성을 높이기 위한 연구가 진행되고 있으므로 치료에 사용될 가능성이 더 높아졌다고 할 수 있다.

_과도한 치료비

2017년 4월, 암스테르담의 생명공학 기업 유니큐어(UniQure)는 유럽에서 승인된 최초의 유전자 치료제 글리베라(alipogene tipar-vovec)의 재승인을 요청하지 않을 방침이라고 발표했다. 안전성 문제 때문이 아니라 한 사람당 100만 달러가 드는 치료비용 때문이다. 2017년 8월, 미국 식품의약국에서 승인한 CAR-T 암세포 치료제도 한 사람당 47만 5000달러의 치료비용이 필요할 것이라 추정된다.

이처럼 유전자 치료법은 특히 예민한 가격 결정 이슈를 제기한다. 환자들은 삶이 바뀌는, 따라서 아주 가치가 높은 이익을 누릴 수 있지만, 그 대신 엄청난 가격 부담을 감수해야 한다. 현재까지 체세포 유전자 치료의 비용에 대해 공개적으로 논의한 바는 거의 없다. 하지만 공정한 접근과 자원의 분배라는 윤리적 함의를 갖는 한 새로운 치료의 사회·경제학적 차원은 무시되어서는 안 된다. 그리고 체세포 유전자 치료의 비용은 개념증명 기술이 임상으로 이행될 가능성을 평가할 때 실제적인 의미를 갖게 된다.

새로운 기술을 공정하게 이용할 수 있어야 한다. 윤리적 우려는, 모든 기술은 처음에는 불공평하지만 장기적으로는 비용이 저렴해지고 사회 전체에 실제적인 이익을 미칠 수 있다는 주장으로 반박할 수 있다. 그러나 크리스퍼 유전자가위 기술을 이용한 치료의 경우 이 주장은 두 가지 이유로 설득력이 없다. 우선 생물학 유래 치료법에서는 실제적인 가격 하락을 기대할 수 없다. 단순 화학물질과 비교해 생산 기준의 차이 때문에 이 부분에서 복제 의약품을 만들 수 없기 때문이다. 이는 문제가 되는 치료법을 처음 개발한 회사 외에는 단순히 생산 과정을 따라할 수 없거나 적어도 훨씬 낮은 비용으로 생산할 수 없다는 것을 의미한다. 둘째로 이 주장은 대부분의 사람들이 유전자 치료의 이익을 얻게 된다는 가정에 근거하지만, 모든 부문에서 기술과 지식이 완벽해지기는 어렵다. 만약 이용할 수 있다고 해도 시민 보건 의료 예산을 상당히 압박할 것이다. 그런 치료는 도덕적으로 비난받지는 않겠지만 비용의 공평한 배분이라는 관점에서 공적 지원을 받지 못하게 될 것이다.

다른 질병 치료법과 비교해 두 가지 주요한 질문을 제기할 수 있다.

첫째, 재정이 적절한 질병에 사용되고 있는가이다. 이는 물론 아주 소수의 사람이 고통 받는 질병은 재정 지원을 받을 권리가 없다는 뜻은 아니다. 한 명의 치명적 질병을 앓는 환자보다 많은 수의 덜 고통스러운 질병을 앓는 환자를 치료하는 것이 도덕적으로 우월하다는 말도 아니다. 요점은, 유사하게 심각한 질병이 있을 때, 유전체 편집으로 잠재적으로 치료할 수 있는 단일 유전자 질병을 앓는 환자보다, 새로운 항생제 개발이나 병원에서의 위생 수준 모니터링처럼 적은 비용을 들이며 훨씬 많은 환자에게 이익을 줄 수 있는 상황을 우선 고려해야 한다는 말이다.

둘째, 특정한 질병을 효율적으로 다루고 있는지 여부다. 전체 사회의 이익을 극대화하는 것을 목표로 한다면 어떤 프로젝트에 얼마나 많이 지원할지 신중하게 고려할 필요가 있다. 중증복합면역결핍증(severe combined immunodeficiency, SCID), 혈우병, 그리고 일부 효소결핍증과 같이 유전학적 지식이 잘 알려져 있고 안전하고 효율적인 대안 치료법이 없는 단일 유전자에 의한 질병이 가장 실제적인 유전자가위 체세포 치료의 적용 대상이 될 수 있다.

크리스퍼 유전자가위 기술은 값싸게 사용할 수 있는 유전자 치료법으로 칭송받아 왔지만 대부분 기본적인 연구 목적으로만 사용이 가능한 방법이고, 실제로 치료에 적용될 때는 많은 의학적·기술적·경제적 요인에 좌우되는 한 가지의 선택사항일 뿐이다. 유전체 편집 연구 지원과 보건의료 체계에 대한 미래 투자는 사회 전체의 이익을 창출하고 전달하는 데 이루어져야 한다.

4

인간 배아의 유전자 편집

전조

중국 학자들이 인간 배아에 크리스퍼 유전자가위 기술을 적용한 다는 소문이 나돌기 시작한 무렵인 2015년 1월, 크리스퍼 유전자 가위의 발명자 다우드나와 아실로마 회의(Asilomar Conference)의 참석자 볼티모어(David Baltimore)와 버그(Paul Berg) 등 미국의 생 명과학자들과 윤리 및 법률 전문가들은 빠르게 부상하는 크리스 퍼 유전자가위 기술이 갖는 인간 생식세포의 과학 및 의학, 그리 고 법적 및 윤리적 함의를 논의하기 위해 나파밸리에 모였다. 이 들은 사람에서 임상 적용을 위해 어떤 생식세포 유전체 변형 시 도에도 강력하게 반대했으며, 충분한 정보를 제공한 논의와 투 명한 연구를 권고했다. 또 국제적인 정책을 권고하기 위한 신속 한 국제 정상회담을 요구했다.

아실로마 회의에서 도출한 명료한 권고 사항과는 달리 나파 밸리에서의 회의는 어떤 특정한 지침으로 이어지지는 않았다. 그 럼에도 불구하고 나파 그룹은 2015년 3월, "유전체 공학과 생식 세포 유전자변형을 위한 신중한 방법"(Prudent Path Forward for Genomic Engineering and Germline Gene Modification)이라는 글을 〈사이언스〉에 발표 해, 환자에 대한 잠재적 위험성을 어떻게 다룰 것인지, 그리고 사 회적·윤리적 함의의 문제를 공개적인 학제간 대회에서 논의해 야 한다고 제안했다. 그들은 또한 안전성과 윤리적 우려가 논의 되는 도중에 생식세포 변형에 대한 모라토리엄을 요청했다. 하지 만 이후 단계에서의 사용을 배제하지는 않았다.

2015년 3월, 생명공학 회사인 상가모테라퓨틱스의 회장 랜피어(Edward Lanpier)가 주도하는 연구팀은 "인간생식세포를 편집하지 마라"(Don't edit the human germ line)라는 글을 〈네이처〉에 발표하며 모든 인간 생식세포 연구에 "자발적 모라토리엄"을 요구했다. 그들은 예를 들어, 의도했던 교정이 일어나기 전에 수정란이 분열을 시작하면 표적이탈효과와 유전자 모자이크 현상•이 일어날 수 있다는 데 처음으로 우려를 표명했다. 또 유전적 질병에 대한 동일한 돌연변이를 보유하는 부모에서 크리스퍼 유전자 가위보다는 착상전유전자진단•과 시험관 수정이 훨씬 나은 선택사항이라는 점도 제안하면서 "기존의 그리고 개발 중인 방법보다 인간 배아를 사용하는 것이 치료에 더 나은 경우는 상상하기" 어렵다고 했다. 랜피어는 풀리지 않은 의문점이 너무도 많은 상태에서 의사들이 자신의 생식세포를 변형하기 원하는 부모나 그 영향을 받은 미래 세대로부터 위험성 정보가 충분하게 제공된 동의를 얻는 것은 불가능하다고 말했다. 최선을 의도하더라도 결국 사회를 비치료적인 유전적 증강이나 "디자이너 베이비"를 향한 "미끄러운 비탈길"로 이끌 것이라고 그는 경고했다.

첫 번째 실험

이제까지 인간 배아에서 총 네 번의 유전체 편집이 이루어졌다. 인간 배아를 편집하면 안 된다는 여론이 비등하던 2015년 4월, 중국 광저우의 중산 대학 황(Junjiu Huang) 연구팀은 최초로 인간 배아에 대한 생식세포 편집을 시도했다. 윤리적 경계를 침범

한다는 비난을 피하기 위해 그들은 실험에 삼핵접합자°(tripronu-clear zygotes)를 사용했다. 이것은 난자에 2개의 정자가 동시에 수정되어 만들어지며 분열을 하지만 사람으로 발생할 수는 없어 불임클리닉에서 보통 폐기한다. 따라서 이들을 변형시킨다고 해도 배아세포 자체에만 영향을 미칠 뿐 살아 있는 사람에게 영향을 미치지 못한다.

연구팀의 목표는 돌연변이했을 때 베타지중해성빈혈이라고 알려진 치명적 혈액질환을 일으키는 베타글로빈 유전자를 성공적으로 편집하는 것이었다. 황 교수 자신도 인정했듯이, 이 연구는 그리 성공적이지 못했다. 86개의 배아에 유전자가위를 적용해 살아남은 71개의 배아 중 54개를 검사했는데, 이들 중 28개가 성공적으로 절단되었으며, 단지 4개에서만 의도했던 유전자가 부가되었다. 게다가 이 배아들조차 변형된 세포와 그렇지 않은 세포가 뒤섞인 모자이크 현상을 나타냈다. 의도했던 곳 이외의 다른 곳을 절단한 표적이탈 돌연변이도 관찰되었다.

그러나 원하는 결과를 얻지 못한 이유는 배아가 비정상적이었고, 특이성을 개선한 최신 연구방법을 사용하지 않았다는 데서 찾을 수도 있다. 황 교수는 특이성을 개선한 최신 연구방법을 사용하지 않았다. 연구팀은 기술의 신뢰성과 특이성을 더 개선해야 한다고 말했다. 이들의 판단으로도 이 기술을 임상 적용하기에는 결과가 기대에 미치지 못하는 것이었다.

논쟁

2015년 4월, 미국 국립보건원 원장 콜린스(Francis Collins)는 인간 배아에 유전자 편집 기술을 사용하는 연구를 지원하지 않을 것이라는 성명을 냈다. 2015년 7월, 브로드연구소 소장 랜더(Eric Lander)는 〈뉴잉글랜드저널오브메디신〉(*New England Journal of Medicine*)에 인간 생식세포의 무모한 적용에 반대한다고 주장했다. 2015년 10월, 유네스코 국제생명윤리위원회도 동일한 입장을 밝혔다.

인간 배아의 유전체 편집에 반대하는 사람만 있는 것은 아니다. 영국 과학자 배지(Lovell Badge)는 "생식에 필요하지 않고 폐기될 배아에서 특히 체외에서 초기 인간 배아에 수행하는 연구를 전적으로 지지한다"며 중단에 반대한다는 성명을 발표했다. 2015년 7월, 옥스퍼드 대학의 생명윤리학자 사부레스쿠(Julian Savulescu), 퓨(Jonathan Pugh), 더글라스(Thomas Douglase), 진젤(Christopher Gyngell)은 "유전자 편집 연구는 선택 사항이 아니라 도덕적 필수 사항이다"라며 크리스퍼 유전자가위를 배아 연구에 적용하는 것을 옹호한다는 입장을 〈프로틴앤드셀〉(*Protein & Cell*)에 발표했다.

줄기세포 연구와 배아 연구 규제와 관련된 윤리적·사회적 이슈에 대처하기 위해 만들어진 국제 연구단체 힝스턴그룹(Hinxton Group)의 구성원이기도 한 영국 철학자 해리스(John Harris)는 배아에 크리스퍼 유전자가위를 사용할 때 제기되는 윤리적 문제점이 과다하게 강조되었다고 주장하며 인간 배아의 기초 연구의 중요성을 강조했다.

인간 배아에 대한 연구가 사실상 기정사실화된 가운데 2015년 12월 워싱턴에서 열린 인간 유전자 편집 국제 정상회담(International Summit on Human Gene Editing)에서는 인간 배아를 유전자 편집하는 기초 연구는 허용하되 임상 적용은 금지하자는 입장을 발표했다. 이는 곧 인간 배아에 대한 연구 러시로 이어졌다. 회담 직후인 2016년 2월, 영국의 인간수정배아관리국은 프랜시스크릭 연구소의 니아칸(Cathy Niakan) 연구팀에게 인간 배아 유전자 편집 실험을 허가했다. 니아칸은 배아 발생 초기에 작동하는 유전자의 역할을 조사하기 위해 120일 된 기증받은 체외수정(in vitro fertilization, IVF) 배아에서 네 가지 다른 유전자 중 하나를 넉아웃시키기 위해 크리스퍼 유전자가위를 사용하려고 했다.

이 연구는 인간 초기 발생과 세포 분화에 중요한 유전자들을 밝히는 데 도움을 줄 수 있으며, 따라서 시험관에서 배아를 더욱 생산적으로 배양할 수 있다고 주장한다. 이것은 또 유산을 일으키는 돌연변이를 밝혀 낼 수 있으며, 유전자 치료가 가능해진다면 부모가 이 돌연변이를 교정할 수 있도록 해 줄 것이다. 영국법에서는 실험 배아를 임신에 사용할 수 없기 때문에 니아칸은 배아를 관찰한 이후 배반포 단계에 도달할 시점인 7일째 배아들을 폐기했다.

2017년 9월 20일, 니아칸 연구팀은 이에 관한 실험 결과를 발표했다. 인간 정상 배아가 발생하는 동안 만능성 전사인자인 OCT4를 암호화하는 POU5F1 유전자를 넉아웃시키면 배반포가 잘 발달하지 못했다. CDX2와 같은 배아 외부의 영양막 유전자뿐만 아니라 NANOG 등의 만능 외배엽 조절자의 발현을 낮추었는데, 이는 마우스에서 이전에 관찰했던 결과와는 다른 것이다. 연구팀은 인간 배아 발달에서 유전자의 기능을 조사하는 데 크리스퍼 유전자가위 기술이 강력한 도구라는 결론을 내렸다. 따라서 앞으로도 이와 유사한 연구가 이어질 것으로 예상된다.

두 번째 실험

2016년 5월 중국 광저우 대학 연구팀은 크리스퍼 유전자가위를 사용해 초기 인간 배아를 정확히 유전자변형할 수 있는지를 확인하는 원리증명실험을 실시했다. 두 종류의 sgRNA를 포함하는 크리스퍼 유전자가위 성분을 주입해 213개의 사람 삼핵접합자에 자연적으로 나타나는 CCR5Δ32 대립유전자를 도입했다. 대조구에서는 72퍼센트의 접합자가, 크리스퍼 유전자가위를 주입한 경우에는 64 및 62퍼센트의 접합자가 8-16기로 발달했다. 전체 26개의 배아 중 CCR5Δ32를 포함하는 배아는 4개 나타났다. 4개의 배아에서도 3개는 모자이크 현상을 보였다. CCR5Δ32 대립유전자를 포함하는 3개의 배아에서 총 28개의 잠재적인 표적이탈 부위를 조사하였으나 인델(indel, DNA 염기서열의 삽입 및 결실)은 나타나지 않았다.

연구 러시

유럽의 다른 연구자들도 인간 배아에 크리스퍼 기술을 적용하려는 노력을 멈추지 않았다. 영국의 니아칸 연구팀에 이어 2016년 9월, 스웨덴은 캐롤린스카연구소의 책임연구원 란네르(Fredrik Lanner) 연구팀에게 유럽에서 두 번째로 인간 배아 유전체 편집을 승인했다. 착상 이전의 발생 과정을 이해하기 위해 배아의 특정 유전자를 편집해 기능을 규명한다는 실험 계획은 니아칸의 실험 계획과 별반 다르지 않았다.

2017년 2월, 미국과학아카데미·미국의학아카데미 자문위원회는 특정한 경우 인간 배아 유전자 편집을 허용할 수 있다는 내용을 포함한 "인간게놈편집: 과학, 윤리, 거버넌스"(Human Genome Editing: Science, Ethics, and Governance)라는 보고서를 출간했다. 시민과 과학계 내외 이해 당사자의 의견에 근거해 만들어진 이 보고서는 유전체 편집 기술의 연구와 임상 사용의 지침이 되는 일곱 가지 중요 원리를 밝혔다. 현재의 규제는 기초 연구와 체세포 치료 시험에서 유전체 치료를 감독하기에는 충분하나, 이 기술을 생식세포 치료 시험에 광범위하게 적용하는 것을 막는 안전성과 기술적·윤리적 이슈들이 여전히 존재한다는 점을 뚜렷하게 밝히고 있다. 위원회는 생식세포 치료를 위해 임상시험을 허용하는 일련의 매우 엄격한 기준을 권고했다.

보고서에서는 "적절한 법적 윤리적 원칙과 감독을 준수하여 ①인간 세포에서 유전자 서열을 편집하는 기술, ②제안된 임상 이용의 잠재적 이익과 위험성, ③인간 배아와 생식세포의 발생을 이해하기 위한 기초적인 전임상연구가 확실히 필요하며 진행되어야 한다고 밝혔다. 또한 초기 인간 배아나 생식세포를 유전자 편집하는 연구 과정에서 임신을 위해 유전자변형 세포를 사용해서는 안 된다"라고 권고했다. 유전자 치료 시험이 장애의 치료와 예방에 국한되어야 한다는 점을 언급했으나, 또한 증강 목적으로 유전자 치료를 승인할 가능성에 대해서는 더 많은 시민토론을 거쳐야 한다고 제안했다. 그러나 이것은 적절한 절차만 지키면 배아 편집이 가능하다는 잘못된 신호를 줄 수 있다.

세 번째 실험

2017년 3월, 중국 광저우 대학 연구팀은 최초로 인간의 정상 배아에서 크리스퍼 유전자가위를 적용해 편집 성공률을 조사하고자 했다. 정상 난자에 유전질환이 있는 남성의 정자를 주입해 6개의 수정란을 만들어 분열하기 전에 크리스퍼 유전자가위를 주입했다. 2개의 배아를 사용한 G1376T 돌연변이 G6PD 유전자의 교정 실험에서는 2개 모두 교정되었으나, 그중 1개에서 모자이크 현상이 나타났고, 4개의 배아를 사용한 ß41-42 돌연변이 베타지중해성빈혈 유전자의 교정 실험에서는 1개 배아만 모자이크 현상을 나타냈고, 나머지는 3개는 실패했다. 이 연구로는 사용한 배아의 숫자가 적어 뚜렷한 결론을 내릴 수 없는 상태였다.

한·미 공동 실험

유전자가위를 처리한 후 수리 효율성은 이제까지 배양 인간 배아줄기세포에서는 2퍼센트 정도, 인간 배아에서는 14-25퍼센트 정도로 낮다. 미탈리포프(Shoukhrat Mitalipov)와 김진수 공동 연구팀의 인간 배아 유전자 편집은 진일보한 연구 성과를 나타냈다. 이 실험은 정상 배아를 사용하고 수정과 동시에 크리스퍼 유전자가위 성분을 도입해, 이전의 연구에서 지적된 표적이탈효과와 모자이크 현상이 나타나지 않았다.

연구팀은 남성이 비후성 심근증을 일으키는 MYBPC3의 한 돌연변이 복사본을 갖고 여성은 정상적인 복사본을 갖는 조건에서 실험했다. 중기 II라고 알려진 세포주기 단계의 인간 난자로 정자와 함께 유전자 편집 도구를 주입할 경우 비롯되는 배아의 72.4퍼센트(58개 중 42개)가 MYBPC3의 정상 복사본을 가져, 대조구 실험의 47.4퍼센트(19개 중 9개)에 비해 정상 복사본을 보유할 확률이 25퍼센트 정도 더 높아졌다. 나머지 16개의 배아는 MYBPC3 복사본의 수리 이외에 염기의 추가 또는 탈락이 나타났다.

MYBPC3를 갖는 배아는 거의 모두 외부에서 도입한 주형보다는 모계 복사본을 주형으로 수리되었다. 배아에서 유전자 편집된 배아는 대조구와 유사하게 50퍼센트가 배반포기에 도달해 편집 시에도 정상적인 발생이 이루어짐을 확인했다.

기술적 함의

캘리포니아 주립대학 데이비스 분교의 뇌플러(Paul Knoepfler)는 이 논문이 과학적으로 중요하지만 반드시 의학적 진전이라고는 여기지 않는다며, 인간 유전자를 안전하게 변형했다고 평가할 수 없다는 기술적인 이유를 몇 가지 들었다.

첫째, 크리스퍼 유전자가위 표적이탈효과가 가장 적다고 예측되었고, 정자를 기증한 사람이 단지 4개의 염기쌍만 다르고 이론적으로 수리하기 쉬운 돌연변이를 가졌기 때문에 선택한 MYBPC3라는 유전자를 가지고 실험을 했다. 둘째, 매사추세츠 종합병원 정(Keith Joung) 박사의 말처럼 "연구팀이 표적이탈 변화를 발견하지 못했다고 해서 그것이 존재하지 않는다고 장담할 수는 없다"는 것이다. 미탈리포프 팀은 표적이탈효과를 가장 광범위하게 조사했지만, 이번 조건에서 표적이탈효과가 발생했는지 여부를 확인하려면 좀 더 면밀한 조사가 필요하다. 셋째, 미탈리포프 팀은 가장 최적화된 조건에서도 배아의 1/4 이상에서 인델을 발견했다. 인델의 발생률이 제로이거나 제로에 가까워야 인간 생식세포에서 안전하게 크리스퍼 유전자가위를 사용할 수 있다. 넷째, 이것은 기본적으로 남성 한 명의 정자와 소수 여성의 난자에서 이루어진 매우 제한적인 연구이므로, 광범위한 실험의 경우 실제적인 변이가 있을 수 있다. 또한 뇌플러는 유전자 편집 배아를 사용하느니 이미 공인된 착상전유전자진단으로 선별된 배아를 사용하는 편이 더 낫다고 한다. 이런 이유로 단 한 편의 논문에서 너무 많은 의미를 추출하지 않도록 해야 한다고 주의를 준다.

2017년 8월 28일, 메모리얼슬론케터링 암센터의 제이신 등은 생물학 아카이브(bioRxiv.org)에 포스팅한 논문에서 "정자 속에 존재하는 하나의 유전적 변이가 난자의 유전자를 기반으로 하여 교정된 과정을 설명할, 설득력 있는 생물학적 메커니즘이 없다" "미탈리포프가 이끄는 연구진이 실제로는 변이를 교정하는 데 실패했음에도 불구하고 불충분한 유전자 검사를 사용함으로써 성공한 것으로 착각했을 가능성이 높다"며 이 논문에서 주장한 돌연변이 교정에 대해 근본적인 의문을 제기했다. 영국 바스 대학의 페리(Anthony C. F. Perry)는 "수정이 일어난 후 난자와 정자의 유전체들은 난세포의 반대편에 존재하며, 각각 수 시간 동안 막에 둘러싸여 있다. 따라서 이 상태에서는 크리스퍼 유전자가위가 난자의 유전자를 기반으로 하여 정자의 변이를 교정하기 어렵다"고 하며 이에 동조했다. 즉 부모의 유전체가 서로 접촉하여 재조합이 일어날 확률이 매우 낮기 때문에 미탈리포프 등이 주장하는 재조합은 잘못 판단된 것일 수 있다는 말이다.

윤리적 함의

미국에서는 이제까지 연방 연구비의 지원을 규제해 배아의 유전자변형 연구를 막아 왔다. 2017년 2월, 미국과학아카데미와 미국의학아카데미는 적절한 법적 · 윤리적 원칙을 준수하고 감독받으며 인간 배아와 생식세포의 발생을 이해하기 위한 기초적인 전임상연구가 진행되어야 한다고 밝혔다. 미국 연구자들은 이 같은 권고사항을 따라 연구가 윤리적으로 이루어졌다고 주장했다.

과학적으로는 의미가 있는지 몰라도 우리나라 생명윤리법에서 금지한 일부 실험이 미국에서 시행되었다는 것은 큰 문제라고 할 수 있다. 교신저자는 연구를 공동으로 디자인/실행하고 연구의 전체 내용에 대해 책임을 져야 하는 사람이다. 따라서 국내법에서 금지하는 연구가 외국에서 우회적으로 이루어졌다고 해도 그에 대해 완전 면책이 되는 것은 아니다.

김진수 교수는 변호사를 통해 법적 자문을 받아 생명윤리법에 문제가 없다고 했는데, 이미 국내법에서 금지하고 있다는 사실과 이에 따른 문제점을 어느 정도 인지했다고 생각한다. 이미영 변호사는 "국가간 법제의 차이를 이용해 국내법의 적용을 회피해서 진행한 것은 편법이라는 지적을 면하기 어렵고, 이를 두고 '책임 있는 자기규제'라는 것은 더욱 쉽게 받아들이기 어려운 부분"이며 "법률 자문을 받아 국가간 법제상 차이를 활용해 법문의 문언적 해석 범위 내에서 가능한 방법을 찾아 진행한 연구라고 해서 윤리적 비난 가능성까지 면제되는 것은 아니며, 그것을 편법이라고 한다", "연구자들은 자기 규제의 의무를 다했다고 반론하지만 학계의 자율적 자기규제라는 것이 과연 무엇인지, 국내법과 충돌하는 것은 아닌지, 그리고 윤리적으로 정당한 것인지에 대해 의문을 표할 수밖에 없"으며 "과학의 진보를 바라지만 우리 사회가 감당할 수 있는 위험의 범위 안에서 합법성과 윤리적 정당성을 확보하여 안정적으로 이뤄지기를 바란다. 합리적인 법제도 개선이 과학 연구자만의 관심사는 아니라는 점도 말씀드

린다"고 했다.

이에 비해 규제 철폐를 주장하는 이들은 왜 공을 미국에 넘길 수밖에 없었느냐, 환자들의 간절한 요구를 물리치는 것이 윤리적이냐고 항변하는데, 무엇보다 이번 연구가 한국에서 실행되면 안 된다는 윤리적 문제를 연구자들이 이미 알고 있었다는 점이 중요하다. 국가간 일관된 규제가 어렵다는 맹점을 이용해 민감한 부분과 그렇지 않은 부분을 나눠 시행한 것은 책임 있는 자기 규제에 정면으로 배치되는 행위다. 윤리적으로 민감한 실험이나 시술이 이런 식으로 이루어져서는 곤란하다. 과학자는 각국 법률에 나타난 다양성과 국제 기구의 선언에 깃든 기본 정신을 존중하고, 이를 개별 연구 행위에 반영하도록 노력해야 한다.

사안별 다중심적 규제 방식

2015년 봄에 출판된 인간 배아에 대한 최초의 유전체 편집 연구는 안전성 이슈(표적이탈효과)뿐만 아니라 윤리·도덕적 문제점에 대한 논쟁을 불러일으켰다. 그 결과 안전성 이슈가 해소되고 광범위한 사회 집단과 시민 사이에서 의도적인 생식세포 변형의 윤리적·사회적 함의가 논의될 때까지 연구자들이 임상 상황에서 인간 생식세포에 대한 크리스퍼 유전자가위 실험을 중단해야 한다는 요구와 성명이 공표되었다. 그러나 2017년 2월 미국과학아카데미·미국공학아카데미·미국의학아카데미 보고서는 심각한 질병 예방, 위험성과 잠재적 인간 건강에 대한 전임상, 임상

데이터 또는 (개인의 자율성을 존중하는) 장기간의 다세대 추적제한 등 특별한 상황에서는 임상시험이 허용되어야 한다고 권고했다. 또한 몇 연구진은 국가적·세계적 규범을 개발하고 규제를 조화시킬 필요성을 제안했다.

미국에서는 몇 개 주에만 인간 배아를 사용하는 연구를 규제하거나 금지하는 법률이 있다. 연방 수준에서는 그런 연구를 금지하는 법률이 없지만 그 연구를 수행하는 데 연방 연구비를 사용하지는 못한다. 미국에서 허용되는 대부분의 연구가 대조적으로 영국에서는 규제된다. 영국에서 인간 생식세포와 배아에 관한 연구는 인간수정배아국의 심의를 받아야 하며, 실험을 하려면 허가가 필요하다. 칠레, 독일, 이탈리아, 리투아니아, 슬로바키아 같은 다른 나라에서는 연구 자체가 불법이다. 이 같은 거버넌스의 차이로 많은 국가에서 생식세포 특히 배아에서의 연구가 논란이 된다. 어느 정도의 존중을 받아야 하는 조직으로 간주하는 것에서부터, 살아서 태어난 아기와 같은 존중이나 심지어 법적 권리를 받아야 한다는 의견까지 다양한 견해가 있다. 이들 견해는 나라마다 다르며, 종교적이며 세속적인 영향을 모두 반영한다. 공공정책은 허용, 규제, 그리고 금지에 이르기까지 다양하다. 유전체 편집은 세포를 유전적으로 변형할 수 있는 새롭고 강력한 기술이지만, 인간 배아에 관한 연구라는 맥락에서 사용될 때 기본적으로는 배아의 도덕적 지위, 연구를 위한 배아 생성 수용 가능성, 또는 폐기될 배아의 사용, 연구에 배아를 사용할 때 적용되는 법적·자발적 제한 등 과거에 논의된 것과 같은 동일한 이슈를 제기한다. 미래에 이런 일반적인 정책이 변하면 유전체 편집 연구도 영향을 받을 것이다.

유전체 편집과 그 잠재적 응용에서 해결되지 않은 주요한 윤리적·사회적 이슈들은 국제적으로 어떤 기술이나 적용을 금지시킬 수 있다는 개념과 관련된다. 세계적으로 보조생식기술(assisted reproductive technology, ART)을 금지할 법적 규제를 부과할 수는 없다. 인간 체세포 핵 이식과 관련해서도 구속력 있는 세계적 협약은 합의되지 않았다. 게다가 그 결과로 나온 구속력 없는 유엔의 "인간 복제에 관한 선언"도 "인간 존엄 및 인간 생명 보호와 양립할 수 없는 모든 형태의 인간 복제 금지"를 촉구함으로써 모호한 상태다. 또 유럽평의회의 법적 구속력이 있는 "인권과 생의학 협약"에 서명하거나 비준을 하지 않은 회원국도 있다.

크리스퍼 유전자가위와 같은 생물학적 기술이나 그것의 응용이 다양한 사법 체계를 포괄하며 세계적으로 금지될 가능성은 희박하다. 실제로 생식세포 개입과 관련한 현재의 규제는 세계 각 나라마다 상당히 다르다. 법률이나 강제력이 덜한 정부나 연구위원회의 지침에 근거해 연구와 임상 및 생식 적용 전면 금지, 임상이나 생식에 적용하는 것만을 금지, 또는 충분히 명료하지 않아 인간 생식세포 유전자변형을 포괄할 수 있을지 여부에 의심을 제기하는 경우 등 금지의 범위가 다르다.

유전자변형이 허가되어야 할지 여부와 조건에 관한 규제를 입안할 경우 사회적 윤리와 개인의 희망이 대립하게 되며, 그 결과 이 개인들이 위치한 사회의 일반적 윤리 및 도덕의 영향을 많이 받게 된다. 그리고 이 사회적·윤리적·도덕적 태도는 나라마다 다르다.

이 같은 상황을 고려하며 크리스퍼 유전자가위와 같은 지식과 기술을 사용할 때 응용의 경우를 사안별로 평가할 수 있다. 이는 대안적이고 더욱 실제적인 정책이며, 이 정책은 다양한 거버넌스 체제나 이해 당사자를 포함시킬 수 있다.

사안별 다중심적 접근 방식은 크리스퍼 유전자가위 기술의 가능성을 보다 잘 탐색하게 하고, 국가 사이의 협력을 강화하고, 효율적이고 신뢰를 구축하는 정책이 고려해야 할 광범위하고 가능한 윤리적·사회적 이슈를 파악할 기회를 증진시킨다. 이것은 또한 혁신을 강화하고 다양한 이해 당사자가 윤리적인 방식으로 이슈를 이해하고 해결하도록 한다.

이런 분화되고 다중심적인 전략이 유효하려면 기술의 응용을 전면 거부하기보다는 특정 조건에 알맞게 규제를 다듬어야 한다. 규제에 대한 이런 접근 방식은 중요한 과학적 데이터(즉 안전성 이슈)를 생산하는 노력을 고무할 뿐 아니라, 연구자들이 기준이나 감시가 느슨한 나라로 옮겨 갈 동기를 감소시킬 것이다. 그들은 연구를 진척시키는 동시에 크리스퍼 유전자가위 응용에 대해 의미 있고 민주적인 방식으로 숙고할 수 있다.

이런 점에 비추어 볼 때 연구자가 일방적으로 규제 완화를 주장하는 것은 이해하기 어렵다. 2017년 8월 30일 개최된 '4차 산업혁명과 생명윤리 공청회'에서 기초과학연구원(IBS) 유전체교정 연구단장 김진수 박사는 "우리는 관련 법령과 제도를 시급히 개정해야 한다. 당국의 규제는 연구자들이 CRISPR-Cas9과 같은 유전자 편집 도구를 사용하기 전에 가해졌다. 한국의 경우 유전자 편집 도구는 인체 밖의 세포에서만 사용될 수 있고, 인간에게 삽입될 세포나 배아에 사용하는 것은 금지되어 있다. 유전자 편집 기술이 광범위한 질병 치료에 사용될 수 있는 잠재력을 감안할 때, 임상시험 및 배아를 이용한 실험의 필요성이 대두될 것이다. 최근 중국, 미국, 영국, 스웨덴을 비롯한 여러 나라에서 인간 배아에 대한 유전자 편집 실험이 실시된 바 있다"고 말했다.

그러나 우리나라 생명윤리법은 줄기세포 스캔들을 거치며 어렵사리 만들어진 사회적 합의물이다. 기초 실험에만 무수한 배아가 사용되어야 하는 상황을 고려할 때, 인간 배아에 유전자가위 기술을 적용하려면 당연히 소수의 학자나 전문가 위주의 위원회를 통한 논의를 넘어서 다양한 이해 당사자가 논의에 참여해야 한다. 시민들은 이런 과정을 통해 유전자 편집 기술의 다양한 의미를 학습하고, 연구자는 연구의 정당성과 투명성을 확보하며 연구에 매진할 수 있을 것이다.

다섯 번째 실험

2017년 9월 5일, 첸(Zi-Jiang Chen)은 인간 삼핵접합자를 사용해 기존의 상동의존성수리 방식과는 다른 단일염기 편집 방식으로 다섯 번째 배아 편집을 시도했다. BE3 염기 편집 도구를 사용해 19개 중 8개(42퍼센트)의 배아에서 베타지중해성빈혈의 헤모글로빈 베타사슬 유전자의 표적 부위가 변형되었음을 보고했다. 그중 7개는 G 염기가 A 염기로, 1개는 C 염기가 A/G 염기로 변형되었다. SaKKH-BE3 편집 도구를 사용해 17개 배아 모두에서 판코니빈혈증(Fanconi anemia)의 FANCF 유전자의 표적 부위가 변형되었음을 보고했다. 그중 10개는 C 염기가 T 염기로, 7개는 C 염기가 A/G 염기로 변형되었다. SaKKH-BE3 편집 도구를 사용해 9개 중 6개(67퍼센트)의 배아에서 DNA 메틸기 전달효소인 DNMT3B 유전자의 표적 부위가 변형되었음을 보고했다. 그중 3개가 각각 C 염기가 T 염기로, C 염기가 A/G 염기로 변형되었다. 이 연구 결과 인간 배아에 단일염기 변형을 통한 정밀한 편집이 이루어질 수 있다는 가능성이 밝혀졌다.

계속되는 생식세포 편집

2017년 9월 20일 니아칸 연구팀의 여섯 번째 배아 실험(앞 절 '논쟁'을 참조)에 이어 9월 23일, 사상 최초로 인간 배아를 유전자 편집한 중산 대학의 황 연구팀은 단일염기 교정을 통한 인간 생식세포 편집 결과를 다시 발표했다. 베타지중해성빈혈 가운데서 중국과 동남아시아에서 빈번하게 나타나는 HBB-28 (A>G) 돌연변이를 대상으로 인간 293T 세포주에서 크리스퍼 유전자가위의 효율성을 측정한 다음, 환자의 섬유아세포에서 이를 정확하게 교정했고, 이후 환자 섬유아세포를 핵을 제거한 난자에 넣은 후 교정했다. G가 A로 교정된 효율은 23퍼센트 이상으로 나타났으며, 이중 20퍼센트 이상의 배아가 배반포로 발달했다. 이 연구는 염기 편집에 의해 배아에서 유전 질환을 치료하는 가능성을 제시한다.

5

치료와 증강의 경계

체세포 치료, 생식세포 치료, 그리고 증강

크리스퍼 유전자가위를 발명한 과학자 중 한 사람인 다우드나는 발명 이후 악몽에 시달렸다고 스스럼없이 이야기한다. "나는 최근에 꿈을 꾸었죠. 꿈에서 그가(그녀는 저명 연구자의 이름을 언급했다) 내게 와서 말했죠. '네가 만나 주었으면 하는 유력한 사람이 있어. 그에게 이 기술이 어떻게 작용하는지 설명해 주면 좋겠어.' 그래서 나는 대답했죠. 물론이라고. 그게 누구였냐고요? 아돌프 히틀러였어요. 그는 돼지머리를 하고 있었고 나는 그의 뒷모습만 볼 수 있었지요. 그리고 그는 메모를 하며 이야기했어요. '나는 이 놀라운 기술의 사용법과 거기에 담긴 의미를 이해하고 싶소.' 나는 식은땀에 젖은 채 잠에서 깨어났지요. 그때부터 그 꿈은 나를 괴롭혔어요. 히틀러와 같은 누군가가 이 기술을 사용할 수 있다고 생각해 보세요. 우리는 그가 실행할지 모를 가공할 사용법을 상상만 할 수 있을 뿐이에요." 이 기술이 히틀러와 같은 독재자의 수중에 들어가면 어떤 식으로 사용될지 상상만 해도 끔찍하다는 것이다.

유전자 치료에는 생식세포 치료와 체세포 치료 두 가지가 있다. 생식세포 치료는 배우자세포(난자와 정자) 및 초기 배아의 유전자를 변화시킬 수 있다. 이 변화는 한 세대에서 다음 세대로 전달되어 질병의 대물림을 막을 수 있다. 반면에 체세포 치료는 비생식세포를 대상으로 한다. 이 세포에서 일어난 변화는 유전자 치료를 받은 사람에게만 영향을 미칠 수 있고 미래의 세대로 전달되지 않는다. 체세포 치료는 질병 과정을 늦추거나 역전시키는 데 사용할 수 있다.

　두 종류의 유전자 치료 가운에 체세포 치료는 덜 논쟁적이며 학계 및 산업계는 이 방식을 사용하는 치료법을 개발 중이다. 반면 생식세포 치료는 미래 세대에 영향을 미치는 능력으로 인해 많은 윤리적 논란을 불러일으키고 있다. 게다가 치료와 증강을 구분하기가 쉽지 않다는 데 문제가 또 있다. 비판자들은 생식세포 치료가 운동능력이나 키와 같은 비의료적 특성을 변화시키기 위해 유전체 편집을 사용하는 유전 증강의 길을 열 가능성을 강조했다.

생식세포 치료의 기술 문제

기본적으로 크리스퍼 유전자가위 유전체 편집의 임상 적용 가능성을 예측하기 위해서는 세 가지 측면을 고려해야 한다. ①유전체 변형의 기술적 이용 가능성, ②유전체에서 질병을 일으키는 서열에 관한 지식, ③유전 질병의 진단 능력이다.

_기술적 이용 가능성

유전체를 변형할 때 고려해야 할 기술적 측면은 효율성과 정밀성이다. 앞서 한·미 연구팀의 인간 배아 편집 실험에서 효율성은 72.4퍼센트(이형접합체의 정자를 사용했으므로 실제 돌연변이 교정 효율성은 44.8퍼센트)로 높아졌고, 표적이탈효과와 모자이크 현상은 거의 나타나지 않는 등 기술적 이용 가능성이 획기적으로 증진되었다. 그러나 이런 실험 결과가 실험에 유리하여 선택한 특정 유전자인 MYBPC3에만 해당하는지 여부를 면밀히 확인해야 한다. 유전자의 종류, 적용된 유전체 편집 기술, 유전체 편집 시스템의 전달 방법, 그리고 서열 변형의 방법에 따라 효율성은 커다란 차이를 나타낸다. 이는 현재로서는 미래의 발달과 성공적인 전략을 일반적으로 예측하기 어렵다는 것을 의미한다.

_질병의 유전적 원인과 신체 형질 결정 유전자에 관한 지식

유전자 치료의 성공은 또한 치료 대상 질병의 정확한 유전적 원인을 알고 있는가에 달렸다. 그런 지식은 단백질 결핍 같은 단순한 소인을 갖느냐 또는 당뇨나 암, 정신병 같은 복잡한 소인을 갖느냐에 따라 크게 달라진다. 두 종류의 질병 모두 유전적 원인을 갖지만 복합 질환의 경우 의미 있는 유전자의 개수가 많고 단일 유전자가 증상에 주도적인 영향을 미치지 않는다.

유전체 서열 데이터가 크게 늘어나고 있지만, 아직 지능이나 신장과 같은 복잡한 형질의 유전학은 이해하지 못한 상태다. 하지만 증강과 관련된 운동지구력이나 눈 색깔처럼 몸의 기능이나 외모에 유리한 단일 유전자도 실제로 존재한다.

_유전 질병의 진단

생식세포 편집은 특별한 소수의 경우에만 적용할 수 있다. 부부가 심각한 유전병을 앓고 있고 이들의 질병 증상, 유전자 선별법 또는 가족력으로 보아 생애 후반에 발병할 위험성에 처했다고 하자. 가족력에서 질병에 걸릴 동형접합 유전적 기질을 찾아내고 교정하는 것은 불확실한 면이 있다. 부부의 배아가 모두 영향을 받았다면 착상전진단은 대안이 되지 못한다. 생식세포 편집이 착상전진단에 비해 우세해지려면 크리스퍼 유전자가위 기술이 엄청나게 발전해야 한다. 크리스퍼 유전자가위를 적용할 수 있으려면 배아의 유전자 돌연변이가 진단이 편집과 마찬가지로 안전하고 신뢰성이 있어야 한다. 그러나 현재 사용되는 전장유전체*(whole genome) 스크리닝법은 신뢰성이 부족하고 비용이 많이 든다. 유전자변형과 편집, 스크리닝 기술이 발달하면 안전성 이슈는 줄어들겠지만 고비용에 따른 불평등이나 음성적 시술 등 다른 문제가 발생할 수 있다. 미끄러운 비탈길 논쟁에 따르면, 이미 선별된 배아에서 심각한 질병을 일으키는 돌연변이가 없다고 해도, 바람직하지 않은 신체 형질을 야기하는 돌연변이를 교정하고픈 유혹에 빠질 수 있다.

생식세포 치료의 윤리 문제

생식세포의 유전체 편집과 관련된 공론을 수렴하기 위해서는 다양한 윤리적 논의가 필요하다. 어떤 이들은 각 개인에 대한 결과를 강조하는 한편 다른 이들은 사회 전체에 미치는 파급 효과를 강조한다. 인간 배아 유전체 편집을 옹호하는 사람들은 유전질환 예방, 맞춤형 보조 생식술, 유전적 증강 등을 위해 필요하다고 한다. 반면에 반대하는 사람들은 배아의 지위, 대리 동의, 기술의 안전성, 인간 유전자 풀*(gene pool)의 변화 등을 근거로 제시한다.

_유전질환 예방

인간 배아 유전체 편집을 옹호하는 사람들은 이 기술이 질병 예방에 필수적이기 때문에 윤리적으로 타당하다고 주장한다. 특히 단일 유전자에 의해 발생하는 희귀질환은 대략 3600종류로 알려졌는데, 출생 전에 이를 예방하는 것은 윤리적으로 정당한 목표처럼 보이지만, 주의 깊게 조사해 보면 배아 편집의 근거가 크게 취약함을 알 수 있다. 유전체 편집을 위해서는 우선 시험관 수정 배아를 만들고 착상전유전자진단으로 질병을 가진 배아를 골라내 유전자를 수선한 배아를 착상해야 한다. 그러나 이런 과정을 거치지 않고 착상전유전자진단법만을 이용해 위험성이 없는 배아를 골라 착상하는 편이 훨씬 쉽고 안전하다.

또한 유전체 편집은 모든 배아가 결함이 있을 경우에만 실제 가치가 있다. 예를 들면, 부모 모두가 동형접합인 상염색체● 열성질환(예를 들면 낭포성섬유증, 페닐케톤뇨증)의 경우와 적어도 부모 중 한 명이 상염색체 우성질환[예를 들면 헌팅턴병, 가족성샘종폴립증(familial adenomatous polyposis)]일 경우 생식세포 편집은 건강한 유전적 친자를 낳을 수 있는 유일한 길인 것 같다. 생식세포 편집은 착상전진단과 질병 대립유전자를 가진 배아를 솎아 내 해결할 수 있는 방법이 아니다. 하지만 이런 상황은 대부분의 단일유전자 질환에서 무시할 수 있을 정도로 희귀하다. 이 경우에도 아이를 갖지 않거나 난자와 정자 기증을 받는 것과 같은 대안이 존재하므로, 유전적 친자를 갖는 이익이 유전체를 변형해 아이 자신이나 미래 세대에 발생할지 모를 잠재적 위험성을 정당화할 정도로 충분히 큰 것인지는 의문이다.

생식세포 치료는 일회적인 성격이 강하기 때문에 위험성 발생 등에 대한 사전 지식이 부족해 우선 불확실하며 나아가 부작용을 전적으로 예측할 수 없다는 결점을 갖는다. 이것은 생식세포 치료와 관련해 예방의 원리를 정당화하기에 충분하다.

또 유전자는 다른 유전자 및 환경과 다양한 상호작용을 하는 것으로 알려졌기 때문에 한 유전자를 변형시킨다고 해서 질환 문제가 다 해결되는 것은 아니다. 자손이 HIV 감염에 걸리지 않게 하기 위해 CCR5를 파괴하면 다른 문제가 생길 수 있다. 식이유발 비만을 가진 생쥐에서는 포도당 과민증상이 나타나며, CCR5 돌연변이가 일어난 사람은 웨스트나일 바이러스(West Nile Virus, WNV)에 쉽게 감염된다. 낫세포빈혈증 헤모글로빈 돌연변이 유전자를 가진 사람은 말라리아에 잘 감염되지 않는 특징이 있다. 기술을 완벽하게 적용한다고 해도 이처럼 특정 대립유전자를 없앴을 때 악성 형질이 도입되거나 기대하지 않았던 이익을 잃을 수 있다. 후속 효과가 불확실할 때, 이미 알려진 위험과 알려지지 않았지만 가능한 위험을 통합한 위험성을 고려해 이보다 이익이 클 경우에만 행위를 승인할 수 있다는 예방의 원칙을 인간 배아 유전체 편집에도 적용할 수 있을 것이다.

_맞춤형 보조생식술

유전체 편집 배아를 연구하는 더욱 직접적인 목적은 불임이나 습관성 유산을 예방하기 위해 편집된 배아로 보조생식술(ART)의 성공률을 높이는 것이다. 현재의 기술 장벽들이 사라지면 유전체 편집을 통한 맞춤형 ART는 기증자의 배우자세포나 입양을 원하지 않는 불임 부부들에게 선택 사항이 될 수 있다.

맞춤형 ART의 위험을 감수하기 전에, 기증받은 배우자세포나 배아를 사용하거나, 특정 증상을 갖는 아이의 출생을 회피하기 위해 착상 전 또는 산전진단 기술을 포함한 대안이 존재한다는 점도 알아 두어야 한다.

_대리 동의

체외수정, 난자세포질 내 정자 주입술, 그리고 착상전유전자진단과 같은 통상적인 보조생식술에서는 미래의 부모로부터 고지 동의를 받는다. 일반적인 보조생식술보다 훨씬 침습적인 배아 유전체 편집에서는 안전성이 통상적인 보조생식술과 동일하게 확보되거나, 부모와 태어날 아이의 이익이 아이에게 미칠 위험을 능가할 때라야 부모의 고지 동의가 정당화될 수 있다.

역으로 특정한 외모를 갖기 위해 수행되는 증강을 위한 유전체 편집에서는 부모의 동의가 정당화될 수 없다. 부모와 아이에게 기대되는 이익이 불분명하기 때문이다. 유전체 편집을 사용해 사회적으로 바람직한 외모를 갖추게 해 주어 아이의 삶을 증진시켜 준다고 해도 표적이탈 돌연변이가 일어나면 아이의 건강에 영향을 미칠 수 있다. 또한 특정한 외모를 얻기 위해 유전체 편집을 통한 유전적 증강을 한다고 해도 태어날 아이에서 반드시 원하는 표현형이 나타나지 않을 수 있다. 그러면 부모가 아이의 디자인된 외모를 평가할 것이다. 그리고 아이가 출생 직후나 성인 시기에 그런 특징을 나타내지 않으면 가족 내 심각한 불화가 발생할 수 있다. 반대로 부모나 가족이 원하는 외모가 아이에게서 나타난다고 해도 아이는 고통을 겪을 수 있다. 혈연관계 이외의 다른 수단(인간 배아 유전체 편집)을 통해 획득한 외모로 인해 부모와 유전적 단절감을 느끼거나, 부모나 가족과 달리 자신의 외모에 또 다른 불만을 가질 수 있기 때문이다. 부모와 아이의 이익은 불분명한 반면 아이의 신체적·정신적 건강에 미치는 위험성은 실제적이다.

_기술의 안전성

포유동물의 생식세포 유전체 편집은 일차로 접합자 내에 핵산분해효소를 미세주입(微細注入, 마이크로피펫을 사용해 세포 내 또는 모세혈관 내로 미량의 물질을 주입하는 방법)하며 시작된다. 이는 통상적인 보조생식술과 유사하다고 할 수 있지만, 인간 배아로 유전체 편집 핵산분해세포를 주입할 경우 안전성에 특별한 주의를 기울여야 한다. 우선 디자인된 핵산분해효소가 표적을 이탈해 이중가닥을 절단할 수 있으며, 따라서 비표적 부위에 돌연변이를 일으킬 수 있다. TP53과 같은 종양 억제 유전자에 돌연변이가 발생하면 아동에서도 암이 발생한다. 또한 두 유전자 자리에서 표적을 이탈해 동시에 이중가닥이 절단되면 유전체가 크게 변형된다. 크리스퍼 유전자가위의 디자인된 sgRNA가 특이성을 나타내지 않으면 표적이탈효과가 자손의 몸 전체에 영향을 미칠 수 있다. 도입한 sgRNA의 표적이탈효과를 실질적으로 줄이기 위해 배아유전체 편집 시 다수의 sgRNA를 사용해서는 안 된다. 따라서 단일한 형태의 sgRNA를 갖는 크리스퍼 유전자가위를 유전체 공학에 사용해야 한다.

상동의존성수리 방식을 사용할 때 짧은 DNA 주형과 함께 넣으면 배아의 절단된 돌연변이 유전자는 자연적인 유전자 상태의 정상 유전자로 회복된다. 기능적으로 교정되기 때문에 자연적인 것으로 간주되어 윤리적 반대에 부딪히지 않을 것 같다. 이를 감안해 돌연변이를 교정하거나 자연계에 존재하는 변이체로 회복시키기 위해 크리스퍼 유전자가위에 의한 배아 편집을 허용한다면, 짧은 DNA 주형과 sgRNA를 갖는 상동의존성수리 방식의 유전자변형에 국한해야 한다. 이는 안전성을 증진시켜 주며, 배아 편집의 목적을 명확하게 하는 데 도움을 줄 것이다. 크리스퍼 유전자가위의 사용에 일정 제한이 없다면 임상 사용 시 부작용을 야기할 것이 분명하며, GMO 인간을 창조한다는 대중의 비난을 자초할 것이다.

_인간 유전자 풀의 변화

이 이슈는 무엇이 옳고 그르며 사회의 일원으로 우리가 어떻게 살아야 할 것인가에 대한 도덕성에 주목한다. 의욕적인 옹호자들은 자연계에 존재하는 많은 '예방적' 변이체를 모든 아이들에게 부여해 건강한 인간 유전자 풀을 재구성하자고 제안할지도 모른다. 그러나 이미 앞에서 논의했듯이 어떤 질병에 대한 위험성을 감소시켜 주는 유전적 변이체가 다른 질병에서는 위험성을 증가시킬 수 있다.

우리는 여러 변이체의 결합 효과는 고사하고 한 변이체가 어떤 영향을 나타내는지도 아직 잘 알지 못한다. 그러므로 안전성 문제는 논외로 하더라도 유전체 편집으로 변화를 겪게 될 개체와 후속 세대 모두에게 미칠 함의까지 고려해야 할 의무가 있다. 1970년대의 재조합 DNA 모라토리엄이 실험실 연구의 안전성을 확립하기 위해 일시적 휴지기를 가진 것이었다면, 오늘날의 논쟁은 연구의 진행이 아니라 인간 유전자 풀을 영원히 변화시킬 인간에 대한 임상 적용에 집중되고 있다.

_배아 사용

기술이 발달하더라도 윤리적 쟁점으로 남는 문제가 있을 수 있다. 예를 들면, 배아 유전자 편집을 논의하면서 어떤 아이를 어떤 방식으로 언제 출산할지 결정할 여성의 권리가 충분히 논의되지 못한다는 지적도 있다. 또 하나 논의에서 제외된 문제는 배아를 포함하는 생식세포의 윤리적 지위에 관한 것이다. 생식세포 편집의 윤리성을 지적한 여러 성명서에서도 배아 사용에 대한 문제는 제기되지 않았다.

유전체 편집의 효율이 아주 높아졌기 때문에 대두된 가장 심각한 윤리적 문제는 배아세포의 유전체를 정확하게 표적해 배아세포를 변화시키는 것이다. 배아와 관련된 실험은 근본적으로 배아의 지위에 관한 윤리적 논쟁으로 이어질 수밖에 없다. 배아의 유전자 편집 연구는 기존의 배아 연구에 관한 윤리적 물음을 덧붙인다. 이는 인간 배아 유전체 편집에서 사용되는, 또는 앞으로 사용될 배아의 생산 및 폐기, 변형 배아의 착상 등과 관련해 인간 배아 복제, 배아 연구, 배아 생식세포, 착상전진단 및 산전진단•과 유사한 윤리적 문제를 갖는다. 배아를 인간 생명의 시작으로 보아 실험이 불가능한 존재로 볼 것인가, 인류의 난치병 치료를 위한다는 대의 아래 원시선* 생성 이전의 배아를 실험의 대상으로 삼을 것인가는 이미 치료용 배아줄기세포의 수립을 위한 실험에서 윤리적 논란이 되어 왔다.

유전자 치료를 옹호하는 학자들은 체외수정이나 산전진단과 마찬가지로 배아의 이익을 위해 잠정적인 부모가 수정란 대신 유전자 치료의 대리 동의를 받을 수 있다고 주장한다. 이럴 경우에는 배아가 얻을 수 있는 유전자 치료의 이익이 유전자 치료의 위험성보다 크기 때문에 결과론적 입장으로 연구는 정당화될 수 있다. 그러나 부모의 동의 아래 실험에 사용되는 배아의 경우를 생각해 보면, 배아가 얻을 잠재적 이익은 없는 대신 위험성은 최대치에 도달하기 때문에 같은 논리로 배아의 파괴는 정당화될 수 없다. 이때 배아라는 동일한 대상이 유전자 치료의 도구가 되느냐 또는 대상이 되느냐에 따라 다르게 대우받는다는 모순이 발생한다. 그러므로 배아의 파괴를 통해 치료법을 개발해 사회가 얻을 이익이라는 측면에서 생각하더라도 약자에 대한 악행으로부터 이익을 거둔다는 비난을 피하기 어렵다.

_미끄러운 비탈길

인간의 생식세포에 크리스퍼 유전자가위 기술을 적용하는 연구는 위와 같은 이유로 인해 근본적으로 거부감을 느끼는 사람들이 있다. 그러나 과학자들은 질병 극복과 인간의 발생 등에 대한 기본 지식을 축적하기 위해 배아 연구가 필수라고 주장한다. 크리스퍼 유전자가위에 의한 인간 배아 편집을 중단하라는 요구에도 불구하고 그 실험은 이미 일곱 차례나 수행되었고, 영국과 스

웨덴에서도 진행되고 있다. 긍정적으로 보면, 이런 종류의 연구
는 크리스퍼 유전자가위의 효율성과 정밀성을 증진시키는 데 도
움을 줄 것이다. 그러나 인간 생식세포 변형에 관한 기초 연구는
기초 연구로만 끝나지 않을 것이다. 이 연구는 편집된 배아를 여
성의 자궁에 착상하려는 시도를 기술적으로 더욱 가능하게 만들
것이다. 인간 생식세포 변형을 둘러싼 문제를 심각하게 다루려
면 가까운 장래에 불가피하게 임상에 적용될 "위험한 지식"이 등
장하기 전에 기초 연구의 방향을 미리 주의 깊게 고려하고 제한
해야 한다.

현재 불완전한 기술을 가졌다는 것이 완전한 기술을 개발해야
한다는 당위성으로 이어질 수는 없으나 실제로는 그런 쪽으로
흘러간다. 인간 배아에 적용한 크리스퍼 유전자가위 실험을 예
로 들어 보자. 최초의 연구자들은 윤리적 논란을 피하기 위해 생
존력이 없는 삼핵접합자 잉여 배아를 사용했다. 그러나 세 번째
연구자들은 정상적인 신선 배아를 사용했다. 다만 그 숫자는 6개
에 불과했다. 네 번째 실험에서는 정상적인 배아를 생성해 사용
했고 그 숫자도 131개로 대폭 늘었다.

또 기술적으로 완전하다고 해서 이 기술을 반드시 적용해야만
하는 것은 아니다. 현재 모든 사람이 그 정도는 괜찮겠다고 동의
하는 무엇인가의 비탈길 꼭대기에 서 있으면, 시간이 지남에 따
라 당신이 원하지 않는 곳으로 진행되고 결국에는 전혀 원하지
않았던 바닥으로 떨어지게 된다. 이것이 미끄러운 비탈길 주장
이다. 비탈길의 꼭대기에 서 있다면 여기 있기 싫다고 주장해야
한다. 이런 주장을 통해 지능과 같은 형질을 유전적으로 증강하

고자 할 미래 상황을 벗어나기 위해 노력해야 한다. 더욱 심각한 문제는 기술적으로 생식세포 치료와 증강을 구분하기가 쉽지 않다는 것이다.

일단 우리가 낫세포빈혈증이나 헌팅턴병을 회피하기 위해 배아를 편집하는 데 성공을 거둔다면, 에이즈나 암을 치료하는 것이 아니라 예방하기 위해 배아를 편집하려고 시도할 것이다. 다음으로 탈모와 노화 등 경계가 모호한 질병에도 적용하라는 사회적 압력이 있을 것이다. 그다음에는 모든 종류의 증강에도 크리스퍼 유전자가위를 적용해야 한다는 주장이 줄을 잇게 된다. 그런 논쟁은 우리 사회가 어떻게 작동하는가에 따라 달라질 것이다. 일단 질병에서 배아 편집이 성공을 거두면 생명공학 산업계가 일사불란하게 움직여 동일한 기술을 증강에도 적용하기 위해 노력할 것이다.

무엇이 질병인가

테이삭스병(Tay-Sachs disease)은 끔찍한 질병이다. 생후 6개월경 실명, 청각장애, 음식물을 삼킬 수 없는 증상이 나타나고 신경세포가 점진적으로 퇴행해 네 살경에 사망한다. 아마도 대부분의 사람들은 테이삭스병을 제거하는 편이 개인의 삶과 사회에 더 낫다고 판단할 것이다. 건강한 상태는 정상 유전자를 가진 상태이며, 테이삭스는 정상이 아니므로 나쁜 것이다. 마찬가지로 낭포성섬유증이 좋다고 생각하는 사람은 아무도 없다. 이 질병들은 나쁜 것이다. 이것을 정상으로 되돌려 놓는 도덕적 이점에 대해서는 누구도 이의를 제기하기 어려울 것이다.

그러나 단일 유전자 열성질환*을 넘어 유전자를 증강한다고 하면 이 경계는 여러모로 흐릿해진다. 유전적 청각장애와 왜소증(연골발육부전증)의 경우는 어떤가? 그것은 정상이 아닌 것처럼 보이지만 이 사람들은 나름대로의 삶을 살고 있다.

일부 청각장애인은 청각장애로 지내는 것을 장애로 여기지 않으며, 장애인을 위해 만들어진 편의는, 예를 들면 폐쇄자막(음성이나 오디오 신호를 TV 화면에 자막으로 표시하는 서비스)처럼 사회를 이롭게 해 왔다고 지적한다. 같은 맥락에서, 몇몇 심각한 장애인들과 그들의 부모는 장애를 없앨 기회가 있어도 장애를 지닌 채 살아가려고 할 것이다. 장애인 중 약 50퍼센트가 자신의 삶의 질이 좋거나 훌륭하다고 평가했다. 그들은 장애가 현재 자신의 정체성을 만들었고, 만약 자신이 장애를 갖지 않았다면 다른 사람이 되었을 것이라고 말한다. 이해하기 어려울 수도 있겠지만 착상전유전자진단 기술을 사용해 청각장애 자녀를 가지려고 노력한 사람도 있었다. 2002년 2월, 미국의 한 청각장애 레즈비언 커플은 실제로 유전성 청각장애 남성의 정자를 사용해 의도적으로 청각장애 자녀를 낳아 물의를 일으켰다.

토머스 윌리엄 셰익스피어 준남작 3세(Sir Thomas William Shakespeare, 3rd Baronet)를 예로 들어 보자. 그는 잉글랜드의 이스트앵글리아 대학 사회학과 교수인데 왜소증이 있고, 외과의사인 그의 아버지 준남작 2세 역시 왜소증을 앓고 있다. 그는 사람들이 착상전유전자진단을 통해 왜소증을 갖는 자녀를 갖는 것도 허용해야 한다고 할 것이다. 왜소증은 영국에서 착상전유전자진단으로 솎아 낼 수 있는 형질이다. 그런데 왜소증은 몹쓸 질병인가? 왜소증을 퇴치하려 한다면, 이미 왜소증을 가진 사람들은 이 세상에 살 자격이 없다는 것을 인정하는 꼴 아닌가?

이들은 질병의 사회적 통념에 의문을 제기한다. 무엇이 질병인지 여부도 명확하지 않다. 유전적 질병은 어떤가? 질병을 앓지 않고 살아가는 아이는 없으며, 일부 질병은 훨씬 후대에 발달한다. 다른 질병을 유발하는 경향이 있는 유전자는 질병유전자로 간주되어야 하는가? 질병을 가질 확률을 변화시키는 유전자는 어떤가? 특정 유전자는 생애 후반에 유방암에 걸릴 확률을 증가시키지만 그 질병을 결정하지는 않는다. 이 모든 경계가 흐릿하지만 편의상 전통적인 도덕적 경계는 대부분의 사람들이 생각하는 치료나 증강의 관점에 따르도록 하자.

노화에 관한 연구는 이 경계를 더욱 흐릿하게 한다. 하버드 대학의 처치 연구팀은 치매 발병과 노화 효과에 대항해 수명을 늘리는 유전자를 삽입하기 위해 노력하고 있다.

유전적으로 노화에 면역된 사람은 없다. 우리는 질병을 완화한다는 명목으로 증강을 이야기하기 때문에 여기서 경계를 넘을 수 있다. 이것으로 우리는 도덕적인 완충지대로 접어든다. 사람들은 보통 자연적인 원인에 의존해 산다. 우리는 자연의 유전체에서 오류를 교정할지 신이 부여한 디자인에 의존할지 스스로 결정해야 한다.

생식세포 증강의 윤리 문제

_상대적으로 큰 위험성

다민족 국가에서는 특히 눈 색깔, 머리카락 및 피부색 등과 같이 외부로 나타나는 형질이 표적이 되는 표현형으로 여겨진다. 그러나 이 같은 표현형은 여러 종류의 유전자를 복합적으로 편집해야 얻을 수 있으며 그만큼 다양한 부작용을 나타낼 수 있다. 인간의 홍채 색깔은 적어도 16개의 유전자에 의해 조절되며, 더구나 부모의 유전적 배경에 따라 자손에서 원하는 표현형을 얻을 수 있을지 여부가 결정된다. MC1R 유전자(멜라닌세포에 존재하는 수용체를 만드는 유전자)를 파괴하면 분홍색의 머리카락을 얻을 수 있지만 흑색종의 위험성이 높아진다.

우월한 운동능력을 원하는 부모들은 과활성화된 에리트로포이에틴(erythropoietin, EPO) 유전자를 도입해 산소운반능력을 높이거나 미오스타틴(myostatin, MSTN) 변이체를 복사해 근육량을 늘리기를 원할지 모르지만, 증강과 우생학의 경계는 모호하다. 특히 국가가 이에 개입할 경우 아주 위험해진다.

_차별의 발생

우리가 모두 피하고 싶어하는 미끄러운 비탈길의 바닥은 영화 〈가타카〉(GATTACA)가 그리는 세계다. 자연적인 방법으로 태어난 사람들과 유전자변형을 통해 태어난 사람들 사이의 차별이 존재하는 사회, 그곳에서는 직업과 배우자, 주거지역 등 삶의 모든 것이 유전적 자질에 의해 결정된다. 이것은 부모에게 재산을 물려

받은 것과는 다르다. 기본적인 보건의료 서비스조차 제공할 수 없는 가난한 나라에서는 이런 종류의 사업에 참여할 수 없기 때문에 대부분의 사람들이 자연적인 방법을 통해 태어난다. 따라서 중국, 인도, 아프리카의 모든 빈민들까지 시험관 수정을 통해 임신과 출산을 하고 보편적인 보건의료 서비스를 받지 않는 한 이것은 부자를 위한 기술에 지나지 않는다.

이 증강 기술은 누릴 수 있는 사람과 누리지 못하는 사람의 두 부류로 사람을 나눈다. 우리 사회에는 이미 모든 종류의 불평등이 존재하지만, 증강 기술은 사태를 더욱 악화시킬 것이다. 원리상 가난한 사람은 부자가 될 수 있다. 유전적 질병에 걸리지 않는 아이를 만드는 것은 지속적인 불평등을 야기하는 행위가 아니다. 아이들을 테이삭스병에 걸리지 않게 하려고 유전자변형을 하는 것은 이점을 주려는 게 아니라 다른 사람처럼 정상으로 만드는 것이다. 그러나 유전적으로 저항성을 갖는 아이를 만들게 되면 더 유리하게 되고, 이것은 부자의 아이들만 누릴 수 있는 특권이 된다. 우리는 사람들이 최선을 다해 자녀들을 테니스 레슨이나 피아노 레슨을 받게 하고 사립학교에 보내려는 것을 안다. 이런 종류의 불평등은 영속되지 않는다. 그러나 유전적 증강은 영속적이다.

_가족관계의 균열

기술은 중립이 아니다. 어떻게 사용하느냐에 따라 중립일 수도 있고 그렇지 않을 수도 있다. 하지만 핵무기로는 빵을 구울 수 없기 때문에 기술은 당신의 도덕적 선택을 제한한다. 마찬가지

로 이 기술은 우리에게 인간에 관해 가르친다. 제일 중요한 주장
은, 만약 아이가 부모의 디자인에 따라 태어난다면 우리가 디자
인하는 다른 제품처럼 아이를 소홀히 여기기 쉽다는 것이다. 물
론 우리는 지금도 우리의 자녀를 디자인한다. 피아노 레슨을 받
게 하고 수영을 가르친다. 그러나 유전자 증강은 이 디자인이 몸
속에 내장되기 때문에 피아노 레슨과 달리 자녀가 거부 의사를
표시할 수 없다. 유전자 증강은 더욱 강력하고 지속적이다. 정치
이론가 샌델(Michael J. Sandel)은 우리가 자녀들 삶의 모든 부분,
자녀가 요구하지 않은 유전적 디자인에 대한 개방성을 통제하지
말아야 한다고 주장한다.

자녀를 있는 그대로 받아들이기 어렵게 되면 부모와 자녀의
관계는 틀어진다. 우리 자신이 디자인을 위해 들인 노력을 생각
하게 된다. 어떤 특별한 방식으로 정확하게 디자인했는데도 기
대에 못 미친다면 기본적으로 실패한 제품으로 간주할 것이다.
자녀에게 완벽함을 기대하면 무조건적인 사랑을 하기가 더욱 어
려워진다. 우리는 선물이 아니라 제품으로 자녀를 인식하고, 만
약 우리가 그들을 제품으로 인식한다면 사소한 방식으로라도 제
품으로 취급하려 할 것이다. 더 나아가 우리는 모든 사람들을 제
품으로 취급하려 할 것이다.

_우생학의 꿈

1900년대 초 미국에서는 사회다원주의의 아이디어에 따라 정신
박약자, 장애인, 알코올중독자, 노숙자, 빈곤인, 반역자 또는 범죄
자 등 바람직하지 않은 사람들을 번식하지 못하도록 수용하고 6

만 명 이상을 거세했다. 나치 독일은 제2차 세계대전 동안 강제 수용소에서 수백만 명의 유태인, 집시, 그리고 게이를 처형했다. 이 과정은 유약한 사람을 제거하는 것을 목표로 삼았기 때문에 강압적 우생학(negative eugenics)이라 불렸다.

1980년대 후반에 인간 개체군을 조작하려는 아이디어가 복귀했다. 착상전유전자진단을 통해 배아에서 유방암, 자폐증, 그리고 낭포성섬유증과 관련된 유전자를 스크리닝하고, 미토콘드리아 대체기술 등의 유전자 치료를 통해 약점을 고치려고 한다면, 이 기술을 적극적 우생학(positive eugenics)이라 한다.

과거에는 독재 정부가 우수한 인종을 만들기 위해 우생학을 실현했다면, 이제는 부모가 더 멋진 자녀를 갖기 위해 우생학을 실현하고 있는 것이다. 생식세포 치료는 실제로 질병을 치료하는 것이 아니라 흠이 없는 유전적 자녀를 갖겠다는 부모들의 희망을 채워 주는 일이다. 서울대학교 박은정 교수가 지적했듯이, 우리나라와 같이 혈연에 대한 애착이 강하고 경쟁적으로 자녀를 양육하려는 환경에서는 유전적으로 보다 바람직한 형질을 얻고자 하는 부모들의 욕구도 크다.

우리의 사회 문화적 토양에 비추어 볼 때 생명 복제 기술은 의학적으로나 산업적으로 아주 다양하게 그리고 급속도로 적용될 것이다. 유난히 생로병사에 의연하지 못한 것이 우리의 생활 풍토가 아닌가 한다. 몸에 좋다면 어떤 동물의 어떤 부위도 마다하지 않는 우리의 생활습관에는 어쩌면 각종 생명 복제술에 대한 상당한 수요가 잠재하는지도 모른다. 우리 사회에서는 남아선호사상이 강하고 그래서 태아의 성 감별에 집착하고, 체외수정 시 유전자 검사를 당연시하려 들고, 기형아에 대해서는 그 정도를 불문하고 인공유산시킨다. 자기의 아이를 갖고 싶다는 욕구가 강한 만큼 생명 복제술을 불임 극복의 한 대안으로 인정해야 한다는 목소리도 점차 커질 수 있다. 상승 지향 욕구가 지배하고 있는 곳에서, 가정 교육에서건 학교 교육에서건 자신만이 유일한 경쟁력인 것처럼 여기도록 부추김을 받는 우리 사회에서 생물학적 · 유전학적 향상의 이미지는 상당한 파괴력을 안고 있다고 생각한다. 어쩌면 우리 사회는 사회적 · 지적 · 육체적으로 성능이 개선된 상태, 다름 아닌 맞춤인간을 받아들일 토양이 이미 마련되어 있다는 생각도 드는 것이다. 요컨대 생물학적으로나 유전적으로 향상된 제품이 사회적 · 문화적으로 수용될 수 있는 여건이 조성되어 가는 느낌이다.

-《생명공학 시대의 법과 윤리》(이화여자대학교 출판부, 2000)

생식세포 증강은 아주 논쟁적이다. 플라톤 이후 많은 사람들이 돌연변이와 같은 방법으로 인간 종을 개량하기 원했다. 현재도 사람들은 자발적인 우생학의 믿음을 포기하지 않고 있다. 이것은 인간을 바람직한 방향으로 개량하려는 트랜스휴머니즘(transhumanism, 과학과 기술을 이용해 사람의 정신적 · 육체적 성질과 능력을 개선하려는 지적 · 문화적 운동)과 다르지 않다.

_인간 진화의 미래

크리스퍼 유전자가위는 비자연적 선택과 작위적 돌연변이를 결합해 문자 그대로 인류를 재형성하는 위력을 가졌다. 인류의 진화가 우리 손아귀에 있는 것이다.

몸에 있는 모든 세포를 수리하려면 인간 유전자는 배아 발달 초기에 변형되어야 하고 이 변화들이 미래 세대로 전달되어야 한다. 만약 언젠가 사람을 치료하기 위해 크리스퍼 유전자가위를 배아에 사용한다면 사람을 개량하기 위해서도 사용하게 되지 않을까? 푸른 눈의 아이를 원하는 부모들이 크리스퍼 유전자가위를 사용해 OCA2 유전자를 변화시켜 달라고 주문하게 되지 않을까? 우량아를 원한다면 MSTN 유전자를 편집할 수 있지 않을까? 크리스퍼 유전자가위로 질병을 치료하는 것과 디자인 베이비를 만드는 것은 기술적 차이는 없지만 윤리적 차이는 엄청나다.

질병 치료를 넘어 크리스퍼 유전자가위는 우리에게 곤란한 질문을 던진다. 어떤 이가 보다 나은 인간인지를 결정할 사람은 누구인가? 부자만이 유전자를 편집할 수 있다면 어찌할 것인가? 부모가 아이의 유전적 미래를 결정하도록 내버려 두어도 괜찮을까? 출산 조절이나 시험관 수정과 같은 기술 덕분에 이런 일이 이루어진다면 어떨까?

우리는 자연 진화의 속도와 능력을 뛰어넘는 크리스퍼 유전자가위라는 도구를 손에 넣었다. 이제 우리 자신의 진화를 꼭 조절해야 하는가라는 당위의 문제를 질문할 때다.

6

농작물과 가축 개량

식량 증산의 필요성과 기존의 육종 방법

세계 인구는 현재의 74억 명에서 2030년에는 85억 명, 2050년에는 97억 명, 2100년에는 112억 명으로 늘어날 것으로 예상된다. 이 엄청난 규모의 인구 폭발로 지구의 자원과 수용력은 한계에 도달할 것이다. 또한 지구가 현재 겪고 있는 기후변화도 자연 생태계에 부정적 영향을 미쳐 농업생산성을 떨어뜨리는 해로운 환경 스트레스를 가할 것이다. 인구 증가를 수용하기 위해 농지를 소모하며 도시가 개발된다는 점도 식량 생산에 필요한 농지가 부족해지는 한 가지 원인이다. 인구는 주로 개발도상국에서 늘어날 것이라고 예상되지만, 지속 가능한 식량 자원이 필요하다는 점에서 그 영향은 전 세계로 파급될 것이다. 따라서 현재의 식량부족 문제를 해결하고 예상되는 인구 증가에 대비하려면 효율적이고 개선된 작물 생산이 매우 중요하다. 인류의 미래를 위해 식량을 증산해야 한다고 주장하는 학자들의 의견에 따르면, 2050년까지 전체 농업생산성은 적어도 70퍼센트 이상 증가해야 한다.

농작물의 생산성과 품질 개량은 주로 교배라는 관행적 방법을 통해 이루어졌다. 식물 육종가들은 다른 품종의 식물을 서로 교배해 유전적으로 재조합된 자손 중 최상의 품종을 선발했다. 이럴 경우 모든 농작물은 이미 자연계에 존재하는 돌연변이체를 선발하여 개발되었다. 돌연변이는 작물에서 원래 발견할 수 없는 새로운 형질을 개발하기 위해 종종 사용된다. 방사능이나 화학물질에 의한 돌연변이를 사용해 단순한 선발 육종을 보완하기도 한다. 이런 식물에서는 염색체가 특이하게 재배열하고, 유전체 내에서 수많은 돌연변이가 불규칙하게 나타날 수 있다. 일단 유전체가 변하면 원하는 돌연변이를 선발하기 위해 여러 세대에 걸쳐 돌연변이체를 다시 교배해야 하는데, 이 과정은 때로 몇 년이 걸리기도 한다. 대부분의 품종은 조상종과 표현형이 매우 다르며, 독립적인 생식능력을 잃는 경우도 있다.

우수한 돌연변이를 선발해 생산량이 획기적으로 증가하는 녹색혁명이 가능해졌다. 하지만 자연계 내에 이미 존재하는 변이체 중에서 우수한 품종을 선발해야 하기 때문에 더 이상 품종 개발을 하기 어려워 대부분의 작물에서 생산량 증가 추세는 점점 둔화되었다. 또 생산량을 가능한 한 높이기 위해 비료, 제초제, 살충제를 사용했기 때문에 토양과 하천, 호수, 심지어 대양까지 오염될 수밖에 없었다.

이런 한계를 극복하기 위한 한 가지 방법으로 유전자변형작물을 만드는 유전공학이 개발되었다. 유전자변형작물은 보통 근두암종균(*Agrobacterium tumefaciens*)의 플라스미드를 이용해 숙주 식물 염색체에 기능이 알려진 유전자(형질전환 유전자•)를 넣어 만든다. 형질전환 유전자는 기주 식물과 교배할 수 없는 근연관계가 먼 식물이거나 동물 또는 미생물에서 유래한 것이다. 어떤 경우에는 이식 유전자가 식물에 자연적으로 나타나는 유전자일 수도 있는데, 그렇다고 해도 원래 기주 식물에서 발현되는 상황은 시공간적으로 달라진다.

최초의 형질전환 식물은 30여 년 전에 개발되었다. 성숙이 지연되는 플레이버 세이버(Flavr Savr) 토마토의 시판이 승인된 이래 유지의 비율이 변형된 카놀라, 해충 저항성 옥수수, 해충 저항성 목화, 해충 저항성 감자, 제초제 저항성 대두 등 많은 유전자변형 작물이 판매 승인을 받았다. 현재 목화, 대두, 옥수수, 감자, 사탕무, 알팔파, 카놀라와 같은 여러 유전자변형 품종이 세계 전역에서 재배되고 있다. 작물 유전자를 유전자변형 기술로 쉽게 개량하게 되면서 생산량이 높고 영양가와 스트레스 저항성이 강화된 적응력이 큰 재배종을 만들 수 있었다.

작물 육종을 보완하는 형질전환 기술은 상당한 상업적 가치와 성공을 거둘 것으로 예상되지만, 기술적·윤리적 한계도 갖는다. 식물 유전체에 이식 유전자의 다수 복사본이 무작위로 삽입되면서 유전자를 침묵시키거나 예측할 수 없는 발현 패턴을 만들기 때문이다. 이 때문에 형질전환된 식물 중에서 바람직한 이식 유전자가 충분히 발현되는 안정적인 품종을 선발하려면 노동력과 시간이 많이 들고 비용도 많이 소요된다. 이 외에도 이런 방법으로 개발된 작물의 저항성 유전자가 유전자 조작을 하지 않은 작물이나 관련된 야생종으로 탈출하는 환경적 위험성과, 항생제 저항성 유전자를 섭취할 때 발생할 수 있는 건강문제에 대한 우려를 낳는다.

식물 유전체 변형의 난점

식물 유전체 변형의 가장 어려운 점은 식물 유전자는 중복[●](redundancy)되는 경우가 흔하다는 것이다. 농업적으로 중요한 작물의 유전체 크기를 비교해 보면 빵밀의 경우 17Gb(gigabase, 1Gb=10억 염기쌍), 옥수수 2.5Gb, 대두 1.2Gb, 벼 0.5Gb다. 옥수수의 유전체 크기는 사람과 비슷하다. 식물은 잡종을 형성하는 동안 여러 번 배수체화를 겪었다. 1개의 유전체를 표적하더라도 여러 개의 다른 유전자가 이를 보상하기 때문에 여러 개의 유전자를 표적해야 한다. 빵밀은 6배체(2n=6x=42)로, 고도로 중복된 염색체 안에 유전자가 들었다. 표적으로 삼을 유전자가 여럿이라는 것은 DNA 수리나 염색체 재배열이 어렵고, 유전자와 염색체가 복잡하다는 두 가지 난점을 제기한다. 다른 난점은 전달 방법이다.

원형질체° 식물의 세포벽을 녹인 다음 세포벽이 없는 단일 세포로 만들고, 폴리에틸렌글리콜°(polyethylene glycol, PEG)이나 전기충격을 사용해 유전자를 전달하면, 높은 비율의 표적된 돌연변이 형성이나 유전자 표적을 할 수 있다. 이 전달 방법은 기본적으로는 다른 세포와 유사하다. 일부 식물을 줄기세포처럼 적절한 호르몬 처리를 하면 뿌리와 잎과 같은 기관을 형성함은 물론 완전한 생물체로 자랄 수 있다. 그러나 이런 방법을 사용할 수 있는 것은 감자과를 포함한 몇 가지 식물뿐이다. 감자, 페튜니아, 담배의 잎을 우리는 매우 높은 효율성으로 떼어 내서 원형질체를 만들고 유전체를 편집해 다시 온전한 식물체를 만들 수 있다. 그래서 이런 식물에서는 이 방법을 사용해 유전체 변형과 형질변환된 식물체 형성이 가능하다. 나머지 식물에서는 이 방법이 쉽지 않기 때문에 기관에 총탄을 쏘거나 근두암종균°을 사용해 식물에 DNA를 전달하는 방법을 사용한다. 일부 세포만이

DNA를 받아들이고, 그중 작은 부분만이 유전적으로 변형되며, 그래서 그런 세포들을 구분해야 하는 어려움이 따른다. 게다가 그런 유전자변형 식물을 얻기 위해 1년이 걸린다.

식물 유전체 변형 방법

_유전자 파괴

우선 유전자를 파괴하는 비상동말단접합부터 설명하면, 핵산분해효소를 세포로 도입해 유전자를 표적하고 유전자 넉아웃을 만드는 돌연변이가 도입되기를 바라는 것이다. 2015년 4월, 브로드연구소의 장 펑이 감자를 연구한 사례를 살펴보면 다음과 같다. 감자는 원형질체를 유전체 편집할 수 있는 몇 안 되는 식물 중 하나이므로, 감자를 선택하면 전달의 문제를 피해 갈 수 있다. 감자의 덩이줄기에서 발현되는 설탕분해효소(invertase) 유전자를 표적으로 했다. 그러나 덩이줄기가 냉각되어야만 발현되기 때문에 감자를 사서 냉장고에 넣으면 설탕분해효소가 발현된다. 감자의 전분은 설탕으로 분해되고, 설탕은 포도당과 과당으로 바뀐다. 그러면 감자는 스위트닝(sweetening)되고 물러진다. 가정에서는 문제가 없지만 상업적으로 보관할 때는 문제가 된다.

저온에 의해 유도되는 이 스위트닝으로 매년 감자의 15퍼센트 정도가 소실된다. 그리고 스위트닝된 이후 칩을 만들 때처럼 고온으로 처리하면 아크릴아미드(acrylamide)를 생성한다. 만약 우리가 설탕분해효소•를 억제하면 소실을 방지할 수 있을 뿐만 아니라 아크릴아미드 생성도 억제할 수 있다. 튀긴 감자 제품은 식품의 아크릴아미드 허용기준을 초과한다. 미국 캘리포니아주 기준은 300ppb(parts per billion, 10억 분의 1)인데 비해 애틀랜틱칩스(Atlantic Chips) 제품은 420ppb, 레인저러셋프렌치프라이스(Ranger Russet French Fries) 제품은 400ppb이며, 러셋버뱅크프렌치프라이스(Russet Burbank French Fries) 제품은 460ppb에 달한다.

감자는 4배체이고 네 벌의 유전자를 갖는다. PEG를 이용해 감자 원형질체에 유전자가위를 넣은 다음 네 벌의 대립유전자를 모두 잘라 캘러스(Callus, 식물 줄기의 상처나 자른 자리의 표면에 생기는 연한 조직)를 형성한다. 그 이후 줄기와 뿌리를 만들어 식물을 재형성하고 넉아웃 대립유전자를 선별하기 위한 중합효소연쇄반응●(polymerase chain reaction, PCR) 스크리닝을 한다. 여기서는 TALEN을 사용했지만 크리스퍼 유전자가위도 마찬가지일 것으로 생각한다. 70-90퍼센트의 식물이 형질 전환되었고, 122개의 재생식물(resurrection plant) 중 14개에서 설탕분해효소가 넉아웃되었다. 이중 3개체가 네 벌의 설탕분해효소 대립유전자가 모두 돌연변이된 동형 돌연변이체임을 확인했고, 이를 키운 다음 튀긴 감자의 아크릴아미드 함량을 확인하였다. 설탕분해효소 유전자를 완전히 넉아웃시킨 감자에서는 저온에 의해 유도되는 스위트닝 표현형이 감소했다. 튀긴 후 갈변도 적어지고 설탕은 늘었으나 포도당과 과당의 함량이 저하되었다. 저온에 저장한 넉아웃 감자는 저온에 저장한 정상형 감자에 비해 아크릴아미드 함량이 3분의 1 이하로 낮아졌다. 이는 소비자에게 도움이 될 것으로 예상된다. 이제 온실에서만 이 식물을 키울 것이 아니라 야외 재배를

하려고 하는데 어떻게 해야 할까?

유전체 편집을 통해 만들어진 식물 품종은 어떻게 규제해야 할까? 유전체 편집은 이전의 형질전환 방법과는 다른 유전자변형 방식이다. 이제까지 외래 유전자가 식물의 유전체에 부가된 형질전환 식물은 미국 농무부(USDA)의 승인을 받아야 했다. 예를 들어 형질전환 감자를 만들었다면 우선 규제 당국, 특히 미 농무부에 규제할 것인지 여부를 문의해야 한다. 만약 규제한다면 상당한 비용이 드는 과정을 거쳐야 하기 때문이다. 이 감자를 미 농무부에 문의했더니 유전자가위가 단지 유전자만 넉아웃시켰고, 세포 자체 과정에 의해 비상동말단접합 방식으로 수리 · 복구되었기 때문에 유전자가위로 표적 변형한 개량 감자 품종은 규제 대상이 아니라는 답변을 얻었다. 미 농무부의 유권해석에 따르면, 이 감자 품종은 야외에서 재배할 수 있다.

크리스퍼 유전자가위도 이 새로운 기술을 사용해 만든 식물 품종을 어떻게 규제할 것인가라는 문제를 제기한다. 미국 농무부는 자외선이나 방사선, 화학물질에 의해 만들어진 돌연변이 품종을 기존의 육종 방법으로 선발한 품종과 구분하지 않는다. 미 농무부는 야외에서 재배하는 것을 규제의 대상으로 다루고, 미 식품의약국은 식품에 포함될 때 원하지 않는 단백질들이나 알레르기원 독소 등이 만들어지지 않을지 다룬다. 미 환경청과 같은 다른 규제 당국은 우선 이 감자가 야외에서 자라고 저장되는 형질을 연구할 가치가 있는가를 다룬다. 이전의 규제 방식은 주로 외래 DNA를 도입하는 형질전환에 근거해 수립되었기 때문에 오바마 행정부는 미 농무부, 식품의약국, 환경청에 생명공학 작물과 관련된 규제 방식을 검토해 달라고 요청했다. 이제는 여러 가지 방법으로 식용작물을 변형시킬 수 있다. 우리는 이런 변형 방식에 대해 이치에 맞고 주의 깊은 규제 방식을 고려해야 한다.

더욱 손쉬운 넉아웃 돌연변이를 생각해 보자. 한 가지 방법은 식물의 RNA 바이러스를 유전체 편집 도구를 전달하는 벡터로 사용하는 것이다. 크리스퍼 유전자가위 성분을 바이러스에 실어 식물을 감염시키면 식물의 모든 세포에서 돌연변이가 형성된다. 이후 조직을 채취해 식물을 무성생식 방법으로 재생하거나, 생식세포가 변형된 경우 종자를 수확해 비상동말단접합 방식으로 유도한 돌연변이를 갖는 돌연변이체 식물을 만들 수 있다.

바이러스는 다양한 식물을 감염시킬 수 있으며, 종자로 돌연변이가 전파되는 빈도는 매우 낮다. 바이러스를 재구성해 식물체 전체로 감염시킨 유전자가위 발현 식물을 조직배양 등의 방식으로 번식시킨 다음 의도한 변형 유전체와 표현형을 갖는 1세대 변형 식물을 선발한다.

_다른 유전자 삽입

이제 상동의존성수리에 관한 사례를 살펴보겠다. DNA를 절단해 그 부위에 우리가 관심을 갖는 변이를 도입하는 것이다. 이것은 빌앤멜린다게이츠재단(Bill & Melinda Gates Foudation)에서 지원하는 과제인 제초제 저항성 카사바(cassava)의 생산 방식이다.

카사바는 사하라 이남에 사는 아프리카 사람들에게 매우 중요한 탄수화물 공급원이다. 이 식물이 완전히 성숙하려면 1년 반이 걸린다. 커다란 덩이뿌리는 탄수화물과 전분의 함량이 높은 데, 한 가지 문제는 잡초다. 네 번 정도 잡초를 솎아 주면 제초제를 사용할 때와 수확량이 거의 같아지지만 정기적으로 풀을 뽑지 않으면 수확량이 20-80퍼센트 감소한다. 카사바는 일반적으로 손으로 뽑는 방식으로 잡초를 방제하는데, 이것은 굉장히 노동시간 집약적이고 비효율적이다. 주로 여성과 아동이 카사바의 잡초를 제거하는데, 이로 인해 여성들은 다른 일을 거의 못하고 아이들은 학교도 다닐 수 없다.

미국에서 재배되는 옥수수 중 90퍼센트 이상은 박테리아의 유전자를 식물에 도입하는 형질전환에 의해 제초제 저항성을 갖는 유전자변형 옥수수다. 식물에도 제초제 저항성 유전자가 있지만 박테리아 유전자는 글리포세이트(glyphosate)라는 제초제에 더욱 저항성을 나타낸다. 전통적인 유전자변형 기술은 박테리아 유전자를 부가한다. 유전체 편집은 원래의 식물 유전자를 표적 변형한다. 담배의 유전자 표적을 통해 아세토락트산 합성효소(Acetolactate synthase, ALS) 유전자가 제초제에 저항성을 나타내도록 한다. 이 제초제 저항성은 자손 식물에게 전파된다. 고리형 아미노산 생합성에 관여하는 EPSPS(5-enolpyruvylshikimate-3-phosphate synthase)나 곁사슬 아미노산 생합성에 관여하는 ALS와 같은 식물 아미노산 생합성 효소의 아미노산을 대체하면 범용성 제초제에 대한 저항성이 나타난다. 이것은 잡초 방제를 위한 더 좋은 관리 전략이며, 제초제 저항성 카사바를 만드는 것이 목표다.

그러나 이것 역시 규제에 대한 의문을 제기한다. 앞서 예를 든 감자에서는 유전자를 넉아웃시킨 데 비해 여기서는 자연계에 존재하지 않는 새로운 유전자를 부가했다. 자연계에 존재하지 않는 유전자를 도입하는 경우는 어떤가? 이런 유전자가 식물에서 발현되었을 때 예측하지 못한 결과를 나타낼 수도 있다.

_바이러스 병원체의 제거

크리스퍼 유전자가위를 식물에 도입하면 DNA 바이러스를 물리칠 수 있다. 크리스퍼 유전자가위를 항시적으로 발현하는 식물을 만들어 콩황화위축바이러스(bean yellow dwarf virus, BeYDV)를 표적했다. 근두암종균의 2개 플라스미드에 Cas9 단백질과 sgRNA, 그리고 녹색형광단백질(green fluorescent protein, GFP) 레플리콘(replicon, DNA나 RNA의 복제 단위)을 함께 흡수시킨 다음 닷새 후 형광 강도를 측정하면, 2개의 다른 부위를 표적하는 크리스퍼 유전자가위가 사용되었을 때 GFP 형광 강도가 낮았는데, 이는 레플리콘의 증식을 억제했기 때문이다. BeYDV가 전파될 시간을 주고 sgRNA가 핵산분해효소를 안내할 시간적 여유를 충분하게 준 다음 대조군과 시험군 조직으로 실험하면 BeYDV를 표적하는 크리스퍼 유전자가위를 발현하는 식물들에서 감염 증상이 완화되었음을 확인할 수 있다.

식물체 편집

_방법의 검증

2013년 8월, 하버드 대학의 신(Jen Sheen) 연구팀은 애기장대와 담배에서 5개 유전자의 총 7개 표적을 검사해 모든 경우에 표적이 돌연변이되었다는 결과를 얻어 식물 유전체 공학에 크리스퍼 유전자가위를 사용할 가능성을 확인했다.

2013년 8월, 세인스버리연구소의 카모운(Sophien Kamoun) 연구팀은 크리스퍼 유전자가위가 야생담배(*Nicotiana benthamiana*)의 피토엔불포화효소(phytoene desaturase, PDS) 유전자에서 돌연변이를 일으킨다는 사실을 확인하여 식물에서 의도한 염색체 부위에서 직접적인 DNA 절단을 일으켜 손쉽게 식물 유전체 공학과 편집에 사용할 수 있음을 보였다.

2013년 9월, 네브래스카 대학의 윅스(Donald P. Weeks) 연구팀은 크리스퍼 유전자가위가 두 종류의 쌍자엽식물인 애기장대와 담배에서, 그리고 두 종류의 단자엽식물인 벼와 수수에서 표적 유전자를 변형시킨다는 사실을 제시하여 식물 유전공학에 용이하고 강력한 도구로 사용될 수 있는 가능성을 확인했다.

2013년 10월, 중국 과학원 상하이식물스트레스연구센터의 주(Jian-Kang Zhu) 연구팀은 크리스퍼 유전자가위가 애기장대와 벼에서 특정 부위의 이중가닥 절단을 일으켜 식물에서 표적 유전자의 돌연변이와 교정을 효율적으로 생산하는데 사용될 수 있다는 사실을 보고했다.

2013년 10월, 베이징 대학 추(Li-Jia Qu) 연구팀은 크리스퍼 유전자가위가 벼의 CAO1, LAZY1, GUUS 유전자를 돌연변이시킨 형질전환 벼를 생산하였다. 벼의 특정 부위를 손쉽게 유전체 편집할 수 있다면, 벼 유전자의 기능을 신속하게 밝히고 농업 생명공학을 통한 벼의 품질과 생산량을 효율적으로 개량할 것이다.

2013년 11월, 중국 과학원 유전및발육생물학연구소의 가오

(Caixia Gao) 연구팀은 크리스퍼 유전자가위가 옥수수에서 최초로 표적 돌연변이를 일으켰고, 돌연변이 효율이 13.1퍼센트라고 보고했다. 이 결과는 크리스퍼 유전자가위를 옥수수의 유전체 변형에 사용할 수 있음을 의미한다.

2013년 11월, 중국 과학원 상하이식물스트레스연구센터의 주 연구팀은 크리스퍼 유전자가위가 단자엽 및 쌍자엽식물의 유전체 공학에 효율적이라는 사실을 제시했고, 표적 유전자의 돌연변이 외에도 유전자 교정이나 커다란 유전체 절편의 결실에도 사용될 수 있음을 확인했다.

2013년 11월, 펜실베이니아 대학의 양(Yinong Yang) 연구팀은 크리스퍼 유전자를 사용해 표적 유전자를 성공적으로 돌연변이 시켰다. 돌연변이 효율성과 표적이탈효과의 실험적 분석이나 특이적인 sgRNA의 전장유전체 예측을 통해 크리스퍼 유전자가위는 기능유전체학●과 작물 개량에 간단하고 효율적인 도구임을 알 수 있었다.

2013년 12월, 인도 국립농식품생명공학연구소의 툴리(Rakesh Tuli) 연구팀은 크리스퍼 유전자가위로 밀의 현탁배양세포의 이노시톨 산소화효소(Inox) 유전자 및 PDS 유전자와 야생담배 잎의 PDS 유전자를 표적하여 단일, 그리고 다중 부위에서 인델 돌연변이가 나타난다는 사실을 확인했다. 특히 크리스퍼 유전자가위는 동시에 두 유전자를 절단해 식물에서 유전체 편집의 강력한 도구임을 입증했다.

2014년 1월, 교토 대학의 코치(Terayuki Kohchi) 연구팀은 육상식물 진화를 연구하는 모델 식물인 우산이끼(*Marchantia polymorpha*)의 옥신반응인자1(Auxin Response Factor 1) 유전자의 표적 돌연변이에 크리스퍼 유전자가위를 성공적으로 적용하여 크리스퍼 유전자가위를 다양한 식물종에 적용할 가능성을 제시했다.

2014년 1월, 미네소타 대학의 보이타스(Daniel F. Voytas) 연구팀은 제미니바이러스(Geminivirus, 고리 모양의 외가닥 DNA를 게놈으로 하는 식물 바이러스의 1군)의 일종인 BeYDV를 사용하여 크리스퍼 유전자가위와 DNA 주형을 담배로 전달하면, 통상적인 근두암종균에 의한 형질전환 방법에 비해 유전자 표적 효율이 10-100배 증가하고, 수리 주형의 복제에 의해 유전자 표적 효율이 증가했다고 밝혔다. 이 결과는 식물 유전체 공학에 숙주 범위가 넓은 제미니바이러스와 더불어 레플리콘을 사용하는 것이 바람직하다는 것을 나타낸다.

2014년 3월, 중국 과학원 상하이식물스트레스연구센터의 주 연구팀은 애기장대에서 크리스퍼 유전자가위에 의한 돌연변이나 교정의 패턴, 효율성, 특이성과 유전 가능성을 결정하기 위해 7개 유전자의 12개 표적 부위를 여러 세대에 걸쳐 조사하여, 크리스퍼 유전자가위가 식물에서 유전자를 표적하고 유전 가능한 변형을 일으키는 데 유용한 도구라는 점을 밝혔다.

2014년 4월, 퍼듀 대학의 주(Jian-Kang Zhu) 연구팀은 크리스퍼 유전자가위가 유전자 편집을 유도하는지 알아 보기 위해 두 종류의 벼 아종에서 11개의 표적 유전자에 대해 조사했고, 유전자 변형의 패턴, 특이성, 그리고 유전 가능성을 결정하였다. T0 세대의 형질전환 식물에서 유전형과 편집된 유전자의 빈도를 분석하였더니 벼에서 크리스퍼 유전자가위는 효율적으로 작동했으며, 최초의 세포분열 이전에 변형된 배아세포의 거의 절반에서 표적 유전자가 편집되었다고 밝혔다. T0 식물에서 표적 유전자가 상동편집된 것도 쉽게 발견할 수 있었다. 유전자 돌연변이는 전통적인 멘델의 법칙에 따라 다음 세대(T1)로 전달되었다. 표적이탈 돌연변이는 거의 발견되지 않았다. 결론적으로 크리스퍼 유전자가위는 작물 유전체 공학의 강력한 도구임이 입증되었다.

2014년 5월, 칼스루헤 공과대학의 풋타(Holger Puchta) 연구팀은 애기장대에서 비상동말단접합에 의한 돌연변이 형성 시 크리스퍼 유전자가위가 크리스퍼 틈새형성효소에 비해 효율적이었으며, 반면 상동의존성수리 시에는 크리스퍼 틈새형성효소가 크리스퍼 유전자가위와 비슷한 효율을 나타냈으나 표적이탈효과가 나타나지 않는다는 사실을 밝혔다.

2014년 6월, 네브래스카 대학의 윅스 연구팀은 형질전환 애기장대 식물의 초기 발달 동안 크리스퍼 유전자가위가 염색체에 통합된 표적 리포터를 효율적으로 변형시키며, T2와 T3 자손에서 변형된 유전자가 유전된다는 것을 밝혔다.

2014년 8월, 중국 서남 대학의 시아(Qingyou Xia) 연구팀은 크리스퍼 유전자가위가 담배 원형질체의 PDS와 PDR6 유전자를 16.2-20.3퍼센트의 효율로 인델 돌연변이시키며, 2개의 유전자가 동시에 돌연변이를 일으킨다는 사실도 밝혔다. 또한 크리스퍼 유전자가위는 형질전환 담배 식물의 PDS와 PDR6 유전자를 각각 81.8퍼센트와 87.5퍼센트의 효율로 돌연변이시켰다. 표적이탈 돌연변이는 거의 나타나지 않았다. 연구 결과 크리스퍼 유전자가위는 담배 유전체에서 표적이탈 돌연변이의 유용한 도구임을 확인했다.

2014년 9월, 킹압둘라 대학의 마후즈(Magdy M. Mahfouz) 연구팀은 핵산분해효소 활성이 없는 dCas9 단백질에 sgRNA를 결합시켜 유전자 표적 플랫폼을 만든 후 EDLL 및 TAL 전사 활성자와 SRDX 전사 억제자를 각각 결합시켜 야생담배에서 BS3:uidA 유전자의 전사를 활성화했고, 내부 유전자의 전사를 억제시켰다. 이 결과는 합성 전사 억제자와 활성자를 내부 유전체 표적의 전사를 억제하거나 활성화시키는 데 사용할 수 있음을 알려 준다.

2014년 9월, 아이오와 대학의 양(Bing Yang) 연구팀은 벼의 크리스퍼 유전자가위로 커다란 염색체 절편의 결실, 여러 세대에 걸친 유전체 편집물의 유전, 높은 효율을 위한 편리한 벡터의 구성, 다중 유전자 편집 등을 유도했다. 벼에서 네 종류의 당 유출 수송체 유전자를 효과적으로 변형했는데, T0 형질전환 식물에서 가장 효율적인 시스템은 87-100퍼센트 편집률을 나타냈고 모두 이중 대립유전자였다. 또한 편집된 유전자로부터 Cas9/sgRNA 형질전환 유전자를 분리하는 교배를 통해 유전체 편집은 되었지만 형질전환 유전자를 갖지 않는 벼를 만들어 낼 수 있었다. 또 벼 원형질체에서 세 가지 다른 유전자 클러스터를 포함하는 커다란 염색체(115-245kb)를 결실시켰고, 재생된 T0 세대 식물에서는 두 가지의 클러스터가 결실되었음을 확인했다. 이 결과들은 벼와 다른 작물에서 표적 유전체 편집의 플랫폼으로, 기초 연구와 농업 응용이 모두 가능한 크리스퍼 유전자가위의 위력을 제시한다.

2014년 10월, 칼스루헤 공과대학의 풋타 연구팀은 애기장대에서 크리스퍼 유전자가위에 의해 이중가닥이 절단될 때 자연적인 유전자도 표적이 잘된다는 사실을 밝혀냈으며, 크리스퍼 틈새형성효소가 크리스퍼 유전자가위와 돌연변이 형성 능력이 비슷하고, 또 그런 돌연변이가 안정적으로 유전된다는 사실을 밝혔다.

2014년 10월, 막스플랑크식물육종연구소의 코플랜드(George Copeland) 연구팀은 크리스퍼 유전자가위가 분열 조직을 표적하는 돌연변이를 일으키면, 애기장대에서 유전 가능한 무효대립유전자 돌연변이체가 생성되어 효율적인 유전체 편집 도구임을 확인했다.

2014년 10월, 캘리포니아 주립대학 데이비스 분교의 브래디(Siobhan M. Brady) 연구팀은 전사 리포터와 크리스퍼 유전자가위 유전체 편집을 통해 근두암종균을 사용한 뿌리털 형성 형질전환 시 애기장대와 토마토에서 SHR(SHORT-ROOT) 및 SCR(SCARECROW) 유전자 기능이 유지된다는 사실을 제시했다.

2014년 11월, 캘리포니아 주립대학 데이비스 분교의 존슨(Ross A. Johnson) 연구팀은 다양한 유형의 크리스퍼 유전자가위를 비교하는 연구를 수행하여 크리스퍼 유전자가위의 효율성을 확인했고, sgRNA나 Cas9 변이체의 최적 디자인을 예측하기 위한 연구가 필요하다는 사실을 알았다.

2014년 11월, 보이스톰슨식물학연구소의 반 에크(Joyce Van Eck) 연구팀은 토마토에서 근두암종균으로 전달된 크리스퍼 유전자가위의 효율성을 테스트하기 위해 애기장대의

ARGONAUTE7과 상동분자인 토마토 SlAGO7 유전자의 두 번째 엑손 인접 서열을 표적했다. 뚜렷한 표현형 때문에 SlAGO7의 양 대립유전자가 돌연변이된 T0 형질전환 식물을 즉각 알아볼 수 있다. 실험 결과 크리스퍼 유전자가위는 다양한 시스템에 걸쳐 뚜렷하고 쉽게 작용해 식물학 연구와 작물 개량에 사용할 수 있는 것으로 나타났다.

2015년 1월, 일본 농업생물자원연구소의 토키(Seiichi Toki) 연구팀은 크리스퍼 유전자가위로 벼에서 이원성● 유전자를 표적할 수 있는지 알아보기 위해 싸이클린 의존성 키나아제(cyclin-dependent kinases, CDK) B2 유전자의 20개 염기를 표적 유전자 자리로 인식하는 sgRNA를 디자인했다. 이 20개 염기는 벼의 다른 CDK 유전자(CDKA1, CDKA2, CDKB1)와 미스매치되는 염기의 수가 각각 다르다. 크리스퍼 유전자가위 성분을 주입한 칼루스(Kallus, 식물 줄기의 상처나 자른 자리의 표면에 생기는 연한 조직)로부터 재생된 식물에서 이들 4개 CDK 유전자의 돌연변이를 분석해 sgRNA로부터 CDKA2, CDKB1, CDKB2의 단일·이중·삼중 돌연변이체가 만들어질 수 있다는 사실을 밝혔다.

2015년 3월, 킹압둘라 대학의 마후즈 연구팀은 담배래틀바이러스(Tobacco rattle virus)를 사용해 Cas9 과다 발현 야생담배로 sgRNA 유전자를 전달하여 PDS3 유전자와 증식세포핵항원(PCNA) 유전자를 녹아웃시켜 효율적인 sgRNA 전달 시스템을 개발했다.

2015년 3월, 조지아 대학의 제이콥스(Thomas B. Jacobs) 연구팀은 크리스퍼 유전자가위가 대두에서 단순하고 효율적이며, 고도로 특이적인 유전체 편집을 할 수 있다는 사실을 밝혔다. 대두와 다른 식물에서 크리스퍼 유전자가위를 적용할 때 인퓨전 클로닝 (In-Fusion cloning) 전략과 벡터 시스템이 유용한 것으로 나타났다.

2015년 4월, 킹압둘라 대학의 마후즈 연구팀은 전신성 담배 래틀바이러스로 sgRNA 유전자를 전달하여 Cas9 과다 발현 야생 담배에서 PDS 유전자를 넉아웃시켜 변형된 유전자를 자손에게 전달할 수 있는 효율적인 sgRNA 전달 시스템을 개발했다. 또 이 유전자 편집 플랫폼과 함께 이형접합 ● Cas9 과다 발현 식물을 사용해 규제를 회피할 수 있는 외부 DNA가 없는 식물을 생산했다.

2015년 5월, 서북농림과학기술 대학의 시(Yajun Xi) 연구팀은 애기장대 U6-26과 대두 U6-10 프로모터를 사용하여 합성 sgRNA를 만들기 위해 2개의 벡터를 구성했다. 세 종류의 표적 유전자에서 크리스퍼 유전자가위에 의한 돌연변이 효율성을 비교했고, 고농도의 크리스퍼 유전자가위로 표적이탈효과가 증가될 수 있어 프로모터의 선택이 중요하다는 점을 밝혔다.

2015년 5년, 중국 서남 대학의 루오(Keming Luo) 연구팀은 목본 식물인 포플러(Populus tomentosa Carr.)에서 피토엔 불포화효소8(PtoPDS) 유전자의 별개 유전체 부위를 표적하는 네 종류의 sgRNA를 디자인하여 크리스퍼 유전자가위에 의한 유전체 편집과 표적 유전자 돌연변이를 실험했다. 근두암종균에 의해 형질 전환된 포플러 식물에서 알비노(Albino) 표현형이 나타났다. RNA가 인도하는 유전체 편집 결과를 분석해 59 PCR 클론 중 30개가 동형 돌연변이체로, 2개가 이형 돌연변이체로 나타났고, 표적 부위의 돌연변이 효율은 51.7퍼센트로 계산되었다. 크리스퍼 유전자가위는 목본 식물에서 유전체 서열을 정확하게 편집하고 녹아웃 돌연변이를 효과적으로 만드는 데 사용될 수 있다.

2015년 5월, 조지아 대학의 차이(Chung-Jui Tsai) 연구팀은 목본 다년생 식물인 포플러에서 크리스퍼 유전자가위로 4CL(4-coumarate:CoA ligase)을 표적하였다. 표적한 2개의 4CL 유전자에서 100퍼센트의 돌연변이 효율을 달성했으며, 조사한 모든 형질전환 식물에서 이중 대립유전자 변형이 나타났다. 표적 서열의 단일 뉴클레오티드 다형현상 때문에 세 번째 4CL 유전자의 절단이 일어나지 않았으므로, 크리스퍼 유전자가위가 단일 뉴클레오티드 다형현상에 고도로 민감함을 알 수 있었다. 고도의 이형 유전체를 가진 종을 이계교배(異系交配)하기 위해 크리스퍼 유전자가위를 사용할 때 단일 뉴클레오티드 다형현상이 빈번하게 발생한다는 사실을 고려할 필요가 있다.

2015년 5월, 중국 농업과학원 소채화훼연구소의 추이(Xia Chui) 연구팀은 크리스퍼 유전자가위가 감자의 유전자 녹아웃을 효과적으로 생산하여 안정적으로 감자의 형질전환을 유도할 가능성을 제시했다. 이 방법으로 T1 세대에서 단일 대립유전자와 이중 대립동형유전자 돌연변이체를 얻을 수 있었다. 크리스퍼 유전자가위는 감자에서 역할이 밝혀지지 않은 유전자의 기능을 연구하는 데도 유용했다.

2015년 6월, 중국 과학원 안휘수도연구소의 양(Jian-Bo Yang) 연구팀은 온라인 표적-디자인 도구의 도움으로 크리스퍼 유전자가위가 벼의 네 가지 다른 유전자를 편집한다는 결과를 보고했다. T0 세대에서 효과적으로 돌연변이가 나타났고, 이중 대립 유전자 돌연변이도 나타났다. T1 세대의 돌연변이는 다음 세대로 안정적으로 전파되었다. 벼를 유전자 편집할 때 표적을 주의 깊게 선택하면 크리스퍼 유전자가위에 의한 표적이탈 돌연변이는 거의 나타나지 않았다. 이 결과는 크리스퍼 유전자가위를 사용할 때 T1 세대에서 유전 가능하고 형질전환 유전자가 없는 표적된 유전체 변형된 벼를 생산할 수 있음을 보여 준다.

2015년 7월, 일본 이바라키현 국립 연구개발 법인 농업생물자원연구소의 엔도(Masaki Endo) 연구팀은 서로 다른 Cas9과 RNA 발현 카세트(유전자 카세트: 유전자 발현에 필요한 요소를 전부 담은 유전자 단위)를 사용해 벼 칼루스에서 크리스퍼 유전자가위에 의한 돌연변이 빈도를 비교했다. 최선으로 조합된 Cas9/gRNA 성분을 담고 있는 일체형 발현 벡터는 표적 돌연변이의 빈도를 훨씬 개선시켰으며, 이중대립 돌연변이 식물은 T0 세대에서 생산되었다. 이 방법은 다양한 식물에서 유전체 편집 시 Cas9/gRNA 카세트의 구성을 최적화하는 데 사용할 수 있다.

2015년 8월, 듀퐁파이오니어(Dupont Pioneer)의 리(Zhongsen Li) 연구팀은 크리스퍼 유전자가위가 대두에서 표적을 돌연변이시키고, 유전자를 통합하며, 유전자를 편집하는 데 성공적으로 사용된다는 사실을 밝혔다.

2015년 8월, 퍼듀 대학의 주(Zhu) 연구팀은 SPOROCYTELESS(SPL) 유전체 발현 카세트를 사용하는 생식세포 특이적인 Cas9 시스템을 개발해 애기장대 웅성(雄性) 배우체의 유전자를 변형하고 유전자변형 자손을 스크리닝했다.

2015년 8월, 이스트캐롤라이나 대학의 치(Yiping Qi) 연구팀은 담배, 애기장대, 벼와 같은 모델 식물에서 골든게이트 앤 게이트 웨이(Golden Gate and Gateway) 클로닝 방법에 의해 만든 기능적인 크리스퍼 유전자가위 전달 DNA 구성체를 사용해 크리스퍼 유전자가위 도구의 기능성과 효율성을 밝혔다.

2015년 8월, 플로리다 대학의 왕(Nian Wang) 연구팀은 Xcc에 의한 아그로침윤법●을 사용해 Cas9과 CsPDS 유전자를 표적하는 합성 sgRNA를 감귤로 전달해 표적 유전체를 변형하는 데 성공했다.

2015년 8월, 중국 농학원 베이징작물학연구소의 후(Wensheng Hou) 연구팀은 대두 수염뿌리의 표적 유전자 GmFEI2와 GmSHR에서 크리스퍼 유전자가위로 유전체를 변형하고 검색하는 방법으로 각 표적의 유전자 자리를 빠르게 평가할 수 있었다. 이 방법은 대두에서 뿌리 특이적인 기능유전체학의 강력한 도구가 될 수 있다.

2015년 8월, 듀퐁파이오니어의 시건(A. Mark Sigan) 연구팀은 유전자 총을 사용해 옥수수 코돈(codon, 유전 암호의 단위)에 최적화된 SpCas9●(Streptococcus pyogenes Cas9) 핵산분해효소와 서로 다른 다섯 부위(LIG1, Ms26, Ms45, ALS1, ALS2)를 표적하는 sgRNA를 도입해 옥수수의 미성숙한 배아를 형질전환시켰다. 크리스퍼 유전자가위 기술은 식물 육종과 작물 연구를 증진하기 위해 식물 유전체 편집 도구로서 유용한 것으로 드러났다.

2015년 9월, 중국 수도연구소의 왕(Kejian Wang) 연구팀은 크리스퍼 유전자가위 기술에 근거해 벼에서 다수의 변이를 생산하는 단순한 동미형성소(isocaudamer, 인식 부위가 다소 다르지만 동일한 점착성 말단을 형성하는 제한효소) 기반 시스템을 개발했다. 사용한 크리스퍼 유전자가위 벡터 시스템은 다중 유전자 돌연변이를 갖는 식물을 손쉽게 생산할 수 있었다. 따라서 이 시스템을 사용하면 여러 유전자 사이의 관계를 쉽게 조사하고 미래에 작물 육종을 가속화할 수 있을 것이다.

2015년 10월, 서울대학교의 김진수 연구팀은 애기장대, 담배, 상추, 벼의 원형질체로 Cas9 단백질과 sgRNA로부터 미리 조립한 크리스퍼 유전자가위의 리보핵산단백질을 주입해 재생한 식물에서 46퍼센트에 이르는 표적 돌연변이를 달성했다. 외부 DNA 없이 식물 유전체를 편집하면 GMO와 관련된 규제 우려를 줄일 수 있다.

2015년 10월, 미네소타 대학의 스투파(Robert M. Stupar) 연구팀은 대두 유전자 모델 내에서 크리스퍼 유전자가위 표적 유전자 자리를 빨리 밝히는 온라인 웹 도구를 개발했으며, 수염뿌리 변형 세포 내의 표적 유전자 자리에서 이중가닥 절단을 지시하는 데 사용할 수 있도록 대두 코돈에 최적화된 크리스퍼 유전자가위를 디자인했다. 변형된 크리스퍼 유전자가위는 대두와 메밀에서 표적 유전자를 성공적으로 돌연변이시켰다.

2015년 10월, 칭화 대학의 류(Yule Liu) 연구팀은 Cas9을 발현하도록 형질전환시킨 식물체에 sgRNA를 발현하도록 변형한 제미니바이러스의 일종인 양배추잎말림바이러스(Cabbage Leaf Curl virus) 벡터를 전달하여 야생담배의 NbPDS3와 NbIspH 유전자를 성공적으로 넉아웃시켜 제미니바이러스에 의한 sgRNA 전달 시스템이 식물 유전체 편집의 강력한 도구임을 입증했다.

　2015년 10월, 일본 이바라키현 국립 연구개발 법인 농업생물 자원연구소의 엔도 연구팀은 벼 칼루스에서 돌연변이 빈도에 미치는 요인들을 조사했다. Cas9과 gRNA 발현 구성체로 벼 칼루스를 단계적으로 형질전환시켜 독립적인 Cas9 형질전환 주에서 돌연변이 빈도를 분석했다. Cas9 발현 수준과 돌연변이 빈도는 양의 상관관계를 나타냈다. 배양 기간을 늘리면 돌연변이세포의 비율이 증가했고 종류도 다양해졌다. 이 결과는 조직 배양 기간을 늘리면 돌연변이하지 않은 세포에서 드노보(de novo) 돌연변이가 유도될 가능성이 높다는 것을 의미한다. 이 기초적인 지식은 많은 식물 종에서 비키메라성 재생식물을 얻는 시스템을 개선하는 데 도움을 줄 것이다.

　2015년 11월, 동경 대학의 히라노(Hiro-Yuki Hirano) 연구팀은 모델 단자엽식물인 벼에서 발달 연구에 크리스퍼 유전자가위를 사용하기 위해 잎에서 중앙맥의 형성과 꽃에서 심치 특화를 조절하는 처진 잎(Drooping Leaf, DL) 유전자를 표적하는 sgRNA를 생산하는 gDL-1 구성체를 도입했다. 재생식물에서는 DL의 기능 소실로 처진 잎의 표현형이 나타나므로 유전자 파괴의 영향은 쉽게 관찰할 수 있다. gDL-1을 갖는 형질전환 식물에서 유전자는 효과적으로 파괴되었다. 아홉 그루의 식물 중에서 일곱 그루가 이중 대립유전자 돌연변이를 나타냈다. 이중대립 돌연변이를 갖는 모든 형질전환 식물은 처진 잎의 표현형을 나타냈다. 따라서 크리스퍼 유전자가위는 벼의 발달 연구에 유용하고 효과적인 도구임이 확인되었다.

2015년 11월, 난징 농업대학의 유(Deyue Yu) 연구팀은 두 종류의 대두 유전체 표적 GmPDS11과 GmPDS18에 대해 TALEN과 크리스퍼 유전자가위를 비교 분석해 두 유전자가위가 대두 유전체 편집의 강력한 도구라는 점을 밝혔다.

　　2015년 11월, 퍼듀 대학의 주 연구진은 애기장대에서 1개의 바이너리 벡터●(binary vector)에 6개의 sgRNA를 공동 발현하도록 하는 새로운 다중 유전자가위를 디자인하고, 이들 sgRNA의 전사가 세 가지의 다른 RNA 중합효소-의존적인 프로모터로 조절되도록 하여 다수의 유전자를 빠르고 효율적으로 편집하는 시스템을 확립했다.

　　2015년 11월, 존이네스센터의 하우드(Wendy Harwood)는 크리스퍼 유전자가위를 사용해 보리 및 배추 속 식물 모두의 표적 유전자가 돌연변이되었고, 이 돌연변이가 안전하게 유전된다는 사실을 확인해 이들 종에서 유전자 기능을 빠르게 결정할 수 있음을 밝혔다. 또 표적이탈효과가 확인되어 식물에서 다수 유전자 구성원을 표적할 때 발생하는 어려움을 드러낸다.

　　2015년 11월, 미네소타 대학의 보이타스 연구팀은 제미니바이러스의 레플리콘을 사용해 전달된 크리스퍼 유전자가위가 토마토 유전체를 정확하게 변형하여 이 벡터가 식물 유전자 표적 시 장벽을 극복하게 해 준다는 사실을 제시했다. 이는 외부 DNA의 임의 통합 없이 작물 유전체를 효율적으로 편집하는 기초를 마련해 준다.

　　2015년 12월, 칼스루헤 공과대학의 풋타 연구진은 화농성연쇄상구균의 Cas9 대신 유산균과 황색포도상구균의 Cas9을 사용하는 크리스퍼 유전자가위를 사용해도 모델식물인 애기장대에서 비상동말단접합이 유사한 빈도로 일어난다는 점을 밝혔다.

2016년 1월, 발렌시아 공과대학의 바스퀘즈빌라르(Maria Vazquez-Vilar) 연구팀은 크리스퍼 유전자가위를 식물 합성생물학에서 점차 많이 사용되는 골든브레이드(GoldenBraid, GB)에 적용해 야생담배에서 기능성과 효율성을 검정했다. 크리스퍼 유전자가위 GB 도구를 이용하면 식물 유전체 공학에 크리스퍼 유전자가위 기술 적용을 촉진할 것이다.

2016년 1월, 중국 농업대학의 라이(J Lai) 연구팀은 코돈 최적화된 Cas9 단백질과 기능적인 옥수수 U6 snRNA 프로모터를 통해 생산된 짧은 비암호화 sgRNA를 가지고 II유형 크리스퍼 유전자가위 시스템을 옥수수의 표적 유전체 편집에 사용했다. 옥수수 원형질체 측정법에 의해 90개 유전자 자리에서 표적 유전자가 돌연변이를 형성한 것으로 확인되었으며, 평균 절단율은 10.67퍼센트로 나타났다. 피토엔 합성효소(PSY1) 유전자가 안정적으로 녹아웃된 형질전환 옥수수를 얻었다. 생식세포에서 발생한 돌연변이는 안정적으로 다음 세대로 전달되었다. 표적이탈 돌연변이는 발생하지 않았다. 이 결과는 옥수수에서 크리스퍼 유전자가위가 표적 유전체를 성공적으로 편집할 수 있다는 점을 확인했다.

2016년 2월, 일본 농업생물자원연구소의 토키 연구팀은 아세토락트산 합성효소(ALS) 유전자를 표적하는 sgRNA와 함께 Cas9 발현 구성체와 HDR 주형을 갖는 유전자 표적 벡터로 벼의 칼루스를 형질전환했다. DNA 연결효소4를 표적하는 sgRNA를 Cas9

과 함께 형질전환시킨 후 유전자 표적 실험을 하여 유전자 표적의 효율이 극적으로 증가하고 ALS 유전자 좌위에서 이중 대립유전자가 돌연변이된 주(株)를 얻을 수 있었다.

2016년 2월, 벨기에의 까똘리끄드르뱅 대학의 부트리(Marc Boutry) 연구팀은 3개의 유전자 자리를 표적하는 크리스퍼 유전자가위가 담배 BY-2 현탁세포(suspension cell, 배양액에서 키우는 세포)의 적색형광단백질(mCherry) 유전자에서 세 부위를 절단하여 두 제한 부위 사이나 단일 뉴클레오티드 결실을 일으켜, 담배 BY-2 현탁세포의 유전체 편집에 사용될 수 있다는 결론을 얻었다.

2016년 2월, 중국 과학원 시슈앙반나열대식물원의 유(Diqiu Yu) 연구팀은 벼에서 실험적으로 타당성을 인정받은 sgRNA의 뉴클레오티드 조성과 이차 구조에 근거해 효율적인 sgRNA를 디자인하는 범주를 설정했다. 다수 sgRNA 카세트의 조립을 용이하게 하기 위해 다중편집을 위한 크리스퍼 유전자가위 시스템을 빠르게 구성하는 새로운 전략도 개발했다. 10개까지 sgRNA가 최종적인 바이너리 벡터로 동시에 조립될 수 있었으며, 21개의 sgRNA를 디자인했고, 이에 따른 유전자가위 발현 벡터를 구성했다. 의도한 표적 부위의 82퍼센트가 돌연변이되어 높은 편집 효율성을 나타냈다. 이 연구는 표적 편집에 필요한 효율적인 sgRNA를 편리하게 선택할 수 있도록 한다.

2016년 2월, 중국 서남 대학의 구오(Yulong Guo) 연구팀은 페튜니아에서 크리스퍼 유전자가위가 효율적으로 작용한다는 점을 밝혔다. PDS가 표적 유전자로 사용되었을 때 알비노 표현형을 갖는 형질전환 주(株)는 재생된 T0 식물의 55.6-87.5퍼센트를 차지했다. 첫 세대에 길이가 1kb에 가까운 동형 결실도 쉽게 생성된다는 사실도 확인되었다. 페튜니아로 Cas9과 sgRNA 발현 카세트를 단계적으로 도입하는 형질전환 전략은 짧은 인델이나 염색체 절편 결실을 갖는 표적 돌연변이를 만드는 데 사용될 수 있다. 이 결과 크리스퍼 유전자가위 기술을 적용할 수 있는 새로운 식물 종을 제시했고, 그 사용에 대안적인 과정을 제공했다.

2016년 3월, 중국 전자과학기술 대학의 장(Yong Zhang) 연구팀은 벼에서 크리스퍼 유전자가위의 표적 돌연변이에 단일가닥구조다형현상(SSCP)에 근거한 돌연변이 검출 방법을 사용하여, OsROC5와 OsDEP1의 다수 돌연변이체를 성공적으로 밝혀냈다. 결론적으로 단일가닥구조다형현상 분석 방법은 크리스퍼 유전자가위로 유도된 돌연변이체를 신속하게 밝혀내는 데 유용한 유전자형 분석 방법이다.

2016년 4월, 중국 농학원 작물학연구소의 시(Chuanxiao Xie) 연구팀은 애기장대에서 이중 크리스퍼 유전자가위 벡터와 대체 DNA 절편 발현 벡터를 사용하여 miRNA 유전자 부위(MIR169a와 MIR827a)를 성공적으로 결실시킨 이후 상동의존성수리 방식으로 TERMINAL FLOWER 1(TFL1)을 삽입해 작물을 개선하는 데 사용할 관심 유전자를 도입할 수 있는 안정적인 유전자 결실/대체 시스템을 확립했다.

2016년 4월, 상하이교통 대학의 유안(Zheng Yuan)은 크리스퍼 유전자가위로 다른 자포니카 변종에서 CSA 유전자를 파괴함으로써 광주기 통제 웅성 불임성 주를 개발하였으며, 개량된 농학적 형질을 찾는 분자 육종의 개념을 제시했다.

2016년 4월, 저장 대학의 루(Gang Lu) 연구팀은 근두암종균에 의한 형질전환 방법을 통해 크리스퍼 유전자가위가 토마토 식물에서 SlPDS와 SlPIF4라는 2개의 유전자를 표적 돌연변이하도록 했다. T0 형질전환 토마토 식물의 조사된 모든 표적에서 돌연변이 빈도가 높게 나타났고, 평균 빈도는 83.5퍼센트였다. SiPDS 돌연변이체에서 명확한 알비노 표현형이 나타났다. T0 식물에서도 동형 및 이중대립 돌연변이가 높은 빈도로 나타났다. T0 주의 표적 돌연변이는 T1과 T2 세대로 안정적으로 전달되었다. 표적이탈 돌연변이는 뚜렷하게 나타나지 않았다. 그 결과 크리스퍼 유전자가위는 토마토 식물에서 안정적이고 유전 가능한 돌연변이를 생성하는 효율적인 도구임이 드러났다.

2016년 5월, 캘리포니아 주립대학 샌디에이고 분교의 자오(Yunde Zhao) 연구팀은 애기장대에서 크리스퍼 유전자가위로 AUXIN BINDING PROTEIN1(ABP1) 유전자의 두 부위를 표적하여 염기쌍을 크게 결실시켜, 안정적이고 유전되는 Cas9을 갖지 않는 돌연변이체를 분리하는 효율적 전략을 개발했다.

2016년 5월, 서울대학교의 김진수 연구팀은 식물에서 대규모의 넉아웃 주를 만드는 데 사용할 수 있도록 SpCas9을 발현하고 sgRNA를 클로닝할 수 있는 T-DNA 바이너리 벡터 시스템을 개발했다.

2016년 5월, 일본 이바라키현 국립 연구개발 법인 농업생물자원연구소의 엔도 연구팀은 벼의 칼루스에서 sgRNA와 함께 각각 크리스퍼 유전자가위와 크리스퍼 틈새형성효소를 사용해 표적적중 및 표적이탈 돌연변이의 빈도를 분석하고 식물을 재발육시켰다. 크리스퍼 틈새형성효소를 사용했을 때는 벼의 칼루스와 재생된 식물에서 표적이탈 돌연변이가 완전히 억제되었고, 크리스퍼 유전자가위에 비해 표적적중 돌연변이 효율도 감소했다. 크리스퍼 틈새형성효소는 sgRNA의 1개 뉴클레오티드가 미스매치되어도 절단을 하지 않을 정도로 표적적중 돌연변이의 효율성이 아주 높다.

2016년 6월, 스페인 카탈란 고등연구원의 크리스토(Paul Christou) 연구팀은 벼에서 표적이탈 돌연변이를 연구하기 위해 녹말분지효소 OsBEIIa의 대응 부위와, 각각 2개에서 6개 위치에서 다르도록 고안된 두 종류의 sgRNA로 유사체인 OsBEIIb 유전자를 표적했다. 어느 sgRNA도 OsBEIIa 유전자의 표적이탈 돌연변이를 유도하지 않아 벼 OsBIIa 유전자에서 크리스퍼 유전자가위의 활성은 근연관계가 매우 가까운 유사체 OsBEIIb에서 표적이탈효과를 유도하지 않는다는 사실을 알 수 있었다.

2016년 6월, 일본 농업생물자원연구소의 토키 연구팀은 흔히 쓰이는 SpCas9 대신 분자량이 적어 바이러스 전달과 발현이 쉬운 황색포도상구균의 Cas9을 사용한 크리스퍼 유전자가위로, 담배와 벼에서 SpCas9과 유사한 효율성으로 PDS와 FT4 유전자를 돌연변이시켰다. SaCas9은 SpCas9보다 서열 인식능력이 우수하여 작물에서 표적이탈 돌연변이를 줄일 수 있다는 장점을 확인했다.

2016년 7월, 충남대학교의 이긍주 연구팀은 페튜니아 원형질체 세포로 직접 전달한 Cas9 정제 단백질과 질산환원효소(NR) 유전자 자리를 표적하는 sgRNA가 부위 특이적으로 돌연변이를 발생시키고 효율적인 편집 도구로 사용될 수 있음을 제시했다.

2016년 7월, 미시간 주립대학의 더치스(David S. Douches) 연구팀은 제미니바이러스 레플리콘으로 ALS1을 표적하는 크리스퍼 유전자와 수리 주형을 토마토로 전달하여 제초제 감수성이 감소된 표현형이 나타나는 점돌연변이를 발생시켰다. 재생식물에서는 제초제 감수성이 뚜렷하게 감소한 표현형이 나타나는 것을 볼 수 있다. 이 결과는 식물종으로 유전체 편집 성분을 전달하는 데 제미니바이러스를 사용하고 영양번식*(營養繁殖)하는 종에서 유전자를 편집하는 새로운 방식을 제시한다.

2016년 8월, 중국 과학원 식물연구소의 리앙(Zhenchang Liang) 연구팀은 크리스퍼 유전자가위가 포도의 현탁세포와 식물체에서 유전체를 편집하고 표적 유전자를 돌연변이시킨다는 사실을 보고했다. 두 종류의 sgRNA가 L-이돈산 탈수소효소(IdnDH) 유전자의 특정 부위를 표적하기 위해 디자인되었다. CEL I 핵산분해효소 측정법과 서열결정 결과 표적 부위에서 인델 돌연변이가 나타나며, 크리스퍼 유전자가위가 발현하는 형질전환 세포와 이에 따른 재생식물에서 돌연변이 빈도는 100퍼센트였다. 표적이탈효과는 발견되지 않았다. 이 결과는 크리스퍼 유전자가위가 포도에서 정밀한 유전체 편집의 효율적이고도 특이적인 도구임을 알려 준다.

2016년 9월, 노스캐롤라이나 대학의 님척(Zachary L. Nimchuk) 연구팀은 14개의 유전체 좌위를 동시에 표적하는 식물에 대한 심층 서열 결정을 통해, 애기장대에서 다중편집이 표적적중 부위에 매우 특이적이며, 표적이탈 사례도 찾아볼 수 없고, 염색체

의 자리바꿈도 일어나지 않았다는 것을 밝혀 크리스퍼 유전자가
위가 특이성과 신뢰성이 높은 도구라는 점을 입증했다.

2016년 9월, 중국 과학원 유전및식물발육학연구소의 가오 연
구팀은 크리스퍼 유전자가위가 비상동말단접합에 의한 돌연변
이를 통해 벼 인트론●(intron)의 효율적인 부위 특이적 유전자 치
환과 삽입 방법을 보고했다. 인접하는 인트론을 표적하는 한 쌍
의 sgRNA와 동일한 sgRNA 부위를 포함하는 DNA 주형을 사
용해 벼의 내부 유전자 5-에놀피루브시킴산-3-인산 합성효소
(EPSPS)에서 2.0퍼센트의 빈도로 유전자를 치환시켰다. 또한 한
곳의 인트론을 표적하는 sgRNA와 동일한 sgRNA 부위를 포함하
는 DNA 주형을 사용해 2.2퍼센트의 빈도로 유전자를 표적 삽입
하였다. 새롭게 개발된 이 방식은 벼와 다른 식물에서 특정한 유
전체로 표적 유전자 토막을 대체하고 외부 DNA 서열을 삽입할
때 일반적으로 사용할 수 있을 것이다.

2016년 10월, 파이살라바드 농업대학의 칸(Sultan Habibullah
Khan) 연구팀은 크리스퍼 유전자가위가 야생담배의 PDS 유전자
를 표적 돌연변이시켜 표적 유전자 파괴, 결실, 편집에 사용할 수
있는 유용한 도구라는 점을 밝혔다.

2017년 1월, 베르사이유그리뇽농학연구센터의 노그(Fabien
Nogue) 연구팀은 이끼류인 피스코미트렐라 파텐스(*Physcomitrella
patens*)에 최초로 크리스퍼 유전자가위를 성공적으로 사용했다.
불활성화될 때 2-플로로아데닌(2-fluoroadenine)에 저항성을 갖는
내부의 리포터 유전자 PpAPT를 표적으로 하는 sgRNA를 디자인
했다. 이 sgRNA와 Cas9의 암호화 서열로 이끼 원형질체를 형질

전환시키면, 재생한 식물의 2퍼센트 정도에서 PpATP 표적 부위 돌연변이가 발생했다. 비상동말단접합에 의한 결실이 주로 관찰되었다. PpAPT 유전자와 서열 상동성을 갖는 DNA 주형이 존재할 때는 상동의존성수리에 의한 형질전환 유전자의 조합이 일어났다.

2017년 3월, 이스트캐롤라이나 대학의 장(Baohong Zhang) 연구팀은 크리스퍼 유전자가위가 유전자 발현을 억제하기 어려운 이질사배체(異質四倍體, 식물 잡종에서 유래한 서로 다른 종류의 염색체 짝이 배가되어 형성된 사배체) 목화 유전체에서 효과적·특이적으로 돌연변이를 일으킨다는 점을 밝혔다.

_기초 생물학

2015년 1월, 수도 사범대학의 헤(Xin-Jian He) 연구팀은 크리스퍼 유전자가위가 2개의 새로운 NAC 전사인자 NAC050/052를 이중 돌연변이시킨 nac050/052 이중 돌연변이체 식물은 일찍 꽃이 피는 jmj14와 유사한 표현형을 보여, NAC050/052가 히스톤 탈메틸화를 촉매하는 JMJ14와 결합해 전사를 억제하고 개화 시기를 조절하는 것을 밝혔다.

2015년 2월, 캘리포니아 주립대학 샌디에이고 분교의 자오 연구팀은 애기장대에서 리보솜에 기반한 크리스퍼 유전자가위로 ABP1의 첫 번째 엑손에 5-bp 결실을 일으킨 애기장대 abp1 돌연변이체를 만들어, ABP1이 정상적인 옥신 신호 전달이나 식물 발달의 주요 성분이 아니라는 사실을 확인했다.

2015년 11월, 일본 농업생물자원연구소의 토키 연구팀은 토마토 유전체의 효율적인 돌연변이를 일으키는 데 크리스퍼 유전자가위의 적용 가능성을 검토했다. 열매 성숙을 조절하는 MADS-box 전사인자를 암호화하는 토마토 RIN 유전자 내의 세 부위를 표적하였다. T0 재생식물의 Cas9 절단 부위에서 단일염기 삽입이나 3개 염기 이상의 결실이 발견되었다. RIN 단백질 결함 돌연변이체는 정상형에 비해 붉은 색의 색소가 상당히 낮은 불완전 성숙 열매를 생산하는데, 반면 남아 있는 정상형 유전자를 발현하는 이형 돌연변이체는 완전히 익은 붉은 색깔을 띠어 RIN이 성숙에 중요한 역할을 함을 확인했다. 3개의 독립적인 표적 부위에서 일어난 몇 가지 돌연변이는 T1 자손으로 유전되어 토마토에서 이 돌연변이 형성 시스템의 적용 가능성을 재확인했다.

2016년 1월, 켄터키 대학의 주(Hongyan Zhu) 연구팀은 크리스퍼 유전자가위를 사용한 넉아웃 실험을 통해 대두의 혹형성 특이성을 조절하는 유전자 Rj4가 이전에 보고했던 것이 아닌 토마틴(Thaumatin, 자당의 3000배 당도를 지닌 단백질) 유사 단백질을 암호화한다는 사실을 밝혔다.

2016년 3월, 중국 화남 사범대학의 리(Hongging Li) 연구팀은 크리스퍼 유전자가위를 벼에 사용해 생산성과 관련된 Gn1a, DEP1, GS3, IPA1 유전자를 돌연변이시켰다. T0 세대의 형질전환 작물에서 표적 유전자 편집이 효율적으로 이루어졌으며, T2 세대에서 gn1a, dep1, gs3 돌연변이체는 각각 낱알의 수가 증가했고, 이삭이 밀집했으며, 낱알의 크기가 커졌다. 더 나아가 반왜성(半矮性)인 신장과, 까끄라기가 긴 낱알이 dep1과 gs3에서 각각 관찰되었다. ipa1은 OsmiR156 표적 부위에서 유도되는 변화에 따라 이삭의 개수가 달라졌다. 이 결과는 크리스퍼 유전자가위에 의해 단일 품종에서 중요한 형질들의 여러 조절자가 변형될 수 있으며 동일한 유전체 배경에서 복합 유전자 조절 네트워크의 분리 및 작물 품종에서 중요한 형질의 축적이 쉬워진다는 사실을 나타낸다.

2016년 4월, 독일 포츠담 대학의 카우프만(Kerstin Kaufmann) 연구팀은 애기장대에서 효율적인 다중편집을 가능하게 하는 크리스퍼 유전자가위를 디자인해 꽃 발달 유전자인 AGAMOUS의 두 번째 인트론을 결실시키면 유전자의 이어맞추기*(splicing)에는 영향을 미치지 않고 AGAMOUS 유전자 발현을 감소시켜, 이 조절 부위가 AGAMOUS 유전자 발현의 활성자로서 작용한다는 것을 알 수 있었다. 변형된 크리스퍼 유전자가위는 식물의 암호화 및 비암호화 DNA 서열을 기능적으로 절단하는 보편적인 도구가 된다.

2016년 5월, 킹압둘라 과학기술대학의 마후즈 연구팀은 감수분열 시 Cas9을 발현시키는 특수한 프로모터를 사용해 애기장대에서 표적 돌연변이 발생 효율을 높였다. 이는 기능유전체 분석 방법을 개선시켰고, 분자에 기반한 상동재조합 이해를 가능하게 했다. T1 식물에서 동형접합 돌연변이체를 생산하는 효율성을 극대화했고, 돌연변이를 형성하는 세 유전자를 동시에 표적했다.

2015년 5월, 중국 과학원 안휘수도연구소의 양 연구팀은 염분 스트레스를 받는 벼에서 안정적으로 유도되는 OsRAV2의 전사 수준 조절 메커니즘을 밝히기 위해 OsRAV2의 프로모터 부위를 분리해 이 프로모터가 염분 스트레스에서 유도된다는 것을 알아냈다. OsRAV2의 프로모터에서 연속적인 5′ 결실과 부위 특이적인 돌연변이를 통해 전사 개시점의 664염기쌍 상류에 위치하는 GT-1 요소가 이 프로모터의 염분 유도에 필수적임을 밝혔다. 크리스퍼 유전자가위를 사용해 일으킨 표적 돌연변이로 식물 자체에서 OsRAV2 염분 유도에서 GT-1 요소의 조절 기능을 검증하였다. 이 연구로 염분 스트레스 하의 식물 유전자의 분자조절 메커니즘을 더욱 잘 이해할 수 있었다.

2016년 6월, 칼스루헤 공과대학의 풋타 연구팀은 식물 진화에서 중요한 의미를 갖는 식물 유전체의 반복서열 중복이, 인접하는 단일결합 절단이 수리되는 과정에서 생긴다는 가설을 애기장대에서 크리스퍼 틈새형성효소를 사용하여 증명했다.

2016년 6월, 퍼듀 대학의 주 연구팀은 크리스퍼 유전자가위로 3개의 병렬된 CBF 유전자, CBF1·CBF2·CBF3를 절단해 cbf의 단일·이중·삼중 돌연변이체를 만들어 3개의 CBF 유전자가 함께 저온 순화와 동결 저항성에 필요하다는 사실을 증명했다.

2016년 8월, 중국 과학원 유전및발육생물학연구소의 가오 연구팀은 DNA나 RNA로 도입된 크리스퍼 유전자가위를 일시적으로 발현하는 칼루스 세포로부터 식물이 재생되는 간단하고 효율적인 두 가지 유전체 편집 방법을 보고했다. 일시적인 발현에 근거한 유전체 편집 시스템은 T0 세대에서 형질전환 유전자가 없는 동형 밀 돌연변이체를 효과적·특이적으로 생산할 수 있다. 6배체 빵밀과 4배체 드럼밀에서 유전자를 편집할 때 이 프로토콜이 작동함을 제시했으며, 검출되는 형질전환 유전자 없이 돌연변이체를 생성할 수 있었다. 이 결과는 다른 식물에도 적용이 가능해 기초 및 응용 식물 유전공학 연구를 가속화할 수 있다.

2016년 8월, 후아중 대학의 두안무(Deqiang Duanmu) 연구팀은 공생 수용체 유사 키나아제(SYMRK) 유전자를 표적하는 한 종류의 sgRNA와 세 종류의 상동 레그헤모글로빈(LjLb1, LjLb2, LjLb3) 유전자를 표적하는 두 종류의 sgRNA를 사용한 크리스퍼 유전자가위로 대두의 유전자 편집을 시도했다. 이런 연구를 종합해 이들은 크리스퍼 유전자가위가 벌노랑이(Lotus japonicus)의 공생적 질소고정 유전자를 기능 분석하는 데 도움을 줄 것이라는 결론을 내렸다.

2016년 9월, 콜드스프링하버연구소의 리프먼(Zachary B. Lippman) 연구팀은 TERMINATING FLOWER(TMF) 단백질이 보존적인 BTB(Broad complex, Tramtrack, Bric-a-brac)/POZ(POX 바이러스와 아연손가락)로 밝혀진 애기장대의 BLADE-ON-PETIOLE(BOP) 전사보조인자와 함께 작용한다는 것을 제시했다. TMF와 토마토의 세 가지 BOPs(SiBOPs)는 스스로 상호작용하며, TMF는 SiBOPs를 핵으로 인도해 전사인자 복합체를 형성하는 것 같다. TMF와 마찬가지로 SiBOP 유전자 발현 수준은 분열조직 성숙의 영양 단계와 전이 단계 동안 가장 높으며, 크리스퍼 유전자가위로 SiBOP의 기능을 제거하면 다면발현 결함이 나타나는데, 가장 뚜렷한 것은 TMF 돌연변이체와 유사하게 꽃차례가 단순해지는 것이다. 고도의 SiBOP TMF 돌연변이체에서 개화 결함이 나타나는데, SiBOP가 부가적인 요인과 작용한다는 것을 짐작할 수 있다. 이것을 뒷받침하는 것은 TMF homolog와 SiBOP가 상호작용해 SiBOP 돌연변이체와 유사한 표현형을 야기하는 돌연변이가 나타난다. 새로운 개화 모듈은 꽃차례의 복잡성을 촉진하며, 분열 조직을 점진적으로 성숙시키는 SiBOP-TMF족의 상호작용으로 결정된다는 점을 나타낸다.

2016년 12월, 동경 대학의 아오키(N Aoki) 연구팀은 식물 잎에서 설탕/녹말 비율을 조정한다고 알려진 설탕인산합성효소(SPS) 유전자 OsSPS1과 OsSPS11을 크리스퍼 유전자가위로 표적했다. OsSPS1이 넉아웃된 돌연변이체는 잎의 SPS 활성이 29-46퍼센트 감소되었고, OsSPS1과 OsSPS11이 이중 넉아웃된 돌연변이체는 84퍼센트 감소되어 정상형 벼보다 잎에 녹말을 많이 저장하였으나 sps1/sps11 이중 돌연변이체는 정상으로 자랐다. 이로 미루어 보아 다른 녹말잎 식물에 비해 SPS는 잎의 설탕/녹말 비율과 벼의 생장에 더 적은 영향을 미침을 알 수 있다.

_작물의 개량

2013년 6월, 텍사스 A&M 대학의 샨(Libo Shan) 연구팀은 바이러스에 의해 유도되는 유전자침묵(Virus-Induced Gene Silencing, VIGS)을 채택해 반신위조병(Verticillium wilt)에 저항성을 나타내는 목화에서 유전자 기능을 분해해 보았다. 반신위조병에 부분적으로 저항성을 나타내는 목화 육종 계열(CA40002)에서 고도로 효율적인 VIGS가 나타났으며 GhMKK2와 GhVe1 유전자가 반신위조병에 저항성을 나타내기 위해 필요했다. 식물 질병저항성에서 중심 조절자인 애기장대 AtBK1/SERK3는 AtSERK1에서 AtSERK5에 이르는 다수 구성원을 가진 체세포성 배아 형성 수용체 키나아제(SERKs)의 아족이다. 목화 유전체에서 두 종류의 BAK1 병렬상동분자(ortholog)와 1개의 SERK1 병렬상동분자가 밝혀졌다. 특히 GhBAK1은 반신위조병에 CA4002가 저항성을 나타내는 데 필요하다. GhBAK1의 침묵은 목화에서 활성 산소종의 생산을 동반한 세포 죽음을 촉발한다. 애기장대와 달리 목화는 SERK1과 BAK1만을 진화시켰다. 연구 결과 반신위조병 저항성에 BAK1이 기능적으로 중요했으며, 다른 식물 종에서 SERK족 구성원이 역동적으로 진화했음을 알 수 있다.

2014년 7월, 중국 과학원 미생물연구소의 치우(Jin-Long Qiu) 연구팀은 6배체 빵밀의 MILDEW-RESISTANCE LOCUS(MLO) 단백질을 암호화하는 3개의 동형 대립유전자에서 표적 돌연변이를 도입하는 데 크리스퍼 유전자가위를 사용했다. 유전자 중복 때문에 빵밀의 세 MLO 대립유전자가 모두 돌연변이되어도, 자연 개체군에서는 발견되지 않는 형질인 흰가루병(powdery mildew) 저항성을 나타내는지 여부를 평가하기가 어렵다. 크리스퍼 유전자가위를 사용해 TaMLO-A1 대립유전자에서 돌연변이를 갖는 형질전환 빵밀을 생산했다. 이 연구는 다배체 작물을 개량하는 방법론적 틀을 마련해 준다.

2016년 1월, 중국 농업과학원의 시아(Lanquin Xia) 연구팀은 두 종류의 sgRNA를 사용하고 수리 주형을 공급해 ALS의 두 가지 아미노산을 정밀하게 대체함으로써, 제초제 비스피리백 소디움(bispyribac sodium, BS)에 저항력을 갖는 벼를 생산했다.

2016년 2월, 샌디에이고 시버스(Cibus)의 고칼(Greg F. W. Gocal) 연구팀은 단일가닥 올리고뉴클레오티드●(oligonucleotide)를 사용해 크리스퍼 유전자가위에 의한 DNA 이중가닥 절단 수리의 결과를 상당히 개선시켜 상업 작물에서 제초제 저항성 형질을 개발했다.

2016년 4월, 중국 농업과학원 작물과학연구소의 자오(Kaijun Zhao) 연구팀은 벼의 OsERF922 유전자를 표적하는 크리스퍼 유전자가위를 가공하여 벼의 마름병 저항성을 개선했다. 돌연변이 개체의 병원체 감염 이후 형성된 마름병 부위의 수는 유식물●(幼植物, seedling)과 이삭 형성 단계에서 정상형 개체에 비해 뚜렷하게 감소했다.

2016년 5월, 도쿠시마 대학의 오사카베(Keishi Osakabe)는 sgRNA가 단축된 크리스퍼 유전자가위를 사용해 OST2 돌연변이를 유도했으며, 환경 조건에 따른 기공의 닫힘을 조절했다. 최적화된 식물 크리스퍼 유전자가위를 사용하면 식물의 기능을 개선하는 분자 육종에 응용할 가능성이 있다.

2016년 5월, 오하이오 주립대학의 코니시(Katrina Cornish) 연구팀은 고무민들레(*Taraxacum kok-saghyz*)의 뿌리에서 고분자 고무를 생산하는 데 크리스퍼 유전자가위를 적용하여 천연고무를 대체하는 자원으로 사용하고자 했다. 고무민들레를 신속하게 개량하기 위해 크리스퍼 유전자가위를 적용하는 단순한 전략을 고안했다. 이눌린(inulin)은 고무 합성의 길항제이므로 이눌린 생합성에 관여하는 주요 유전자 프럭탄 프럭탄 1-프럭토실 전이효소(1-FFT)를 표적으로 선택했다. 고무민들레의 유식물을 Cas9과 1-FFT를 표적하는 sgRNA를 암호화하는 플라스미드를 갖는 근두암종균으로 접종하여, 안정적인 제초제나 항생제 저항성 형질전환 식물을 선발하지 않고 넉아웃 대립유전자를 갖는 수염뿌리를 신속하게 유도할 수 있었다.

근두암종균 형질전환을 사용한 크리스퍼 유전자가위의 돌연변이율은 높았다. 선별 단계 없이도 안정적으로 형질전환된 크리스퍼 유전자가위 성분이 없는 편집된 고무민들레를 생산할 수 있다. 앞으로 고효율의 크리스퍼 유전자가위 유전체 편집을 적용하면 고무를 생산하는 작물로 고무민들레의 개량과 상업화를 앞당길 수 있을 것이다. 또한 고무 생합성의 조절에 관한 기초 연구도 가속화될 것이다.

2016년 8월, 터키의 창키리 카라테킨 대학의 운베르(Turgay Unver) 연구팀은 합성 벡터와 담배래틀바이러스 벡터로 sgRNA를 전달하고, 근두암종균 형질전환 방식으로 Cas9 암호화 합성 벡터를 전달한 크리스퍼 유전자가위를 사용해 완벽한 유전 정보가 아직 알려지지 않은 양귀비에서 벤질이소퀴놀린 알칼로이드(Benzil Isoquinoline Alkaloid, BIA)의 생합성을 조절하는 4′OMT2 유전자를 넉아웃시켰다. 결과적으로 BIA 함량은 낮아졌고 아직 특성이 밝혀지지 않은 새로운 알칼로이드가 관찰되었다. 의약품 방향성 식물에서 크리스퍼 유전자가위가 BIA 대사와 생합성을 조절할 수 있음을 최초로 밝혔다.

2016년 9월, 이스라엘 볼카니센터의 갈온(Amit Gal-On) 연구팀은 크리스퍼 유전자가위로 열성 eIF4E 유전자를 파괴해 오이에서 최초로 오이엽맥황화바이러스(cucumber vein yellowing virus, imopovirus), 호박누른모자이크바이러스(zucchini yellow mosaic virus), 파파야원형반점바이러스(papaya ring spot mosaic virus, potyviruses) 등 바이러스 저항성을 부여하는 데 성공했다.

2016년 10월, 에든버러 대학의 몰나르(Attila Molnar) 연구팀은 크리스퍼 유전자가위로 애기장대의 elF(iso)4E 유전자 자리를 서열 특이적으로 변형해 작물의 주요한 병원체인 순무모자이크바이러스(turnip mosaic virus)에 대한 저항성을 부여했다.

2017년 2월, 듀퐁파이오니어의 시(Jinrui Shi) 연구팀은 크리스퍼 유전자가위로 가능해진 육종 기술을 채택해 건조 스트레스 조건에서 에틸렌 감수성과 낟알 생산량에 영향을 받는 유전자 ARGOS8의 새로운 변종을 생산했다. 자연적인 옥수수 GOS2 프로모터는 자연적인 ARGOS8 유전자의 5′ 비번역 부위로 삽입되거나 ARGOS8의 자연적인 프로모터를 대체하기 위해 사용되었다. ARGOS8 변종은 자연적인 대립유전자에 비해 ARGOS8 전사물의 수준이 높아졌으며, 이 전사물은 조사한 모든 조직에서 검출되었다. 야외 연구에서 정상형에 비해 ARGOS8 변종은 개화 스트레스 조건에서 낟알 생산량을 증가시켰고, 관개가 잘된 조건에서 생산량 소실이 없었다. 이 결과는 가뭄에 견디는 작물을 육종하는 데 크리스퍼 유전자가위 시스템이 새로운 대립유전자 변이를 생산할 수 있음을 알려 준다.

크리스퍼 파스타

스웨덴 우메오 대학의 식물학자 얀손(Stefan Jansson) 교수와 라디오 원예 프로그램인 "Odla med P1" 진행자 클라린(Gustaf Klarin)

은 2016년 8월 16일 세계 최초로 그리고 합법적으로 크리스퍼 유전자가위를 이용해 유전자를 편집한 식물로 파스타 요리를 만들어 먹었다고 밝혔다. 얀손은 스스로 양배추 종자를 만들지는 않았고 신원을 밝히기 원치 않는 다른 나라의 동료에게 그것을 받아 재배했다. 다 자란 양배추는 특출해 보이지는 않았으며 "크리스퍼 야채 볶음 파스타"를 만드는 데 사용됐다. 이 시식은 유럽에서 최초로 이루어졌으며, 세계의 다른 곳에서 행해진 적이 있을지 몰라도 아직까지 알려진 것은 없다.

그러나 이보다 앞선 2015년 10월경 직접 주입한 크리스퍼 유전자가위로 특정 유전자를 제거한 상추를 시식한 적이 있다고 2016년 9월 8일 김진수 교수는 자신의 페이스북에서 알린 바 있다. 게다가 그는 유전자 편집된 슈퍼근육돼지 삼겹살과 상추를 함께 시식하여 공식적으로 최초로 유전자 교정 육류를 시식하겠다는 뜻을 밝히기도 했다.

이런 유전자 편집 작물의 시식 이벤트를 보며 몇 가지 짚고 넘어갈 사항이 있다고 생각했다. 첫째, 스웨덴에서 합법적으로 유전자 편집 식물을 재배하기 위해서는 승인이 필요했다. 이미 전년도 11월 스웨덴 농업위원회가 DNA의 가닥이 제거되고 외래 DNA가 삽입되지 않은 식물은 유전자변형생물체로 간주할 필요가 없다는 유권해석을 내렸기 때문에 그들은 문제의 식물을 재배할 수 있었다.

둘째, 스웨덴은 유전자변형생물체(GMO)의 규제에서 벗어났다고 하더라도 유럽의 다른 국가들은 규제에서 완전히 자유롭지 않은 상태다. 얀손 교수가 재배하여 취식한 크리스퍼 편집 작물의 경우처럼 다른 국가에서 생산한 유전자 편집 작물의 종자를 무단으로 국경 너머 운반해 이용하는 것은 유전자변형생물체의 국가간 이동을 규제하는 카르타헤나의정서(Cartagena Protocol on Biosafety)를 위배하는 행위가 될 수 있다.

셋째, 우리나라는 스웨덴과 달리 유전자 편집 생물체는 유전자변형생물체에 해당된다고 해석한다. "유전자변형식품 등의 안전성 심사 등에 관한 규정" 제2조 2항 1에서 "유전자변형이란 인위적으로 유전자를 재조합하거나 유전자를 구성하는 핵산을 세포 또는 세포 내 소기관으로 직접 주입하는 기술, 분류학에 의한 과의 범위를 넘는 세포융합 기술 등 현대 생명공학 기술을 이용 또는 활용하여 농산물 · 축산물 · 수산물 · 미생물의 유전자를 변형시킨 것"을 가리킨다.

김진수 교수가 논문에서 기술했듯, 유전자가위를 직접 주입해 DNA 염기서열을 수정한 상추는 외래 유전자의 흔적이 남지 않았더라도 "현대 생명공학 기술을 이용 또는 활용하여 유전자를 변형시킨 것"의 범주에 해당하기 때문에, 이런 생물체를 키우거나 취식할 때는 현재로서는 유전자변형생물체(GMO)와 동일한 기준을 따라야 할 것 같다.

각국의 규제 기준

앞서 이야기했듯 유전자 편집 식물에 외래 DNA가 없는 경우, 스웨덴에서는 유전자변형생물체로 취급하지 않는데 우리나라에서는 유전자변형생물체로 취급한다. 이처럼 유전자 편집 식물을 유전자변형생물체로 규제하는가의 여부는 나라마다 차이가 있다. 이것은 규제 기준으로 산물이나 과정 중 어느 것을 사용하느냐에 따라 달라지기 때문이다. 과정 기준을 따르는 국가와 산물 기준을 따르는 국가 사이에는 규제 방식의 차이가 크다. 미국과 같은 나라에서는 산물 기준을 따른다.

대표적인 예로 2016년 봄 미국 농무부는 갈변하게 하는 DNA를 제거한 양송이를 규제하지 않겠다는 방침을 밝혔다. 미 농무부는 근두암종균을 사용해 유전자변형생물체를 만들 때에도 산물에 외래 DNA가 없다면 규제 대상에서 제외한다는 동일한 원칙을 고수한다. 또 유전자 편집 과정을 사용하더라도 유전자를 제거한 작물만 규제 대상에서 제외할 뿐 유전자를 도입하거나 대체하거나 부가한 작물은 유전자변형생물체와 동일하게 규제한다. 미국 농무부의 동식물건강검역국은 DNA 절편의 삽입 또는 결실과 표적 유전자의 변형을 포함하는 과정에 의해 만들어진 생명공학 제품을 규제 대상에 포함시켰다. 이로 미루어 볼 때 미국의 기준은 유전자 편집과 관련한 규제 기준이라기보다는 삽입된 외래 DNA를 갖지 않는 산물이 규제의 대상이 아니라는 결정에 가깝다. 캐나다도 사용한 기술과 상관없이 새로운 형질이 도입되었다면 유전자변형생물체로 규제해야 한다는 규칙을 고수한다. 아르헨티나도 이와 유사한 의견을 가지고 있다.

다른 나라들은 아직 유전자 편집 작물에 대해 명확한 입장을 취하지 않고 있다. 중국은 유전자 편집 작물에 대한 연구를 장려한다. 그러나 국민들이 GMO의 사용을 반대하기 때문에 승인 과정이 명확하지 않다. 유럽연합은 상당 기간 유전자 편집 작물에 대한 결정을 미뤄 오며 개별 국가에 그 결정을 미루는 것이 아닌가 하는 의심을 받고 있다. 뉴질랜드 규제 당국은 원래 유전자 편집이 규제 대상이 아니라고 간주했지만 시민사회단체가 고등법원에 이의를 제기해 그 입장을 후에 바꾸었다.

바람직한 규제

식물세포는 세포벽이라는 물리적 장벽을 갖기 때문에 외부 유전자를 세포 속에 넣기가 매우 어렵다. 그러나 이 장벽을 쉽게 통과할 수 있는 플라스미드를 이용해 식물세포로 유전자가위를 넣어 변형한 식물은 기존의 유전자변형생물체와 동일한 규제를 받아야 한다. 그래서 세포벽을 분해하는 효소를 사용해 식물세포를 원형질체로 만든 다음 미세주입, 전기천공법, 리포솜, 폴리에틸렌글리콜 등을 사용하는 형질전환 방법을 택하기도 한다. 하지만 대부분의 식물 종에서는 원형질체로부터 완벽한 식물이 재생되지 않는다. 리보핵산단백질 형태로 크리스퍼 유전자가위를 식물세포에 전달하면 표적이탈효과를 상당히 줄이면서 외부 DNA 흔적을 갖지 않는 유전자 편집 식물을 만들 수 있다. 이들 식물은 실제로 유전자 편집에 의해 개량되었는지 여부를 확인할 수 없다. 따라서 전통 육종으로 만든 식물과 같아 현재의 유전자변형생물체 규제의 검토 대상에서 벗어날 수 있다.

하지만 나라에 따라 새로운 육종 기술의 산물을 어떻게 규제할지 명확하지 않다는 점이 유전자 편집을 상업화하는 데 장애가 된다. 이제까지 미국 식품의약국은 유전자 편집 방식을 사용해 생산한 다섯 제품을 규제 대상에서 면제했다. 피트산(phytic acid) 함량이 낮은 옥수수, 제초제 저항성 카놀라, 녹병 저항성 밀, 그리고 2016년 4월에는 갈변하지 않는 버섯과 최초의 크리스퍼 유전자가위를 사용해 변형한 왁시 메이즈(waxy maize)라는 두 가지가 규제 면제 작물에 추가되었다. 미국 유전자 편집 회사인 시버스가 질의한 결과 일부 유럽연합 회원국은 유전자 편집을 사용해 만든 제초제 저항성 카놀라는 GMO에 해당하지 않는다는 답변을 했다.

그러나 그 결정은 이 이슈에 아직 판정을 내리지 않은 유럽연합과 테스트바이오테크(TestBiotech), 그린피스(Green Peace), 지구의친구들(Friends of the Earth)을 포함한 여러 비정부 기구에게 비판을 받았다. 이들은 신기술로 생산된 이 생물체를 기존의 유럽연합 규제 지침에 따라 GMO로 규제해야 한다고 주장하는 공개서한을 유럽의회에 발송했다. 유럽의회는 새로운 육종 방법을 사용한 이 산물이 GMO에 해당하는지 여부에 대한 지침을 곧 발표한다고 했으나 아직 발표하지 않고 있다.

모호한 기준

유전자 편집 작물에 대해 규제 당국이 주요하게 고려하는 과정은 편집의 특성(단순한 삽입이나 결실, DNA 틀의 부가, 외부 유전자 이식),

특이성(표적이탈효과), 편집 기구의 소스(직접 주입하는 핵산분해효소 또는 핵산분해효소를 암호화하는 DNA), 그리고 편집 이후의 형질 분리 등이다. 비상동말단접합을 사용해 단순한 삽입이나 결실을 일으키거나, 또는 유사한 주형을 삽입하는 상동의존성수리를 위해 일시적으로 핵산분해효소를 도입하거나 암호화하는 DNA를 도입한 후 뒤이어 이식유전자 요소를 제거하기 위해 육종 선발하면, 산물 방식에 의한 규제를 회피할 수 있을 것으로 생각된다.

그러나 실제로 산물과 과정을 명확하게 나누기란 쉽지 않다. 미국 농무부가 산물 규제 방식에 따라 규제를 면제한 갈변하지 않는 양송이의 경우에도 산물에 크리스퍼 플라스미드가 삽입되었을 가능성이 제기되었다. 산물의 특성을 명확히 밝히기 위해서는 유전체를 샅샅이 서열 분석하거나 크리스퍼 효소를 세포로 직접 삽입하는 방법을 사용해야 한다. 이처럼 과학적 관점에서 보면, 산물의 특성은 부분적으로 만들어지는 과정에 따라 달라질 수 있다.

재조합 DNA 기술을 사용해 개발한 작물은 비교적 엄격한 규제를 받는 반면 전통 육종 방법을 통해 개발한 작물은 그렇지 않다는 점도 문제다. 모든 산물이 동일하게 취급되어야 한다면 모든 것을 규제하거나 규제하지 않아야 한다. 무의미한 선제 규제를 없앤다고 해도 모든 신제품을 점검해야 한다. 예를 들면 유전자 편집이 아닌 전통 방식으로 생산한 해충 저항성 샐러리를 만져도 두드러기가 발생하는 등 독성을 나타내는 경우가 있다. 그렇다면 전통 육종 방식을 규제해야 하는가, 아니면 산물을 규제해야 하는가라는 문제가 제기될 수 있다. 신품종이 생명공학 제품이라면 부가 통제, 까다로운 법률 절차, 법적 장애물, 부풀려진 비용이나 심지어는 직접적인 금지 조치가 따른다. 미국 농무부는 농작물을 심사하는데 사용하는 분자생물학 시스템을 자세히 기술하도록 요구한다. 신육종기술(New Breeding Technologies)을 도입하는 생명과학자는 자신의 작물 변형 과정이 GMO를 만드는 방식과 다르다고 주장하며 규제를 회피하려고 노력하기 때문에, 은연중에 과정이 중요하다는 사실에 동의하는 셈이다.

한 국가 안에서도 경우에 따라 규제의 기준이 바뀔 수 있다. 미국 식품의약국은 2016년 1월 18일, 유전체가 의도적으로 변형된 모든 동물은 신약과 유사한 과정을 통해 안전성과 유효성을 검사받아야 한다는 규제 초안을 발표했다. 이는 크리스퍼 유전자가위와 같은 정밀한 도구로 유전체가 편집된 동물을 평가할 때 덜 엄격하기를 희망한 많은 연구자들을 실망시켰다. 김진수 교수는 "Gene-edited crop(유전자편집 작물)과는 달리 gene-edited animal product(유전자편집 동물 제품)는 신약에 준하는 규제를 받아야 한다고 미국 FDA가 발표했습니다. 불합리하고 어리석은 결정입니다"라고 말했다. 다중유전자 편집을 포함하는 과정은 재배열과 관련된 불확실성 때문에 규제의 대상이 될 가능성이 크다.

우려의 시선

산물 위주로 안전성을 심의해야 한다고 주장하는 학자들은 신육종기술이라는 방법을 사용해 외부 유전자를 삽입하지 않고 형질을 바꾸는 새로운 육종 방법을 사용한다. 과학자들은 현재 유전자변형 과정을 정확하게 통제할 수 없기 때문에, 산물에 대한 우려는 식물체 내로 삽입된 유전자가 존재하느냐 여부에 국한될 수 없다고 한다. 돌연변이의 결과로 발생하는 비의도적인 영향에 대한 우려도 있다. 규제에 포함되지 않는 유전자변형 기술이라도 숙주 식물의 유전체로 형질전환 유전자를 임의 삽입할 수 있는데, 이는 종종 검출할 수 없는 비의도적 돌연변이를 일으킬 수 있다. 어떤 변화는 식물 육종의 수세대 동안 지속될 수 있다. 유전체로 유전자가 삽입되면 커다란 차이를 만들 수 있다. 문제는 현재 과학자들이 세포에서 일어나는 수리 과정을 정확히 통제하지 못한다는 점이다.

표적 방식은 어느 정도 이 이슈를 극복한다. ZFN 연구를 통해 다우케미칼(Dow Chemical)의 과학자들은 절단될 가능성이 가장 큰 표적 서열과 관련 있는 유전자들을 철저하게 서열 결정해도 의도하지 않은 변화를 밝혀 낼 수 없었다. 하지만 자연적으로 이루어지건 인간의 도움을 받건 세포가 번식할 때에는 유전자가 임의로 변할 수 있다. 생물학에는 결점 없는 세포 번식의 황금률이란 없다.

유전체 편집은 단순한 삽입 결실로부터 다수의 형질전환 유전자의 도입에 이르기까지 다양한 방법을 사용한다. 따라서 과정을 고려하면 유전체 편집은 다양하게 규제될 수 있을 것 같다. 그러나 대중은 유전자가위에 의한 정확한 표적 방식과 구식 유전공학의 덜 정확한 변형 방식을 구분하지 않는다. 대중은 정보의 자발적 선택과 접근권을 무엇보다 우선적으로 고려한다. 이것은 이종의 유전물질을 도입한 유전자변형식품에 대처하며 대중이 스스로 깨달은 것이다.

따라서 식물 유전체 편집의 개발에 관여하는 과학자들은 이 기술을 대중에게 이해시키는 데 상당한 책임을 느껴야 한다. 편집 과정을 명확하게 기술하고 유전체 내의 표적이탈효과와 유도된 표현형의 함의와 같은 대중과 규제 당국의 관심 사항에 주력해야 한다. 또한 규제 패러다임으로서 유전자 편집 과정과 유전체 편집 결과물(독특한 형질이나 유전형)의 관련성을 명확하게 밝혀야 한다. 소통의 투명성을 제고하여 사용된 과정과 얻은 결과를 명확하게 알린다면, 유전체 편집으로 개발한 작물을 적절하게 규제할 수 있을 것이다. 또 규제 당국은 과정에 근거한 규제를 현실적으로 재조정하고 환경 방출을 의도하는 제품을 규제하는 데 초점을 맞추어야 할 것이다.

가축 개량

_실제 이슈

2015년 11월, 미국 식품의약국은 유전자변형 연어를 식품으로 사용할 수 있도록 승인했다. 그럼에도 불구하고 시민단체와 환경운동가들은 여전히 유전자변형 연어의 안전성에 대한 미국 식품의약국의 결정에 거세게 반발하고 있다. 또한 그들은 불임성 유전자변형 연어를 육상 가두리에서만 기르고 있는데도 야생 연어 개체군에 미칠 환경 위험성에 의문을 제기했다.

유전자변형 어류는 시눅 연어의 생장호르몬 유전자와, 뱀장어와 유사한 등가시치로부터 부동 단백질의 프로모터 서열이라는 두 가지 다른 형질전환 유전자의 도입을 통해 현재의 대서양 연어보다 두 배나 빨리 자랄 수 있다. 뒤이어 캐나다 규제 당국은 2016년에 동일한 유전자변형 연어를 식품이나 가축의 사료로 사용해도 안전하다고 선언했다. 비상동말단접합을 통해 유전자를 변형시킬 경우에 비롯되는 가축은 형질전환 유전자를 갖지 않으며, 따라서 현재의 GMO 규제를 면제받을 수 있다. 그러나 형질전환 유전자가 없어 규제를 받지 않는다 해도, 사회는 유전체 편집 동물에서 유래하는 제품을 수용할 수 있을까?

크리스퍼 유전자가위가 유전자를 정확하게 편집할 수 있다고 해도 어떤 이슈는 실제로 상존한다. 한 번의 돌연변이로 인해 전신(全身)적인 유전자변형뿐만이 아니라, 생식세포를 포함한 정상세포가 변형된 세포와 함께 존재하는 모자이크 현상이 나타날 수 있다. 하지만 이것은 주입 방법(타이밍이나 원핵체 주입)이나 핵산분해효소의 양과 형태를 주의 깊게 고려하면 피할 수 있는 기술적 이슈에 불과하다. 부위 특이적인 핵산분해효소가 동물의 대립유전자 모두를 변형시키지 못하고 하나의 대립유전자만 변형시킨다고 해도 주의 깊은 스크리닝이나 유전체 편집의 조건을 최적화한다면 선별해 낼 수 있다. 만약 핵산분해효소 분자가 부적절하게 디자인되었거나 그 특이성이 불충분하면, 인공 핵산분해효소가 동물 유전체의 의도하지 않은 부위에서 표적이탈 돌연변이를 일으킬 수 있다는 사실이 더 심각하다. 이제까지 유전체 편집 동물에 관한 17건의 보고 중 2건이 양이나 염소에서 표적이탈효과가 나타났다고 기술한다. 변형 동물을 분석해 표적이탈 돌연변이가 8건의 논문에서 확인되었지만 나머지 논문은 이 이슈에 대해 언급조차 하지 않고 있다.

표적이탈 돌연변이는 침묵 돌연변이나 기능상실 돌연변이를 일으킬 수 있다. 하지만 다른 돌연변이는 식품 섭취 시 알레르기를 유발하는 변형 단백질을 형성할 수 있다. 유전자변형 연어와 마찬가지로 식품산업에서도 유전체 편집을 사용하고 있다. 따라서 미국에서 연방식품의약품및화장품법의 201(s)와 409항에 따르면 유전체 편집된 가축의 식제품도 '식품첨가물'로 간주되는데, 이는 제품이 일반적으로 안전한 것으로 인식되는지 여부를 검토하기 위해 출시 전 심사를 받아야 한다는 것을 의미한다. 하지만 미국 식품의약국 심사는 자격을 갖춘 전문가의 의견에 근거해 수행되며 시민의 대표들 의견은 포함되지 않는다. 또한 어떤 사람들은 표적이탈효과가 식품의 안전성에만 영향을 미칠 것인가라는 의문을 제기할 수도 있다.

_윤리 감각

사람이 동물 대신 동물의 복지를 보살펴야 하기 때문에, 동물 복지에 대한 사람들의 우려를 살펴볼 필요가 있다.

식품은 사람이 살아가는 데 필요한 영양만을 공급하는 것은 아니다. 따라서 동물과 관련된 생명공학의 개발 과정에서 윤리를 주의 깊게 고려해야 한다. 어떤 이는 생명공학 과정을 거치든 거치지 않든 가축은 식품과 가죽, 털을 얻기 위해 사람이 키우는 동물에 불과하다고 주장할 것이다. 또한 유전체 편집에서 비상동말단접합 방식은 형질전환 유전자가 들어 있지 않으므로 자연적으로 일어나는 돌연변이와 유사하기 때문에 현재의 육종과 다르지 않다고 주장한다. 그럼에도 불구하고 복제 동물을 둘러싼 작금의 논쟁에서 나타나듯, 유전체 편집 동물을 농업에 사용하기까지 가축의 복지는 매우 중요하다. 동물의 복지를 더 강구하려는 노력은 연구자와 규제 당국에 대한 대중의 태도를 변화시키고 유전체 편집된 가축으로부터 유래한 제품의 사회적 수용 가능성을 높일 것이다.

_생산성 증가의 함정

소 이외에도 양, 염소, 돼지와 같은 동물의 유전체 편집에서 MSTN 유전자의 넉아웃은 빈번하게 수행되었다. MSTN은 골격근에서만 발견되는 미오스타틴을 암호화하며 출생 이전에 활성화된다. 미오스타틴은 과도한 생장을 억제하도록 근육의 생장을 조절하는 기능을 하기 때문에, MSTN 넉아웃 동물은 슈퍼근육(소위 이중근육) 체형을 나타낸다. 일부 동물들에서는 MSTN 돌연변이가 자연적으로 나타난다. 예를 들어, 벨지안블루(Belgian blue)라는 소의 품종은 MSTN 돌연변이 때문에 비계가 적은 근육을 갖는다. 비상동말단접합에 의한 MSTN 돌연변이 형성은 개별 동물의 고기 생산량을 늘릴 수 있는 육종 연구 방법이다.

그러나 유전체 편집을 통한 '슈퍼근육' 동물의 생산은 많은 윤리적 우려를 불러일으킨다. MSTN은 임신 중에 발현되기 시작하므로 벨지안블루를 출산하는 데 어려움이 따르며 제왕절개가 필요한 경우가 많다. 벨지안블루 송아지는 몸무게 때문에 다리에 문제가 많고, 호흡 합병증을 앓고, 혀가 커진다. 〈네이처〉에 보고된 슈퍼근육 돼지의 경우 그들의 육질만이 문제가 아니다. 몸을 덮기 위해 더 많은 피부를 가져야 하고, 지탱하기 위해 더 튼튼한 뼈도 가져야 한다. 이들은 또 출산할 때도 어려움을 겪을 것이 분명하다. 키울 때는 더 많은 먹이를 먹을 것이다. 따라서 단순하게 보이는 유전자 편집도 생물체가 살아가는 모든 과정에 광범위한 영향을 끼칠 수 있다. 〈네이처〉는 서른두 마리의 슈퍼근육 돼지 중 서른 마리가 어려서 죽었으며, 연구자들이 인터뷰할 당시 한 마리만이 건강하게 보이며 살아 있었다고 보도했다. 다른 동물에서 이미 발생한 돌연변이를 이용한다고 해도 이것은 동물에게 과도한 고통을 주어 결과적으로 동물 복지에 반하는 행위라고 할 수 있다.

_동물 복지와 유전체 편집

소의 뿔을 제거하는 것에 대해서도 지속적인 논쟁이 있었다. 다른 소와 농장의 작업자들에게 상처를 주지 않기 위해 소의 뿔을 제거하는 작업은 널리 수행되고 있지만, 흔히 소의 뿔을 잘라 내거나 불로 지지는 것과 같은 침습적이고 성가신 과정이 필요하다. 따라서 농부들뿐만 아니라 시민들도 고역을 치르는 소의 복지를 우려한다. 2016년 5월, 텍사스 A&M 대학의 화렌크루그(Scott C. Fahrenkrug) 연구팀은 상동의존성수리를 통해 육우(앵거스)의 POLLED 유전자를 복사함으로써 젖소(홀스타인)에서 뿔 없는 품종을 생산했다고 보고했다. 홀스타인 젖소에서 POLLED 유전자의 빈도는 상업적으로 사용 가능한 POLLED 정액을 생산하는 종우의 수가 적기 때문에 훨씬 낮다. 따라서 이 육종 방법은 낙농산업에서 뿔을 제거하는 빈도를 감소시켜 소의 복지를 증진할 것이다.

하지만 사람들은 소의 외양이 변화한 함의를 성찰하고 싶어한다. 이 외양의 변화는 유전체 편집을 통해 생물체의 본질이 소실되었음을 나타낸다. 어떤 이는 농부와 다른 소에게 상처를 주지 않기 위해 뿔 없는 소를 생산한다고 주장한다. 그러나 다른 이는 이런 방식으로 유전체 편집을 사용하면 사람과 동물 사이의 권력이 더욱 불균등해진다고 간주한다. 또한 이 동물에 반드시 유전체 편집을 해야 하는가도 궁금하다. 사고를 방지하기 위한 사육 환경을 조성하거나 뿔에 덮개를 씌우거나 마취 상태에서 뿔을 자르는 대안이 있을 것이다. 이 육종 프로그램에서 동물을 위한 도덕적 당위성은 부족하다. 결론적으로, 사람들은 이 상황에서 유전체 편집을 사용하는 것이 동물의 복지를 위한 것이라고 여기지는 않을 것 같다.

7

멸종과 복원

유전자 드라이브

2017년 8월 1일, 플로리다 먼로카운티 키헤이븐에서는 인접한 카리브해 연안 국가들에서 기승을 부리는 모기들에 의한 뎅기열, 지카 등의 전파를 막자는 취지로 유전자변형 모기가 생태계로 방출되었다. 영국의 생명공학 회사 옥시텍(Oxitec)이 개발한 이 유전자변형 이집트숲모기는 유전자변형 수컷이 정상 암컷과 짝짓기해 낳은 자손이 일찍 죽고 번식하지 못한다. 2009년 이래 케이맨제도, 말레이시아, 브라질, 파나마 등에서 방출되어 모기 개체수를 90퍼센트 이상 줄인 바 있다.

그러나 이 유전자변형 기술은 완벽하지 않다. 암수를 구분한다 해도 완벽하게 골라 낼 수는 없기 때문에 방출되는 모기에는 0.2퍼센트의 암컷이 섞여 있다. 그리고 4퍼센트 정도의 자손은 살아서 성충이 된다. 이 방법이 효과가 있으려면 원래 모기 개체수의 열 배나 되는 모기를 방사해야 한다는 점도 문제다. 만약 자연 개체군 내에 1만 마리의 암컷이 있다면 추가로 10만 마리 정도의 수컷 모기를 풀어 놔야 효과를 볼 수 있다는 점이 무엇보다 성가시다.

이런 점 때문에 일반 유전자변형 방식보다 유전자 드라이브가 매력적 대안으로 제시될 수 있다. 유전자 드라이브의 원리는 다소 간단하다. 우리가 특정 대립유전자에 변화시키려는 형질과 유전자가위를 결합할 수 있다고 하면, 가공된 유전자는 유성생식 동안에 변형되지 않은(정상형) 대립유전자를 절단하게 될 것이다. 그 결과 변형된 대립유전자를 갖는 자손만 태어날 것이고 다른 유전자는 파괴되어 종의 유전자 풀에서 사라질 것이다.

유전자 드라이브는 멘델식 유전보다 더 빨리 표적 개체군으로 특정 유전자를 퍼뜨린다. 자연계에서 발견되는 초파리의 유전자인 메데아(MEDEA)는 그리스 신화의 인물처럼 자신과 경쟁하는 대립유전자를 죽여 자신의 유전을 촉진한다.

2003년, 임페리얼 칼리지 런던의 진화유전학 교수 버트(Austin Burt)는 자연계에서 이기적 유전 요소가 다수의 복사본을 만들어 유전될 기회를 높인다는 점에 착안해 부위 특이적인 핵산분해효소 유전자에 근거한 유전자 드라이브를 처음 제안했다. 이들 유전자는 동형의 상동염색체를 절단하고 절단 부위를 수리할 때 세포가 복사하게 함으로써 유전자를 더욱 빨리 퍼트린다. 버트는 집단에 특정 형질을 더 빨리 전파시키기 위해 귀소성 핵산분해효소(self-homing endonuclease)라는 일종의 이기적 유전 요소를 사용하자고 했다. 이 효소는 특정 위치에서 이중가닥 DNA를 자를 수 있는 분자 가위로, 이 가위가 자를 수 있는 곳을 디자인하면 자연 개체군의 유전에 영향을 미칠 수 있다고 가정했다.

최근에는 크리스퍼 유전자가위를 사용해 유성생식하는 개체군에서 거의 모든 유전자를 편집하는 유전자 드라이브가 가능해졌다. 유전자 드라이브 기술은 모기 등 곤충이 매개하는 인간 질병을 퇴치하고, 더욱 지속 가능한 농업 모델을 개발하고 유지하며, 환경을 파괴하는 침입종을 방제하는 다양한 용도로 사용될 수 있다.

유전자 드라이브는 개체군 내로 유전자를 전파하는 표준 드라이브와 개체군의 감소를 목표로 하는 억제 드라이브로 나눌 수 있다. 특히 억제 드라이브는 2개의 유전자 복사본이 모두 소실될 경우 불임성이나 치사를 일으키는 유전자를 파괴하거나, Y염색체의 감수분열 시 X염색체를 파괴하는 핵산분해효소를 암호화해 암컷의 숫자를 줄여 멸종시킨다.

모기와 질병

대부분의 사람들은 모기를 싫어하거나 없애려고 한다. 인간 개체군을 괴롭히는 많은 병원체를 운반하기 때문에 이 작은 곤충을 싫어할 수밖에 없다. 2008년 한 해에 말라리아로 86만 3000명이 사망했고 2억 4300만 건의 증례(證例)가 있었다. 매년 5000만 명에서 1억 명이 뎅기열에 새롭게 감염되며, 이중 2만 5000명이 사망한다. 이처럼 모기가 전파하는 질병으로 매년 100만 명의 사람들이 목숨을 잃는다. 말라리아를 치료하는 비용도 매년 120억 달러로 만만치 않다. 이제는 지카 바이러스가 모기가 전파하는 새로운 병원체로 등장했다. 이들 질병에 대항하는 도구는 그다지 효율적이지 않고, 따라서 백신이나 완치법은 없고 증세의 치료만 가능하다. 모기장이나 망창 설치, 고인 물을 가능한 한 없애기, 살충제 살포 등이 모기를 방제하는 가장 일반적인 방식이다. 감염률이나 사망률 통계로 볼 때, 이 전략이 아주 잘 통하지는 않는 것 같다.

모기는 3500종이나 되고, 생활사가 매우 빠르며, 번식능력이 크다. 이들은 지구상에서 1억 년 이상 살았으며, 많은 종과 공동 진화했다. 모기는 단지 2주에서 몇 개월을 살 수 있다. 그 짧은 생활사 동안 먹고 짝짓고 생식해야 한다. 수컷은 사람을 물지 않지만, 암컷은 문다. 혈액은 모기 알의 부화를 돕는 영양소가 된다. 암컷 모기가 물면 대개 모기의 침에 들어 있는 성분 때문에 물린 곳이 가렵고 부풀어 오른다. 또한 병원체가 전달되는 경우도 있다. 열대 지역에서는 더 심각한 질병이 모기를 통해 전파되기 때문에 어떤 방식으로든 모기를 제거하려는 것은 좋은 생각처럼 여겨진다.

야생 개체군 내로 불임 수컷들을 풀어놓아 생식 주기를 방해하려는 시도가 있었다. 그러나 암컷을 수컷과 구분하는 것이 쉽지 않고 수송 도중 폐사되는 경우도 많았다. 또 변형된 수컷은 그들의 변형되지 않은 수컷에 비해 번식 경쟁력이 없는 것처럼 보인다. 치사 유전자를 암컷 자손에게 전달하는 유전자변형 수컷을 도입하려는 시도가 있었지만, 이 시도는 단지 개체군만 줄이고 변형 유전자에 대한 저항성이 확립된다.

이제 많은 과학자들이 치명적 타격을 줄 크리스퍼 유전자가위 기술에 몰두하고 있다. 크리스퍼 유전자가위는 방출할 수컷을 약하게 만들지 않기 때문에 이전 기술의 많은 약점을 극복할 수 있고, 변형 모기가 가진 유전자로 야생모기의 유전자를 바꾸어 치사 유전자를 개체군으로 퍼뜨리는 유전자 드라이브를 만들 수 있다. 만약 유전자 드라이브가 제대로 작동한다면, 많은 사람을 감염시키지 않는 수준까지 모기 개체군을 감소시키거나 특정 종류의 모기가 방출 지역에서 멸종하도록 할 수 있다. 이 방법은 모기를 통제하는 일부 기존의 방법과 결합해 그 계획을 좀 더 효율적으로 만들 수 있다. 또 다른 이익은 이 방식이 일부 부작용을 나타내는 군집에 살포되는 화학 살충제의 양을 감소시킬 수 있다는 것이다. 이 방법은 또 매우 값싸고, 공동체의 사람들이 개인적으로 모기를 잡거나 막으려고 애쓸 필요를 줄여 준다. 참 멋진 해결책처럼 보인다. 그러나 의도하지 않은 결과를 염려해야 한다.

모기의 이점에 대해 생각하고 그들이 생태계와 다른 생물체에 유용한 이유에 대해 생각하는 사람은 많지 않다. 모기의 수컷들은 꽃의 꿀을 먹기 때문에 식물을 수분시킨다. 때문에 그들을 박멸하면 특정 지역의 현화식물(顯花植物)에 부정적인 영향을 끼칠 수 있다. 모기 유충은 물고기나 거북의 먹이이며, 특히 송사리의 주요한 먹이다. 많은 새들과 박쥐들은 모기 성체를 잡아먹는다. 그들이 먹이사슬에 어떻게 작용하는지 그리고 그들을 제거하면 어떤 비관적 결과가 올지 확신할 수 있는 사람은 없다. 어떤 곤충학자는 툰드라 철새의 먹이 중 상당 부분이 모기이기 때문에 모기가 멸종되면 철새 개체군이 절반까지 감소될 수 있다고 예측한다. 그러나 이에 대해서는 다른 의견도 있다. 모기를 없애면 모기떼를 피하기 위한 기존의 순록 이동경로도 바뀌게 되어 툰드라 지역 전체에 영향을 미칠 것이기 때문이다. 어디서나 볼 수 있는 거미, 도마뱀, 개구리들은 다른 생물체도 먹지만 모기도 먹이로 삼는다. 이 동물들에게 미치는 영향을 정확히 파악하기란 쉽지 않다.

사용처

유전자 드라이브의 당위성은 곤충이 매개하는 질병을 퇴치하는 데서 찾을 수 있다. 전염병의 매개 곤충을 박멸한다면 이론적으로 말라리아, 뎅기열, 황열, 그리고 최근 문제가 되고 있는 지카 바이러스에 의한 소두증이나 길랑바레증후군 등을 퇴치할 수 있다. 2016년, 캘리포니아 주립대학 샌디에이고 분교의 비어(Ethan Bier) 연구팀은 아시아의 말라리아 매개 모기인 얼룩날개모기(*Anopheles stephensi*)에서 항말라리아원충 크리스퍼 유전자가위를 적용해 말라리아 원충에 저항성을 갖는 모기를 유전자 드라이브 방법으로 번식시켰다. 비슷한 시기에 임페리얼 칼리지 런던의 놀란(Tony Nolan) 연구팀은 모기의 임신 유전자를 변형하고 유전자 드라이브 방법을 사용해 암컷 새끼가 동형접합 불임 유전자를 갖도록 해서 더 이상 번식하지 못하는 암컷 모기를 만드는 데 성공했다. 이들은 말라리아의 매개 모기인 감비아학질모기(*Anopheles gambiae*)에서 열성 암컷 불임성 유전형이 90퍼센트가 넘는 비율로 자손에게 전파되는 것을 확인했다.

과학자들은 오랫동안 침입종의 구제를 위해 유전자 드라이브 기술을 적용할 수 있다고 생각했다. 그러나 크리스퍼 유전자가위가 개발되기 전에는 유전자 드라이브의 적용에 관한 논쟁이 주로 모기에 국한되었다. 세계적인 교류가 활발해짐에 따라 침입종이 생태계를 파괴하거나 토종 생물을 멸종시키는 일이 흔해졌다. 특히 작은 섬과 같은 고립된 생태계는 칡, 달팽이, 홍합, 쥐 등 다양한 침입종에 취약하다. 유전자 드라이브는 침입종을 방제하거나 심지어 박멸하여 생물다양성을 촉진하고 경제적 손실을 줄이는 데 사용될 수 있을 것이다. 그 함의는 상당히 뚜렷하다. 우리는 최초로 지구상에서 표적 종을 영구 말살시킬 수 있는 위력을 가진 도구를 진정으로 갖게 된 것이다. 따라서 크리스퍼 유전자가위 기술을 사용할 수 있느냐는 가능성의 문제가 아니라 그 기술을 꼭 사용해야만 하느냐는 당위성의 문제를 물어야 할 것이다.

또 유전자 드라이브는 제초제와 살충제에 대한 해충 저항성의 진화를 막는 데 사용해 농업에 도움을 줄 수 있다. 제초제와 살충제를 처리하면 해충은 이에 대해 저항성을 나타내는 돌연변이를 일으키고, 저항성 유전자는 개체군에 남는다. 우리는 제초제와 살충제에 대한 감수성을 원래의 상태로 돌리기 위해 유전자 드라이브를 사용해 저항성 대립유전자들을 원래의 대립유전자로 바꿀 수 있다. 예를 들어 바실러스 투린지엔시스*(*Bacillus thuringiensis*) 독소에 저항성을 나타내는 옥수수뿌리잎벌레, 제초제 글리포세이트에 저항성을 나타내는 망초와 쇠비름 같은 잡초의 돌연변이를 역전시킬 수 있으며, 특정한 살충제와 제초제를 상당 기간 사용할 수 있도록 해 준다. 이전에 한 번도 경험한 적이 없었던 분자에 해충 개체군이 취약하도록 만드는 방법도 사용할 수 있다. 예를 들어 적응도에 중요한 유전자를 특정한 화합물에 감수성이 있는 유전자로 바꾸어 해충 개체군이 취약하도록 만드는 방법이 있다. 한편으로 이런 방식은 살충제와 제초제의 개발과 사용을 더욱 부추길 것이다.

유전자 드라이브의 기술 한계

_대상 생물체의 한정

유전자 드라이브는 유성생식하는 종의 자손만 바꿀 수 있다. 무성생식 생물체는 자손을 만들기 위해 서로 유전체를 공유하지 않으므로 유전자 드라이브의 대상이 될 수 없다. 자신만을 복제한다.

유성생식하는 종이라도 말이나 코끼리나 사람처럼 종이 매우 천천히 번식한다면, 수십 년에서 수세기가 걸려야 유전자 드라이브가 전체 개체군에 영향을 끼칠 수 있을 것이다.

_유전자 기능에 대한 불완전한 이해

우리는 많은 유전자들이 정확히 무엇을 하고 있는지 알지 못한다. 대부분의 유전자들은 다수의 기능을 가지며 심지어는 상호작용한다. 생물학을 더욱 잘 이해하게 되면, 관찰되는 형질이 단지 하나의 유전자에 의해 나타나는 것은 아니라는 점을 깨닫게 된다.

유전자 드라이브로 다음 세대에 전달하고자 하는 형질은 우리가 아직 이해하지 못하는 몇 가지 유전자 간의 복잡한 상호작용에 의해 영향을 받을 수 있다.

_미흡한 실패 대비책

비가역적으로 종을 바꾸기로 결정하기 전, 우리는 예측 불가능한 문제들이 나중에 일어났을 때 유전자 드라이브를 되돌릴 수 있는 역드라이브 방법 또는 유전자 백업 계획이 포함되도록 기술을 개발할 필요가 있다. 인간 종은 시행착오를 거치며 지구와 생태계에 영향을 미쳐 왔다. 대학원생이나 해커들이 유전자 드라이브를 사용한다면 정부나 비정부 기구보다 더 많은 영향을 끼칠 수 있다. 그렇다면 우리는 다시 한 번 시행착오를 겪을 수밖에 없을 것이다.

_유전자 드라이브 저항성의 출현

유전자 드라이브를 연구하는 과학자들은 이전에 과소평가했던 많은 문제들도 직면해야 했다. 예를 들어, 유전자 드라이브 안정성은 커다란 문제다. 표적 서열에 자연적으로 작은 돌연변이가 나타나도 유전자 드라이브는 작동할 수 없다. 그래서 야생 상태에서는 유전자 드라이브가 몇 세대밖에 지속하지 못한다. 이 때문에 2016년 7월 8일, 미국 과학의학공학아카데미 보고서는 유전자 드라이브 기술을 야생으로 방출하기에는 미흡하다고 밝혔다.

해충이 옮기는 질병으로 많은 사람이 매일 죽어 가는 것을 방관하는 것은 부도덕한 일이다. 그러나 우리는 유전자 드라이브를 확실하고 안전하게 통제할 수 있는 방식으로 사용해야 한다. 유전자 드라이브는 위력적이고 일단 사용하면 지구 생태계에 커다란 충격을 줄 수 있으므로, 행동을 취하기 전에 잠재적 위험을 조사하고 이해해야 한다.

모기 멸종의 윤리

유전자 드라이브와 관련해 '신성한 생명' 개념에 비추어, 지구상에서 한 종을 멸종시키는 것이 윤리적으로 정당한가라는 문제가 제기될 수 있다. 퓨(Jonathan Pugh)는 싱어(Peter Singer)의 도덕적지위 논증에 의해 모기의 도덕적 지위를 부정하지만, 도덕적 지위를 부정한다고 해서 멸절을 정당화할 수 있는 것은 아니다. 또한 위험성을 예측하기 어려운 새로운 기술보다는 위험성이 덜한다른 방법을 대체 사용하는 것이 더 좋을 것이라는 지적도 있다. 더코프(Rick Duhrkopf)는 모기를 멸종시키는 것보다 피해를 줄이는 방법을 권장하며, 웨버(Bruce L. Webber) 등은 천적을 이용해 침입종을 방제하라고 권한다.

생태계에 영향을 미치는 측면으로는 우선 비표적 종 및 새로 형성되는 잡종에 작용할 가능성을 검토해야 한다. 이미 유전자변형생물체가 방출한 유전자가 근연종(近緣種)으로 전이된다는 사실이 확인되었으므로, 이런 위험성은 현실로 상존한다. 야생개체군 내로 확산되는 것을 방지하는 것은 더욱 시급한 문제다. 고립 생태계의 침입종에 적용한 크리스퍼 유전자가위 시스템이 부주의한 인간의 활동으로, 또는 다른 요인에 의해 유전자 드라이브에 감수성이 큰 본토의 개체군으로 재도입되면 멸종을 초래할 수도 있다.

군집 동태에 비의도적 연쇄반응을 초래하지 않을까라는 문제 제기도 가능하다. 유전자 드라이브 기술로 종을 제거하면 먹이사슬에 영향을 미치며, 그것은 표적종에 의한 위협보다 생태계에 더 큰 위협을 가할 수 있다. 침입종의 경우 많은 종의 생태적 지위가 상당 부분 중복된다. 따라서 한 종을 군집에서 제거해도 다른 종이 신속하게 그 자리를 차지할 수 있기 때문에, 한 종을 제거하는 것이 생태계 전체에 미치는 영향은 그리 크지 않을 수 있다. 원래의 드라이브나 기존의 유전공학 기술에 의해 도입된 바람직하지 않은 유전자 서열을 원래의 유전자 서열로 역전시키는 역드라이브를 사용할 가능성을 제기하기도 하지만, 이미 벌어진 생태적인 영향은 회복시킬 수 없다.

규제 하의 연구

매사추세츠 공과대학의 에스벨트(Kevin Esvelt)는 보스턴의 공원을 산책하던 어느 날 유전자가위로 자신의 DNA를 편집하면 어떨까라는 생각을 했다. 최초로 유전자 드라이브에 대한 아이디어를 고안했던 것이다. 말라리아 전파를 막기 위해 모기를 변형시킨다면 많은 사람의 목숨을 구할 수 있을 것이다. 주말을 지내면서 그는 가능성과 함께 부정적인 영향에 대해서도 생각했다. 실제로 이것은 야생에서 테스트하기 어렵고 심지어 실험실에서조차 시도하지 못하는 방법이었다. 만약 실험실의 생물체가 야생으로 탈출한다면 유전자 드라이브는 전염병균처럼 어떤 변형된 유전자들을 야생 집단 전체로 퍼뜨리기 때문이다. 주변 사람들의 충고를 받아들여 에스벨트는 그의 아이디어를 미루어 두고 안전성에 대한 피드백을 받기 시작했다. 그동안 다른 연구자가 독립적으로 유전자 드라이브를 개발해 유전자 드라이브 방법을 포함하는 논문을 투고했다. 에스벨트는 심사 과정에서 안전책을 보완해 다시 논문을 쓰도록 했다.

2014년, 에스벨트를 포함한 연구자들은 "유전자 드라이브를 야생에서 사용하기 전에 규제 격차를 줄여야 한다"는 공동 의견을 발표했다. 환경과 안보 측면에서 특정 개체군을 변화시키기 위해 반복해 유전자 드라이브를 사용하는 효과를 사전에 철저히 평가해야 하며, 특정 형질을 전파하는 드라이브를 갖는 생물체를 방출하기 전에 봉쇄된 야외 시험을 수행해야 하고, 사람에 미치는 영향을 검토하기 위해 제안된 유전자 드라이브 성분이 안전한지에 대해 독성학적 연구를 수행해야 한다고 권고했다. 특히 통합적 위험성 분석을 위해 다음과 같은 단계를 권고했다.

① 야생에 어떤 일차적인 드라이브를 방출하기 전에, 특정한 역드라이브의 효율성을 평가해야 한다. 역전이 원래의 드라이브가 변화시킨 표현형, 집단의 적응도, 도달한 개별 생물체의 실현 가능성에 영향을 미친 이후 크리스퍼 유전자가위 성분의 잔류 수준을 평가해야 한다.

② 표적 개체군에서 유전적 다양성에 미치는 유전자 드라이브 사용 효과를 장기 연구를 통해 평가해야 한다. 유전체-수준 변화가 역전될 수 있다 하더라도 숫자가 준 개체군은 유전적 다양성이 감소되며, 자연 혹은 절지동물의 압력에 더욱 취약해진다. 유전체-편집 적용은 유사하게 보상 적응이나 다른 변화의 결과로 개체군에 지속적인 영향을 미친다.

③ 드라이브 기능과 안전성 조사는 조사 동안 드라이브가 야생 개체군으로 전파되는 것을 막기 위해 다중의 분자 봉쇄 전략을 사용해야 한다. 예를 들어, 야생 개체군에 없는 서열을 절단하도록 드라이브를 디자인해야 하며, 드라이브 성분을 분리해야 한다.

④ 야생 개체군을 통해 퍼져 나갈 수 있는지 여부에 대한 드라이브의 초기 테스트는 표적종의 자연 개체군이 사는 지역에서 수행하지 말아야 한다.

⑤ 야생 개체군 내로 퍼질 수 있는 모든 드라이브는 잠정적으로 면역화와 역드라이브를 구성하고 조사해야 한다.

⑥ 봉쇄된 환경에서 유전자 드라이브와 다른 발달한 생명공학을 조사하기 위해 다목적의 미소생태계(microcosm) 및 미소생태계의 네트워크를 개발해야 한다.

⑦ 드라이브의 존재와 보급은 환경시료의 표적화된 증폭이나 메타 유전체 서열 결정으로 모니터해야 한다.

⑧ 효과는 드라이브 메커니즘보다는 종과 유전체 변화에 주로 의존하므로, 후보 유전자 드라이브를 사안별로 평가해야 한다.

⑨ 잠재적으로 해로운 드라이브 사용을 평가하기 위해, 전문가의 다학문 연구진이 의도적 사용에 대한 시나리오를 개발해 대응해야 한다.

⑩ 제안한 유전자 드라이브의 진행 여부, 그리고 진행 방법을 결정하기 위해 위에서 권고한 행동에 의해 정보를 받은 통합된 이익-위험성 평가를 수행해야 한다. 그런 평가는 경우별 불

확실성에서 변이에 대한 감수성과 시간에 따른 불확실성의 감소에 대한 감수성을 가지고 수행해야 한다.

끝으로 유전자 드라이브를 규제하기 위한 미국의 정책이나 국제 안보 협정이 불충분하다고 지적하고, 생물학적 구성 성분의 소실이 인간이나 다른 관심 종의 위해를 야기하기에 충분한 '주요 생물학적 구성 성분에 영향을 미칠 수 있는 능력'이라는 방식으로 위험성을 재정의할 것을 권고했다.

이것은 통제가 어려운 기술에 대한 과학계의 자기 규제의 한 방식이지만, 비판자들은 과학자들이 위험성을 인식하고서도 실험을 지속했을 것이라고 생각한다.

2016년 6월 미국과학아카데미는 "유전자 드라이브: 과학의 발전, 불확실성 탐색, 그리고 연구와 공공 가치"라는 보고서를 통해 야생으로 유전자 드라이브 생물을 방출하는 것은 시기상조이지만 제한적 연구는 지속될 수 있을 것이라는 의견을 내놓았다.

모기에게 국경이 있을까

크리스퍼 유전자가위에 근거한 유전자 드라이브가 질병을 매개하는 곤충의 확산을 조절할 수 있다고 해도 다른 새로운 기술과 마찬가지로 광범위한 규모로 성공적으로 적용되기 위해서는 기술적 개선(특히 생물학적 차단과 드라이브 효율성)과 규제 당국의 승인, 그리고 시민의 수용이 필요하다.

유전자변형생물체의 안전한 이동과 취급, 그리고 사용에 관한 유엔의 기초 문서인 카르타헤나의정서를 무시하고 유전자 드라이브 생물이 방출될 가능성은 상존한다. 의정서 17조는 생물다양성이나 인간 건강에 위해를 미칠 유전자변형생물체의 이동에 이르는 방출을 생물안전성정보센터와 영향을 받은 국가에 통보해야 할 것을 당사국에 의무화하고 있다. 다른 조치는 국가간 이동을 제한하기 위해 국가에게 국경을 통제할 권한을 부여하고 있는데, 드라이브의 확산을 효과적으로 통제할 것 같지는 않다. 2010년 나고야-쿠알라룸프르 보조 의정서는 국가간 이동으로부터 위해에 대한 책임감과 교정책을 다룬 법률을 제정하는 조치를 채택하도록 당사국에 요구했지만 그 법률이 제정된 적은 없다. 정작 말라리아 주요 발생 국가들과 미국을 비롯한 생명공학 강국들은 카르타헤나의정서에 아직 서명도 하지 않아 그 실효성이 의문시된다.

유전자 드라이브 모기는 아니지만 오스트레일리아는 말라리아 병원충에 자기 증식하는 말라리아 원충 감염 모기를, 브라질은 바히아 지역에 그리고 이미 언급했듯이 미국은 플로리다 주에 유전자변형 모기를 방출한 바 있다. 향후 유전자 드라이브 생물체의 야외 방출에 대비해 카르타헤나의정서 등 유전자변형생물체의 확산을 규제하는 법률을 재정비할 필요가 있다. 이 외에도 CRISPR-Cas9 기술의 보편성으로 인해 생물 무기 등에 악용될 가능성을 제기하는 사람들도 있다.

매머드의 복원

최근 줄기세포 스캔들로 물의를 빚었던 황우석 박사가 뉴스 전면에 다시 등장했다. 이번에는 매머드의 세포 배양을 둘러싼 공방이다. 황우석 박사는 체세포 복제를 위해 제주대 박세필 교수에게 러시아에서 불법으로 반입한 매머드 조직을 넘겨주었다. 제주대 연구팀이 세포 배양에 성공했다고 발표하자 황우석 박사는 연구 결과를 공동 소유해야 한다고 주장했다. 제안을 거절당하자 횡령과 공갈미수 등으로 고소했으나 박 교수팀은 무혐의 처분되었다. 이 과정에서 제주대는 매머드의 연구 결과를 폐기했다고 주장했으며, 검찰에서 분석한 매머드 세포는 어처구니없게도 생쥐 세포로 밝혀졌다.

매머드를 부활시킨다는 아이디어는 영화 〈쥬라기 공원〉을 본 사람이라면 어렵지 않게 상상할 수 있을 것이다. 원작자 크라이튼(Michael Crichton)은 호박 속에 갇힌 모기에 남아 있는 공룡의 혈액세포에서 DNA를 추출해 현재 존재하는 생물의 DNA 서열을 이용하여 멸종 동물의 유전체를 만들어 부활시킨다는 상상을 했다. 1만 년 전 멸종한 매머드에서도 이런 일이 가능할까? 놀랍게도 2008년에 펜실베이니아 주립대학 연구팀은 관련 논문을 처음으로 발표했으며, 2015년에는 매머드의 완전한 유전체 서열을 발표했다. 연구팀의 린치(Vincent Lynch)는 피부와 털 발달, 지방대사, 인슐린 신호전달, 더 나아가 두개골의 모양, 작은 귀와 짧은 꼬리 등 가장 가까운 친척인 아시아코끼리와는 다른 매머드의 유전적 차이를 집중적으로 밝혔다.

연구진은 매머드의 독특한 대략 140만 개의 유전적 변이체를 밝혀냈다. 이것은 약 1600개의 유전자에 의해 생산되는 단백질에 변화를 일으켰는데, 그중 26개는 기능이 없었고 하나는 중복되었다. 특히 흥미로웠던 것은 온도 감지의 책임을 맡는 유전자 집단인데, 이는 털의 생장이나 지방의 저장에도 역할을 한다. 연구진은 고대서열재구성기술을 사용해 이들 유전자 중 매머드가 갖는 유전자의 한 종류인 TRPV3를 부활시켰다. 실험실에서 인간 세포로 이식되었을 때 TRPV3 유전자는 고대 유전자가 갖는 종류보다 열에 대한 반응성이 적은 단백질을 생산했다. 그러나 누군가가 완벽한 매머드를 부활시키지 않는 한 이 유전자의 효과를 절대적으로 확실하게 알 수는 없다.

새로운 유전자 편집 기술 크리스퍼 유전자가위는 매머드의 부활에도 기여할 수 있다. 기존의 유전체에 새로운 유전자를 도입해 멸종에 의해 소실된 형질을 갖는 동물을 만들 수 있을 것이다. 이 아이디어를 사용하여 하버드 대학 처치 연구팀은 2017년 2월 코끼리와 매머드의 유전물질로부터 잡종 동물을 만들겠다는 계획을 발표했다. 크리스퍼 유전자가위를 사용해 두 생물체로부터 선택한 DNA를 조합한 다음 인공 배아로 넣어 길고 거친 털, 피하지방, 그리고 동결 온도에 독특하게 적응된 혈액 등 매머드의 특징을 갖는 코끼리를 10년 내에 만들겠다고 공언했다. 페이팔(Paypal)의 창업자 틸(Peter Thiel)도 이미 2015년 무렵 매머드를 부활시키려는 연구진에 10만 달러를 기부했다.

이것은 확실히 과학에는 큰 도움이 될 것이다. 유전자 네트워크와 실제 유전자의 역할, 그들이 특정한 형질을 부여하는 방법을 이해할 수 있는 가능성 때문에 흥미롭다. 강조하고 싶은 것은, 대부분의 경우 생물체에서 관찰되는 특성들이 많은 유전자들의 상호작용에서 나온다는 것이다. 단지 하나의 유전자가 아니라 상호작용하는 유전자의 총체적 네트워크가 누군가의 신체 형질 등을 야기한다는 것이다. 멸종된 동물의 유전자를 기존 동물에 도입하는 이런 종류의 전략을 사용해 유전자의 상호작용을 이해하는 것은 매우 흥미로울 수 있다. 이런 것이 얼마나 빨리 실현될지는 예측하기 어렵지만, 살아 있는 시스템의 유전학에 대해 학습할 수 있는 잠재력은 굉장하리라고 생각한다. 새로운 기술을 가진 사람들은 이런 종류의 과학을 연구할 뿐만 아니라 상업적인 용도로 연구해 이윤을 창출할 수 있는 기회를 얻는다고 생각한다.

일부 과학자는 위기종이나 위협종을 보존하는 데 이 동물이 도움을 줄 수 있을 것이라고 말하는 반면 다른 학자는 기존의 생태계를 파괴할 것이라고 말하는 등 탈멸종 프로젝트를 둘러싼 윤리적 논쟁이 치열하다.

옹호자들은 그 프로젝트가 오염을 흡수하는 초목과 같은 식물을 부활시켜 생태계를 회복하고 기후변화에 대응하는 것을 도울 수 있다고 한다. 다른 지지자들은 상징적인 부활 동물은 그들이 대표하는 지역을 보호하도록 사람들을 고무하는 데 사용되는 일종의 깃대종 역할을 할 것이라고 말한다.

그러나 일부 과학자들은 이에 동의하지 않는다. 런던 자연사 박물관의 고생물학자 헤리지(Tori Herridge)는 2014년 시베리아에서 발굴된 2만 8000년 전 매머드 유체를 검사한 과학자 중 한 사람이다. 그는 〈가디언〉지에 보다 넓은 생태계에서 한때 활보했던, 이제는 멸종한 이 동물들의 역할을 여전히 이해하지 못하기 때문에, 매머드를 클로닝하는 것은 윤리적으로 잘못된 일이라고 썼다.

다른 연구자도 지적했듯이 헤리지가 제기하는 문제는 이 생물들의 현재의 부활이 다른 동식물 그리고 전 지구에 어떤 영향을 미칠지 알지 못한다는 것이다.

헤리지는 "거대한 대초원이 매머드의 상실로 인해 사라졌는지 또는 빙하기와 함께 서식처가 사라졌기 때문에 매머드가 사라졌는지는 아직도 명확하지 않다. 매머드 무리에 기후변화 완화를 기대하는 것은 큰 도박이다"라고 말했다.

우리가 결국 기술적으로 이것을 할 수 있다고 해도 의문이다. "만약 기술적으로 무엇인가를 할 수 있다고 해도 그것을 꼭 해야만 하는가?"라고 이제는 시카고 대학 교수가 된 린치는 반문한다. "나는 개인적으로 아니라고 생각한다. 매머드는 멸종했고 그들이 살았던 환경은 바뀌었다. 그리고 우리가 도울 수 있는 멸종 위기의 동물들은 많기 때문이다."

8

특허권 경쟁

특허는 누구의 것인가

크리스퍼 유전자가위와 관련해 영향력 있는 특허를 가장 먼저 출원한 그룹은 미국 캘리포니아 주립대학 버클리 분교의 다우드나와 스웨덴 우메오 대학의 샤르팡티에다. 그들은 2012년 5월 25일에 특허를 출원했다. 특허를 출원한 다음 논문 발표를 하는 것이 안전하게 권리를 인정받을 수 있는 방법이어서, 특허 출원과 같은 해인 2012년 6월 8일 〈사이언스〉에 논문을 접수했고, 6월 20일에 논문 출판이 결정되어 6월 28일에 온라인으로 발표했다.

이들의 논문과 특허 범위는 같았다. 논문과 특허 출원서에서 이들은 이 기술이 유전체 공학의 도구로 쓰일 가능성이 있다는 사실을 명기했다. 그러나 유전자가위를 발견했다는 것만으로 특허권을 주장하기는 어렵다. 바이오 분야에서는 발견과 발명의 범위에 대해 다툼이 있기 때문이다. 크리스퍼 유전자가위의 crRNA와 tracrRNA를 sgRNA로 가공하고, 이 sgRNA의 염기서열을 디자인해 다른 DNA 부위를 절단한다는 것을 제시했기 때문에 특허 청구가 가능했다.

캘리포니아 주립대학 버클리 분교 다음으로 크리스퍼 유전자가위 관련 특허를 출원한 연구팀은 한국의 툴젠(Toolgen)이었다. 툴젠은 다우드나와 샤르팡티에가 특허를 출원하고 6개월이 지난 2012년 10월 23일에 특허를 출원했다. 브로드연구소의 장 펑 연구팀이 2012년 12월 12일에 특허를 출원했으니 약 50일 정도 먼저 출원한 셈이다. 브로드연구소 연구팀은 다우드나 · 샤르팡티에 연구팀에 비해 약 6개월 이상 늦고 툴젠에 비해서도 약 2개월 정도 늦은 2012년 12월 12일에야 특허를 출원했다. 관련 논문은 2012년 10월 5일 접수, 2012년 12월 12일에 출판이 결정되었고, 2013년 1월 3일에 온라인으로 발표되었다. 논문 발표 시기도 캘리포니아 주립대학 버클리 분교 연구진에 비해 약 6개월 이상 늦었다.

그러나 장 펑의 변호사는 미국 특허청에 수수료를 내고 보다 짧고 덜 논쟁적인 출원에 허용되는 절차인 신속심사경로(Track One)를 밟았다. 변호사의 전략이 잘 통해 장 펑은 첫 번째 특허를 2014년 4월에 등록할 수 있었고, 다음 해까지 10개 이상의 관련 특허를 등록했다. 하지만 이 동안 캘리포니아 주립대학 버클리 분교의 특허 등록은 난관에 봉착했다. 다우드나와 샤르팡티에는 최초 발명자이자 출원자였음에도 불구하고 장 펑이 먼저 받은 특허 때문에 특허 등록이 좌절되었다.

2015년 4월 13일, 캘리포니아 주립대학 버클리 분교의 변호사들은 브로드연구소의 특허가 자신들의 특허 출원에 저촉된다고 주장하는 저촉심사서(suggestion of interference)를 제출했다. 이 저촉심사는 미국 특허청에서 특허 취득을 놓고 경쟁하는 기술의 최초 발명자를 결정하는 심사다. 2015년 12월 21일 조사단은 저촉심사를 개시하라고 특허심판위원회에 권고했고, 2016년 3월 9일에 가처분 단계로 시작되었다.

저촉심사에서 캘리포니아 주립대학 버클리 분교의 연구팀은 유전체 편집 도구를 발명한 것은 자신들이며, 브로드연구소의 연구팀은 그들의 연구에 뒤늦게 편승한 것이라고 주장했다. 다우드나와 샤르팡티에는 크리스퍼 유전자가위가 DNA를 정밀하게 절단하는 것을 시험관 연구에서 제시했으며, 기본적인 분자생물학 기술을 가진 사람이라면 진핵세포에서도 동일한 기술을 성공적으로 구현할 수 있다고 주장했다.

2017년 2월 15일, 미국 특허청은 2014년 브로드연구소에 원래 부여했던 일련의 특허를 확인하는 심판을 내렸다. 51쪽의 판결문에서 미국 특허청의 특허 심판원은 캘리포니아 주립대학 버클리 분교에서 원래 신청한 특허의 내용이 세균과 같은 원핵세포에서 크리스퍼 유전자가위를 사용할 수 있다는 것이었다는 브로드연구소의 주장을 지지하고, 크리스퍼 유전자가위를 인간 세포에서 작동하도록 하는 것이 어렵다는 다우드나의 언급 기사를 인용하며 캘리포니아 주립대학 버클리 분교의 주장을 기각했다. 그 심판은 또한 각 당사자의 원래 특허 주장을 최종적으로 무효화하거나 부인하지 않는다는 점도 언급했다.

캘리포니아 주립대학 버클리 분교의 특허 출원일은 5월 25일로 논문 발표일인 6월 8일보다 앞섰으므로 신규성을 가지지만, 브로드연구소의 특허는 이 논문과 동일한 범위에서는 신규성을 상실하고 이 논문으로부터 용이하게 발명 가능한 범위에서는 진보성을 상실한다.

캘리포니아 주립대학 버클리 분교의 논문 및 특허는 원핵세포와 진핵세포를 포함하는 세포의 DNA 편집이고, 브로드연구소는 진핵세포에서의 편집이라는 차이가 있다. 캘리포니아 주립대학 버클리 분교는 시험관 내의 DNA를 절단하였지만, 포유동물에서 작동하는지 여부는 밝히지 않았다. 그러나 브로드연구소는 크리스퍼 유전자가위가 어떻게 인간 세포와 마우스 세포를 변형시키는지를 보여 주었다. 엄밀히 말해 브로드연구소 특허는 캘리포니아 주립대학 버클리 분교의 논문 및 특허에 포함되는 하위 범주의 기술이지만, 그 하위 범주를 한정해 개선한 것이기 때문에 특허성을 갖는다. 브로드연구소가 캘리포니아 주립대학 버클리 분교의 특허(유럽에서는 등록되었지만 미국에서는 심사 중이다)를 이용했느냐의 문제는 남는다. 즉 브로드연구소는 자신의 특허를 사용할 때 캘리포니아 주립대학 버클리 분교에 특허 사용료를 지불할 수는 있다.

이 심판의 결과는 즉각 시장에 반영되었다. 브로드연구소는 사실상 KO승을 거두었고 시장도 그렇게 반응했다. 캘리포니아 주립대학 버클리 분교의 특허 청구항에 의존하는 관련 회사의 주가는 폭락했다. 반면에 브로드연구소의 특허 라이선스를 갖는 회사인 에디타스메디신 주식의 최종가는 그날 32퍼센트나 급등했다.

이에 대해 캘리포니아 주립대학 버클리 분교 측은 낙관적으로 예측한다. 브로드연구소는 인간 세포에서 사용할 수 있는 특허를 취득했을 뿐이고, 특허 심사자가 자신들이 출원한 어떤 종류의 세포에서나 사용할 수 있는 크리스퍼 유전자가위 특허 청구항을 여전히 유효하다고 판정했기 때문에 특허는 결국 교부될 것이라는 것이다. 반면 전문가 사이에서는 의견이 엇갈린다. 비판적인 사람들은 캘리포니아 주립대학 버클리 분교가 갖게 될 특허가 진핵체를 포함한 모든 세포에 대해 크리스퍼(유전자가위)를 사용할 수 있는 범위를 부여한다는 연구진의 주장에 회의적이다. 크리스퍼 유전자가위의 응용 범위 중 가장 수익성이 높을 것으로 예상되는 것은 인간 세포이며, 수많은 바이오 업체들은 이미 캘리포니아 주립대학 버클리 분교나 브로드연구소 중 한 곳에서 특허권을 라이선스한 상태이기 때문에, 특허 심사자들이 엄격하게 이 문제를 다룰 것이기 때문이다.

2017년 4월, 캘리포니아 주립대학 버클리 분교는 특허 심판원의 결정에 불복하고 연방항소법원에 항소함으로써 다시 지루한 공방이 오가게 되었다. 또한 캘리포니아 주립대학 버클리 분교는 3월과 6월에 각각 유럽과 중국에서 인간의 질병 치료를 포함한 광범위한 특허를 부여받아 더욱 혼전 양상이다.

미국에서 크리스퍼 유전자가위의 특허권에 대한 최종 결정이 내려지려면 향후 수년은 족히 걸릴 것으로 예상된다.

한편 2017년 1월, 생명공학정책연구센터는 보고서를 통해 "툴젠은 브로드연구소보다 먼저 동물세포에 크리스퍼 유전자가위 기술을 적용하는 특허를 출원했기 때문에 선출원주의 국가에서 툴젠은 특허권 분쟁에서 유리한 위치를 차지할 수 있다"고 진단했다.

그러나 캘리포니아 주립대학 버클리 분교는 전체 세포, 브로드연구소는 진핵세포에서 작용하는 것을 특허 출원의 기술적 범위로 하는데, 툴젠은 진핵세포의 핵에 접근하기 위한 도구가 핵심이다. 현재까지는 브로드연구소의 기술은 캘리포니아 주립대학 버클리 분교의 기술에서 일부를 한정하며 발전해 진보성을 획득한 것으로 보는데 반해, 툴젠의 기술은 캘리포니아 주립대학 버클리 분교의 기술 범위에 포함되어 진보성이 없다는 판단이다.

특허권 경쟁의 영향

크리스퍼 유전자가위에 대한 특허권 경쟁은 이 분야의 연구에 중대한 영향을 미칠 것으로 보인다. 첫째, 경쟁은 현재 크리스퍼 유전자가위 연구에 종사하는 기업들의 자금 조달에 매우 큰 영향을 미칠 것이다. 첸(Caroline Chen)과 블룸필드(Doni Bloomfield)가 작성한 최근의 불름버그 보고서는 몇몇 제약 회사들이 다양한 크리스퍼 유전자가위 스타트업과 수억 달러의 자금을 지원하는 자금 조달 협정을 체결했다고 한다. 현재 크리스퍼 유전자가위를 개발하는 회사들은 현재의 특허 분쟁 결과에서 직접적인 지분을 갖거나 또는 궁극적인 승리자가 그 특허를 그들에 대해 부과하기로 결정한다면 영향을 받을 수 있다. 그 결과 특허권 경쟁은 어떤 회사들이 크리스퍼 기술을 상업적으로 개발하도록 허용받는지에 영향을 미칠 수 있다.

둘째, 특허권 경쟁은 어느 연구기관이 유전자 편집 기술로 크리스퍼를 계속 연구할 수 있는지도 변경할 것이다. 크리스퍼 유전자가위 특허의 최종 소유권자와 라이선스 계약을 체결할 수 없는 경쟁력 있는 연구기관은 소외될 수밖에 없다. 이것은 특히 미국에서 시민의 믿음에 반한다는 것을 언급할 필요가 있다. 특허 침해에 대한 연구 면제란 없다. 그러나 유럽에서는 그런 연구 면제가 각 나라의 법에 따라 존재한다. 따라서 상업적인 개발자와 학술 기관이 파트너를 맺을 경우에는 연구가 제한될 것이다.

셋째, 어느 방향으로 발전하든지 간에 크리스퍼 유전자가위 특허 분쟁은 원천 생명공학의 소송과 강제에 근본적인 변화를 의미할 수 있다. 재조합 DNA, PCR, RNAi와 같은 분자생물학의 대부분의 혁명은 특허되었다. 그리고 거의 예외 없이 그러한 기술들은 비용이 들지 않거나 라이선스를 손쉽게 받을 수 있다. 그러나 크리스퍼 특허 분쟁은 그 이상으로 확대되고 있는 듯 보인다. 그것은 학술 기관이 순수하고 이행적인 연구로부터 이익을 극대화하며 상업화되고 있다는 신호를 전달한다. 물론 이것이 전적으로 나쁜 것은 아니지만, 시민에 대한 광범위한 교육 측면에서의 대학의 임무와 상충될 가능성이 있다. 그 결과 누가 크리스퍼 유전자가위의 어떤 적용 부문을 연구하느냐에 따라 대학은 학문이나 치료의 중요성보다 특정 크리스퍼 기술의 개발에 더 관심을 갖게 될 것이다.

모든 것을 종합해 보면 이러한 변화는 유전자 편집의 미래를 복잡하게 만들 수 있다. 예를 들어 단순히 유전자 편집 기술을 포괄하는 다양한 특허 중 하나를 침해하는지 여부를 판단하는 것은 어려울 수 있다. 그리고 비록 크리스퍼 특허권 경쟁에서 분명한 승자가 가려지더라도, 승자가 누구에게 어떤 가격으로 라이선스를 배포할지는 불분명하다. 게다가 유전자 편집, 특히 크리스퍼는 너무 빠르게 진전하고 있어서 새로운 발전이 현재의 지평에 의해 포괄될지 여부 또한 불분명하다. 일례로 미국 저촉 심사 절차의 문제가 되는 기소조항에는 crRNA와 tracrRNA의 융합이 들어 있다. 하지만 이것이 RNA가 2개의 별도의 조각으로 존재해야 하는지, 공유결합 등을 통해 어떻게든 연결될 필요가 있는지 그 명확한 의미는 불분명하다.

대리 라이선싱

크리스퍼 유전자가위와 관련된 더욱 많은 특허가 쌓이고 더 많은 회사들이 그 기술을 사용함에 따라 다른 출원자들과 보유자들 사이의 협약으로 지적재산권과 관련된 혼란이 해소되기를 많은 사람들이 희망하고 있다. 그러나 몇 개의 기관이 크리스퍼 유전자가위 유전자 편집 기술에 대한 기초적인 특허권을 놓고 법적 분쟁을 하게 되었고, 이 경쟁적인 클레임이 해소되려면 수년은 걸릴 것이다.

그러나 특허권의 소유권이 매듭지어지기 전에도 크리스퍼 배후의 기관들은 상업 기업과 일련의 라이선스 계약을 체결함으로써 이 획기적 기술의 엄청난 시장을 자본화하려고 했다. 크리스퍼 유전자가위를 둘러싼 상황은 장 펑이 세운 에디타스메디신, 샤르팡티에가 세운 크리스퍼테라퓨틱스, 다우드나가 세운 카리부바이오사이언시스(Caribou Biosciences)라는 세 스타트업이 존재하고 이들이 여러 회사에 대리 라이선스를 제공하기 때문에 더욱 복잡해지고 있다. 수익을 창출할 수 있는 인간 치료 시장과 관련해 주요 크리스퍼 유전자가위의 각 특허 소유권자는 기관에 의해 형성된 자회사 혹은 대리 회사, 그리고 그 주요 연구자에게 배타적인 권리를 주었다.

크리스퍼 기술의 사용권은 크게 ①기초적인 비상업적 연구, ②크리스퍼 유전자가위 기반 유전자 편집을 도와주는 도구(키트, 시약, 장비)의 개발 및 판매, ③크리스퍼 유전자가위 기술을 사용한 치료법의 개발, 판매, 사용 등의 분야로 나눌 수 있다. 기관들은 주로 비상업적 연구와 도구 개발에 비배타적 라이선스를 부여받았다. 이것은 대학의 연구자를 포함해 라이선스 보유자가 연구개발 활동에는 종사할 수 있으나 그로부터 유래한 산물을 출시하거나 판매하는 권리는 갖지 않는다. 또한 이것은 크리스퍼 특허 소지자가 그들의 각각의 기술에 대한 라이선스를 다른 연구기관에 자유롭게 제공한다는 것을 의미한다.

그러나 치료의 경우에는 대개 대리 회사(에디타스메디신, 카리부바이오사이언시스, 크리스퍼테라퓨틱스)의 승인 없이 다른 회사에게 유사한 라이선스를 제공하지 못하도록 하는 배타적 권리를 인정한다. 예를 들어 카리부바이오사이언시스는 모든 사용 분야를 포괄하는 라이선스를 가지며, 이중 인간 치료 분야에 대한 배타적 권리를 인텔리아테라퓨틱스에 제공했다. 이러한 대리 라이선싱 방식은 대리 회사의 지분 확보를 통해 위험성을 최소화하며 많은 이익을 보장할 수 있기 때문에 대학이나 연구자가 선호하는 모델이다. 그러나 특정 대리 회사에 포괄적인 사용법을 개발하도록 크리스퍼 유전자가위 사용의 배타적 권리를 주는 것은 유용한 연구개발을 방해할 수 있다. 크리스퍼 유전자가위 기술은 광범위하게 적용할 수 있는 플랫폼이므로 다양한 연구개발을 촉진할 수 있도록 배타적 권리를 협소하게 제한할 필요가 있다.

각 생명공학 회사들은 여러 회사로부터 라이선스를 교차 취득하는 등 상황에 대응하고 있다. 예를 들면, 연구자들을 위해 특화된 설치류 모델을 만드는 전문 회사인 타코닉(Taconic)은 장 펑의 특허를 라이선스했으나 다른 특허 출원의 상태도 능동적으로 모니터링한다. 유전체 편집 세포주와 동물을 만드는 생명공학 회사 호라이즌디스커버리(Horizon Discovery)도 장의 특허뿐만이 아니라 하버드 대학의 처치로부터 그 이전의 출원, 그리고 ERS 지노믹스(ERS Genomics)를 통해 샤르팡티에의 지적재산권 라이선스를 사들였다. 물론 관련 특허를 둘러싼 불확실성 때문에 크리스퍼 분야에 뛰어드는 것을 꺼리는 사람도 있다.

다우드나와 그 동료들이 연구, 치료, 농업, 그리고 산업에 사용하기 위한 크리스퍼 개발을 위해 만든 플랫폼 기술 회사 카리부바이오사이언시스는 심사 중인 다우드나 · 샤르팡티에 특허의 캘리포니아 주립대학 버클리 분교와 비엔나 대학의 배타적 라이선스 외에도 자신의 지적재산권을 생성했다. 또한 다른 대학으로부터 지적재산권의 라이선스도 얻었다.

인텔리아테라퓨틱스는 특허가 부여되면 암 연구, CAR-T 세포 치료, 조혈모줄기세포에 크리스퍼 유전자가위를 사용하기 위해 다우드나 · 샤르팡티에의 지적재산권을 사용할 노바티스와 파트너십을 통해 체외 세포를 변형하는 데 초점을 둔다. 기술을 치료에 응용하기 위해서는 크리스퍼 유전자가위 기술의 라이선스 외에도 환자로 편집된 유전체를 표적하고 전달하는 지적재산권이 필요하다.

유전자 편집 기술의 상업화

유전자 편집 기술의 등장으로 생명공학 시장은 급속하게 성장했다. 분석 회사마다 약간의 차이는 있지만 마켓앤드마켓(Market and Market) 사는 2014년 18.4억 달러로 추정되던 유전자 편집 시장의 가치가 13.75퍼센트의 연평균복합성장률(CGAR)로 2019년에는 35.1억 달러에 도달할 것으로 예측했다. 또한 리서치앤리포트(Research N Report) 사는 2015년 21.0억 달러로 추정되던 유전자 편집 시장의 가치가 14.3퍼센트의 연평균복합성장률로 2022년에는 53.7억 달러에 도달할 것으로 예측했다.

2015년 이후, 유전자 편집 기술에서 특허 출원 수는 15배 증가했다. 브로드연구소는 크리스퍼 유전자가위 시스템과 그 적용에 관한 중추 특허 No. 8,697,359를 가지고 있기 때문에 다른 크리스퍼 유전자가위 지적재산권 소유자에 비해 많은 라이선스를 제공할 수 있으며, 다른 개발자의 유사 특허를 효과적으로 차단할 수 있다. 패밀리 특허를 기준으로 한 크리스퍼 유전자가위 기술 특허 수를 비교해 보면, 총 188개 특허 중 브로드연구소가 갖는 특허의 수는 97개로 절반 이상을 차지한다. 2016년 2월, 카리부바이오사이언시스도 특허 No. 9,260,752를 등록했는데, 여기에는 DNA를 편집하기보다 검출하고 분석하기 위해 크리스퍼 유전자가위를 사용한다는 청구항을 담았다. 이 청구항이 유전자 편집에서 중요한 역할을 한다면 다른 지적재산권의 출원을 차단할 수 있으며, 기존의 크리스퍼 유전자가위 기술과 아직 발견되지 않은 어떤 대안적인 크리스퍼 유전자가위 기술에도 영향을 미칠 수 있다.

중국은 또한 학계와 업계의 유전자 편집 특허에 큰 영향을 미친다. 크리스퍼 기술에 대한 중국의 관심은 날로 증가하고 있으며, 이것은 2013년 이해 급증하는 우선권 특허 출원에 의해 알 수 있다. 중국은 크리스퍼 우선권 특허 출원에서 미국 다음이다. 미국의 특허 출원자가 소수인데 반해 중국 특허 출원자들은 다양한 연구소와 업계에 흩어져 있다. 현재 중국에서 출원된 대다수의 크리스퍼 유전자가위 관련 특허는 특정 유전자를 넉아웃시키는 기술이다. 미국의 지적재산권 전략과 달리 대부분의 특허는 중국 내에서만 유효하다.

미국이나 중국과 마찬가지로 유럽의 특허 출원 역시 2010년 이후 현저히 증가했다. 그러나 유럽의 특허는 대부분 미국의 기관과 기업이 출원하고 있다. 유럽과 미국의 특허법 사이에는 기본적인 차이가 있다. 미국에는 특허 출원을 신속 심사할 수 있는 신속심사제도가 있으나, EU는 지적소유권과 발명의 참신성을 보다 명백히 요구하는 엄격한 규정이 있다. 예를 들어 제3자 옵서버는 특허 소유권에 대한 이의를 제기할 수 있고 참신성에 대해 고소할 수 있다. 이에 따라 유럽에서는 브로드연구소의 크리스퍼 유전자가위의 출원에 대해 많은 제3자 옵서버가 이의를 제기했다. 미국과 달리 유럽에서는 국내법에 의해 특허 없이도 크리스퍼 유전자가위에 대한 연구를 할 수 있다. 다만 연구 결과를 상업적으로 이용하는 데는 제한이 따른다.

유전체 편집 연구와 관련된 46개 회사 중 36개의 회사가 미국에 자리 잡고 있으며 대부분이 스타트업이다. 대조적으로 미국 밖에서는 이미 설립된 생명공학 회사가 주로 유전자 편집 회사를 겸한다. 스위스의 노바티스와 독일의 BASF플랜트사이언시스(BASF Plant Sciences)와 바이에르크롭사이언시스(Bayer Crop Sciences), 한국의 툴젠 같은 회사들이 유전체 편집 시장에서 성장

세를 보이고 있다.

유전자 편집 시장은 연구, 인간 치료, 농업과 산업 생명공학으로 나뉜다. 연구 부문은 8분의 3 정도로 가장 높은 시장 점유율을 차지한다. 생명공학 연구 회사는 일반적으로 크리스퍼 유전자가위의 라이선스를 얻어 유전자 편집 회사와 연구소에 시약, 세포주, 동물 모델을 판매한다. 또 대략 4분의 1 정도의 선택된 회사들이 농업 생명공학에 중점을 두고 동식물을 대상으로 유전자 편집 기술을 적용한다. 8분의 1 정도만이 산업 생명공학에 배분되어 시장점유율이 가장 낮다. 분석 대상 회사의 4분의 1 정도가 다양한 질병을 치료하기 위한 치료제를 개발하고 있다.

스타트업

유전체 편집과 관련한 스타트업 회사로는 상가모테라퓨틱스, 에디타스메디신, 크리스퍼테라퓨틱스, 카리부바이오사이언시스, 인텔리아테라퓨틱스, 프레시즌바이오사이언스(Precision Bioscience), 셀렉티스 등이 존재한다. 이 스타트업은 종종 초국가적 제약회사(Big Pharma)들과 협력해 크리스퍼 유전자가위를 사용한 유전자 치료제를 개발한다.

에디타스메디신은 크리스퍼 유전자가위와 TALEN 기술에 전문성을 가진 선두 회사다. 표적 특이성이 보다 높은 Cas9의 변이체를 만들고, 사람의 치료에 그 유전체 편집 기술을 이행하려고 노력한다. 회사는 다섯 명의 관련 분야 전문가에 의해 설립되었고, 플래그십벤처스(Flagship Ventures), 폴라리스파트너스(Polaris Partners), 서드록벤처스(ThirdRock Ventures) 등이 주축이 된 최초의 기금 모금을 통해 4300만 불을 모았다. 오늘날까지 이들은 개인 투자가로부터 1억 6300만 불을 모았다. 에디타스메디신은 크리스퍼 유전자가위의 한 가지 등록 특허에 대한 배타적 권리를 가지고 있으며, 매사추세츠 종합병원과 듀크 대학과 함께 크리스퍼 유전자가위의 주요 기술에 관한 배타적 지적재산권을 확보했다. 이들은 2018년 중반에 레버선천성흑암시(Leber Congenital Amaurosis)를 치료하기 위한 임상시험을 시작할 계획이다. 어셔 증후군, HSV-1, 암세포 치료를 위한 T-세포 편집, 베타지중해성 빈혈, 낫세포빈혈증, 뒤센근이영양증, 낭포성섬유증, 알파-1 항트립신결핍증 등의 전임상시험을 진행한다. 에디타스메디신은 2016년 2월에 상장을 통해 9400만 달러를 조달하였으며, 현재 시가 총액은 6억 5000만 달러 정도다.

에디타스메디신의 공동 창업자인 장 펑이 크리스퍼 유전자가위 특허를 등록했을 때 다우드나는 에디타스메디신과 결별하고 카리부바이오사이언시스를 창립했다. 다우드나는 현재까지 심사 중인 크리스퍼 유전자가위 기술에 대한 특허를 별도로 출원했다. 에디타스메디신과 카리부바이오사이언시스는 현재 크리스퍼 유전자가위 기술을 놓고 특허 취득 경쟁 중이며, 이 결과는 두 회사에 커다란 영향을 미칠 것이다.

카리부바이오사이언시스는 치료, 농업, 연구, 산업 생물공학에 그들의 기술을 적용하는 연구를 한다. 또한 노스캐롤라이나 주립대학의 바랭구 박사와 협력해 크리스퍼 유전자가위 시스템의 DNA 서열 표적 메커니즘을 이해하려고 하고 있다. 그리고 노바티스와 함께 CAR-T 세포 치료법을 개발하고 있다. 카리부바이오사이언시스는 가족성 아밀로이드증(Transthyretin Amyloidosis)의 임상 계획을 승인 신청 중이며, 알파-1 항트립신결핍증, HBV, 선천성 대사결함은 시험관 내 실험 중이고, 조혈모줄기세포, CAR-T는 전임상단계다. 카리부바이오사이언시스는 아틀라스벤처(Atlas venture)로부터 2차에 걸쳐 4100만 달러를 조달했다.

인텔리아테라퓨틱스는 2014년 카리부바이오사이언시스와 아틀라스벤처에 의해 설립되었고, 아틀라스벤처와 노바티스 생의학연구소의 지원을 받고 있다. 이들은 크리스퍼 유전자가위 시스템에서 원하는 DNA 서열을 표적하는 sgRNA를 개선하는 연구를 하고 있다. 카리부바이오사이언시스는 인간 치료에 적용하기 위한 크리스퍼 유전자가위의 독점 사용권을 인텔리아테라퓨틱스에 모두 제공하는 반면, 노바티스가 제공하는 인텔리아테라퓨틱스의 CAR-T 세포 전략 개발을 위한 크리스퍼 유전자가위 플랫폼 사용의 배타적 권리를 보유하고 있다. 노바티스는 인텔리아테라퓨틱스와 크리스퍼 유전자가위의 제한된 체내 치료 적용을 위한 비배타적 권리, 기술 사용료, 지원 제공 등 5년 간의 협력을 약정했다. 인텔리아테라퓨틱스는 최근 2016년 5월 상장을 통해 1억 800만 불을 조달했다. 현재 시가 총액은 5억 5000만 달러 정도다.

크리스퍼테라퓨틱스는 2014년 4월 크리스퍼 유전자가위 기술의 공동 발명자 중 한 사람인 샤르팡티에가 설립했다. 크리스퍼테라퓨틱스는 크리스퍼 유전자가위 표적이탈 활성을 신뢰성

있게 예측할 수 있는 알고리즘을 개발하는 데 초점을 둔다. 이들은 두 번의 모금을 통해 8900만 달러를 조달했으며, 에스알원(SR One), 셀진(Celgene), 뉴엔터프라이즈어소시에이츠(New Enterprise Associates), 아빙워스(Abingworth), 버산트벤처스(Versant Ventures) 등이 뒷받침하고 있다. 크리스퍼테라퓨틱스는 버벡스(Vertex)와 함께 베타지중해성빈혈과 낫세포빈혈증 치료법을 개발해 2017년 말 임상시험 계획을 승인 신청할 예정이다. 헐러증후군, 중증복합면역결핍증, Ia형 글리코겐저장질환, 혈우병, 낭포성섬유증, 뒤센근이영양증 등은 전임상단계에 있다. 2015년 12월에 바이에르크롭사이언시스는 크리스퍼테라퓨틱스의 과반수 지분을 확보했으며, 5년 동안 혈액이상, 실명, 심장병 같은 질환을 치료하기 위해 크리스퍼 유전자가위을 개발하는 연구개발 분야에 최소한 3억 달러를 마련하는 데 동의했다. 현재 시가 총액은 6억 7000만 달러 정도다.

셀렉티스는 1999년에 설립되어 확립된 프랑스 회사로, 유전자 편집과 암면역요법 모두에 관여한다. 2004년, 셀렉티스는 BASF플랜트사이언스와 함께 농업 및 영양 적용을 위해 메가뉴클레아제를 개발했고, 2011년에는 프리제넨(Pregenen)과 함께 메가뉴클레아제를 개발했다. 회사는 "크리스퍼 유전자가위를 사용하는 식물 유전체 가공"(Engineering Plant Genomes Using CRISPR/Cas Systems)이라는 제목의 특허에 대한 세계적 권리를 보유하고 있고, 미네소타 대학으로부터 TALEN 기술의 상업적 적용에 대한 배타적 사용권을 확보했다. 특정 암을 표적하는 다섯 종류의 범용 키메라성항원수용체 T-세포(UCART)는 1상 임상시험 중이다.

2015년 11월, 셀렉티스는 이 UCART를 사용해 급성 림프모구성 백혈병을 앓는 라일라를 성공적으로 치료한 바 있다. 셀렉티스는 2015년 3월 상장을 통해 2억 2800만 달러를 조달했다.

프레시즌바이오사이언스는 메가뉴클레아제를 사용하는 ARCUS 유전체 편집 플랫폼 기술을 보유하고, 그것을 암과 유전질병 및 농업에 사용하려 한다. 프레시즌바이오사이언스는 CAR-T 세포를 가공하는 메가뉴클레아제를 개발한다. 이 회사는 미국과 오스트레일리아에서 열다섯 종류가 넘는 유전체 공학 특허를 갖고 있으며, 특허 소유권을 더욱 늘리고 있다. 프레시즌바이오사이언스는 셀렉티스에게 특허 소송을 제기했으며, 현재 델라웨어 지방법원에 계류 중이다. 이 회사는 2015년 5월의 첫 모금에서 2600만 불을 모았고, 2016년 2월 다발성 암 징후에 대한 일련의 동종이형(allogenic) CAR-T 세포 치료를 개발하기 위해 박살타(Baxalta)와 협력 관계를 맺었다.

상가모테라퓨틱스는 1995년에 설립되었다. 이 회사는 주로 ZFN을 포함한 유전자 치료에 초점을 맞춘다. 이들은 HIV 치료(NCT01252641, NCT00842634, NCT01044654)에 대한 1상 임상을 포함하는 다수의 1상 임상에 들어갔다. 미국 식품의약국은 2016년 6월에 헌터증후군(Hunter Syndrome, Mucopolysaccharidosis Type II)을 치료하기 위해 고안된 ZFN인 SB-913에 대한 이들의 임상시험계획(investigational new drug)을 승인했다. 상가모테라퓨틱스는 헌팅턴병 치료법을 개발하기 위해 셔인터내셔널(Shire International GmBH), 그리고 헤모글로빈병증·베타지중해성빈혈·낫세포빈혈증 치료를 위해 바이오젠과 협력 관계를 갖고 있다. 이들은 고부가가치 실험실 시약, 형질전환 동물, 상업적으로 생산하는 세포주에 대한 사용권을 시그마앨드리치(Sigma-Aldrich Corporation)에 넘겼고, 농작물 부문을 다우어그로사이언시스(Dow AgroSciences)에 넘겼다. 상가모테라퓨틱스는 2000년 4월 상장으로 4900만 불을 조달했다.

한국의 툴젠은 1999년에 설립되었으며, 설립 이후 ZFN, TALEN, 크리스퍼 유전자가위 기술까지 독자적으로 개발했다. 기업현황보고서에 따른 자산 총계는 156억 원에 달한다. 유전자 편집 관련 실험실 시약과 마우스 모델을 공급하며, A형 혈우병과 사르코마리투스(Charcot-Marie-Tooth) 치료제를 개발 중이다. 현재 툴젠은 연거푸 상장에 실패한 상태인데, SK증권 황대하 부장은 페이스북에서 대형 제약회사의 참여와 임상 단계 기술의 개발이 필요하다고 조언했다.

기술성 부분과 사업성 부분에서 본다면 초기 단계의 기술이 아닌 임상이 어느 정도 진행되고 그 기술적 가치에 빅파마가 참여하는 구조가 되어야 제대로 된 모습이 나온다고 봅니다. 최근 녹십자셀과 체결한 면역 항암제 공동 연구개발도 좋은 시도라고 보이고 다른 사례도 추진하고 있으리라 생각되지만, 향후 툴젠이 추구하는 궁극적인 목표를 위해서라도 빅파마와 공동 연구 및 투자가 이루어지길 기대합니다. 인텔리아와 에디타스가 초기 기술임에도 불구하고 구글, 빌 게이츠, 빅파마가 투자함으로 인해서 더욱 판이 커졌듯이요. (…) 유수 기업의 투자와 빅파마의 참여는 초기 기술이 가진 불확실성을 보완해 주는 역할을 할 것입니다.

그러나 우려했던 특허 취득에 대한 전망, 특허 분쟁의 리스크 등은 점차 해결될 것으로 보인다. 툴젠은 국내에서는 2016년 2건의 특허를 부여받았으며, 미국 · 일본 · 중국 · 유럽연합을 포함하는 9개 나라에서 특허를 출원 중이며, 호주에서는 2016년에 특허를 등록했다. 2016년을 기준으로 원천기술 특허를 포함해 이의 응용을 위한 응용특허 등 국내외에서 총 29개의 관련 특허를 등록했으며, 현재 16개의 관련 특허를 국내외에 출원해 심사 중에 있다. 툴젠은 보유한 특허의 라이선스를 써모피셔(Thermo Fischer)에, 그리고 최근에는 몬산토(Monsanto)에 제공했다.

9

프레이밍 전쟁

용어 해석의 중요성

새로운 기술의 개발자가 자신의 연구를 정당화하고 유리하게 전달하려는 시도는 의사결정에 중요한 영향을 미친다. 기술적 혁신에 관한 언어는 일상 삶에 영향을 미치며, 기술의 미래와 관련된 중요한 정치적 결정을 좌우하기 때문에 이를 이해하는 것이 중요하다. 이것은 특히 유전공학에서 두드러진다.

언어는 과학과 사회에 특히 중요하다. 언어는 세계를 바라보는 방법을 결정한다. 이들은 추론적 패턴을 형성하고 유지하는 데 도움을 준다. 만약 우리가 유전자 편집의 발전에 공개적으로 그리고 비판적으로 참여하기를 바란다면, 우리는 이 발전에 대해 이야기할 때 사용하는 언어에 주목해야 한다. 언어는 새로운 발전에 대한 우리의 시각을 열어 주지만 또한 우리를 사시로 만들 수도 있다. 언어는 주의 깊게 선택되고 경험적 증거로 평가되어야 한다. 왜냐하면 이들은 데이터 해석과 과학이 사회에 어떻게 영향을 미치는지 알려 주기 때문이다.

크리스퍼 유전자가위와 유전자 편집에 대한 사회적·윤리적 논쟁의 배후에는 언어가 있다. 우리는 이 새로운 기술이 실제로 작동하는 방법뿐만이 아니라 그것이 언어를 통해 프레이밍(framing)되는 방법, 그리고 무엇보다 그런 프레이밍의 정치적 함의가 무엇인지도 알아야 한다. 크리스퍼 유전자가위 기술에 대한 윤리적 논쟁의 저변에는 용어 정의를 주도하려는 프레임 전쟁이 펼쳐지고 있다. 'gene/genome editing'이라는 용어를 어떻게 해석하느냐에 따라 논의의 주도권이 달라진다.

편집이냐, 교정이냐

_연구개발자들의 주장

지난 2015년 말 미래창조과학부의 미래기술영향평가를 앞두고 관련 연구자들은 'genome editing'에 대한 번역어에 대해 다음과 같은 의견을 전달했다. 다른 연구자들이 종래에 기술의 대중적 이미지에 무관심했던 것에 비해 크리스퍼 유전자가위 연구자들이 집단으로 이와 같은 의견을 전달한 것은 이례적인 일이다. '유전자가위' 기술을 다루는 연구자들은 새로운 유전공학 기술이 GMO에 사용된 이전의 유전자변형 기술과 완전히 다른 방식임을 강조하는 용어를 선호한다. 또 이들은 학회의 공식 명칭도 한국유전자교정학회로 합의해 사용하고 있다. 다소 긴 느낌은 있지만 이들이 주장하는 바를 원문을 인용해 파악해 보려고 한다.

'Genome editing', 유전체 교정인가 편집인가

최근 생명과학계는 물론이고 언론에서도 genome editing 기법이 큰 관심을 불러일으키고 있습니다. Genome editing은 CRISPR-Cas9과 같은 programmable nuclease(유전자가위)를 이용해 인간 및 동식물의 유전자에 맞춤 변이를 도입하는 실험기법으로 유전자의 기능을 밝히기 위한 연구 수단으로서 널리 사용되고 있을 뿐 아니라 최근에는 유전질환과 암, AIDS 등 다양한 난치성 질환의 치료 방법으로서도 주목받고 있습니다. 또한

이 기법을 동식물에 적용하여 고부가가치 농작물, 가축을 만들거나 해충을 박멸하기 위한 연구가 전 세계적으로 활발히 진행되고 있습니다. 이와 같이 genome editing은 생명과학 실험실에서만 활용되는 실험기법에 그치지 않고 21세기 인류의 삶에 지대한 영향을 미치는 신기술이 될 것으로 기대되고 있습니다. 미래창조과학부에서도 이러한 가능성에 주목하여 올해 미래기술영향평가의 대상으로 genome editing을 선정하였습니다. Genome editing의 사회적 파급 효과를 고려할 때 이는 매우 시의 적절한 시도라고 평가합니다.

우리는 genome editing 기법을 다양한 생명과학 연구에 직접 활용하고 있는 학자들로서 정부와 언론의 관심에 대해 적극 환영하는 입장입니다만 일반인들의 오해를 불러일으키는 용어가 일부 언론에서 사용되는 경향에 대해 우려의 뜻을 전하고자 합니다. Genome editing은 2000년대 중반 이후 등장한 학술용어로서 국내 언론은 이를 "유전자/유전체 교정(校訂)" "유전자/유전체 편집(編輯)" "유전자가위 기술" 등 다양하게 번역하여 소개하고 있습니다. 우리는 이러한 용어 가운데 "유전자/유전체 편집"이라는 용어가 사실에 부합하지도 않을 뿐만 아니라 일반인들의 오해를 불러일으킬 수 있다는 점에 우려합니다. 예를 들어 "중국 과학자들이 인간의 배아를 편집했다" "인간 유전자를 편집한다" "유전자 편집 과일, 슈퍼마켓 덮치다"라는 표현이 국내 언론에 등장하여 일반인들의 오해를 불러일으키고 있습니다. "유전자 편집"은 독자들의 주목을 끌기 위해 일부 언론이 사용한 표현입니다만 국내 학계에서는 이를 사용하지 않고 있을 뿐만 아니라 과학자들의 의도를 왜곡하고 사실관계를 훼손하는 과장된 표현입니다.

무엇보다 "유전자/유전체 편집"은 genome editing을 오역한 것으로서 사실과 다릅니다. 사전을 찾아보면 editing은 1.편집(編輯), 2.교정(校訂), 두 가지로 번역됩니다. 문제는 편집과 교정의 의미가 매우 다르다는 데 있습니다. 편집을 국어사전에서 찾아보면, "일정한 계획 아래 여러 가지 재료를 모아 엮어서 책이나 신문, 잡지 따위를 만드는 일"이라고 설명합니다. 이는 명백히 genome editing에 해당하지 않습니다. 유전자를 이것저것 모아 취합해 새로운 유전체를 만든다면 synthetic biology, 즉 합성생물학에 해당합니다. Genome editing은 유전자를 제거하는 knockout, 유전자 염기서열 일부를 교체하는 knockin으로 구성됩니다. knockout하는 경우 불과 1-10여 개의 염기를 제거하거나 삽입하고 knockin하는 경우에도 단일염기의 변이를 유도하거나 최대 1만 개 염기쌍으로 구성된 유전자를 유전체의 특정 장소에 삽입하는 데 사용됩니다. 인간의 유전체가 32억 쌍의 염기로 구성되어 있으므로 1만 개 염기쌍으로 구성된 유전자를 삽입하는 극단적인 경우에도 불과 32만 분의 1에 해당하는 변이를 초래하는 것입니다. 이는 ppm 단위의 극소적인 변이라고 할 수 있습니다. 단일염기를 삽입하여 유전자를 녹아웃하는, 보다 일반적인 경우에는 32억 분의 1에 해당하는 변이로서 parts per billion(ppb)입니다. 이를 두고 유전체를 편집했다고 하는 것은 지나친 과장이자 오류입니다.

반면 editing의 또 다른 번역어인 '교정'은 주어진 텍스트에서 일부를 수정하는 것을 의미합니다. 500쪽의 두꺼운 책 한 권에서 한 글자 또는 한 문장을 바꾼다면 수십만 분의 일 내지는 수만 분의 일을 수정하는 것입니다. 이는 교정이지 편집이라고 할 수 없습니다. Genome editing은 genome이라는 100만 쪽 이상 되는 방대한 책에서 한 글자 내지는 기껏해야 한 문장을 바꾸는 것입니다.

둘째, "유전자 편집"이라는 표현은 연구자들의 의도를 왜곡하고 훼손합니다. 국내외 연구자들이 혈우병과 같은 유전질환의 잠재적 치료법으로서 genome editing 기법을 사용합니다. 유전병의 원인이 되는 돌연변이를 원상복구하자는 것입니다. 이는 유전자의 교정이지 편집이 아닙니다.

셋째, "유전자 편집"이라는 용어는 일반인들에게 genome editing을 이용한 치료제와 이 기술을 이용해 만든 가축, 농작물 등에 대해 불필요한 오해와 반감을 불러일으킬 수 있습니다. 이 기술의 작용원리와 결과에 대해 정확히 파악할 수 없는 일반인들은 "인간의 유전자를 편집한다"는 표현을 두고 마치 일제 시대 만주의 731부대에서 자행한 비인도적 생체실험을 연상할 수도 있습니다. "유전자 편집된 가축, 과일"이라는 표현도 일반인들의 거부감을 불러일으킬 것이 자명합니다. 이러한 오해로 인해 발생하는 불필요한 사회적 갈등과 이를 해소하기 위해 드는 사회적 비용은 막대할 것입니다.

GMO는 과학 용어를 사려 깊게 번역해 사용하는 것이 얼마나 중요한지 보여 주는 좋은 사례입니다. GMO는 현재 '유전자변형작물'로 번역되고 있지만 과거에는 '유전자조작작물'로 번역되어 한동안 사용되었습니다. 한자어는 다르지만 조작이라는 단어가 주는 부정적인 느낌이 GMO에 대한 일반인의 거부감에 일조했음을 부인할 수 없습니다. GMO를 둘러싼 사회적 갈등은 우리 사회에만 국한된 것은 아니지만 특히 한국에서 GMO에 대한 일반인의 반발과 이를 반영한 정부의 규제는 구미 선진국, 남미, 중국에 비해 훨씬 엄중하고 심각합니다. 이로 인해 소비자와 생산자, 종자 회사, 정부와 언론, 과학자들은 불필요한 사회적 부담과 피해를 함께 감당하고 있습니다.

과학기술은 국가 경제를 발전시키고 사회를 변화시키는 원동력이지만 실험실에서 개발된 연구 성과가 실제 실험실 밖 세상에서 널리 활용되기 위해서는 일반인들의 이해와 지지를 얻는 것이 무엇보다 중요합니다. Genome editing 기술이 우리 사회에서 오해와 갈등을 불러일으키지 않고 순조롭게 수용되기 위해서는 올바른 용어의 사용이 그 첫걸음이 된다는 점에서 우리는 국내 언론과 학계에 "유전자/유전체 편집"이라는 잘못된 표현을 자제해 주실 것을 요청합니다. Genome editing은 학술 용어로서 이의 번역어는 실제 이 기법을 개발하고 활용하는 학자들의 의견을 존중하는 것이 합당합니다. 우리는 이에 대한 대안으로 "유전자/유전체 교정"이 사실에 부합하고 실제 이 기법을 사용하는 연구자들의 목적과 일치하는 용어라고 판단합니다만 이 용어가 녹아웃에는 적절하지 않고 기술 친화적이라는 지적도 일리 있다고 생각합니다. Editing에 편집과 교정, 두 가지 중의적인 의미가 있으니 이를 번역하지 말고 '유전자 에디팅'으로 사용하자는 의견도 있고 '유전자 첨삭(添削)'이라는 용어도 대안이 될 수 있습니다. 따라서 genome editing에 대한 폭넓은 관심과 그 파급효과를 고려할 때 몇 명의 전문가 또는 비전문가가 모여서 용어를 정하는 것보다는 일반인, 기자, 학자들이 참여하는 자리를 마련해 공론화하는 것이 바람직하다고 제안합니다. 이번 미래부의 미래기술영향평가는 그 첫걸음이 될 수 있다는 점에서 관계 당국과 언론의 협조를 구합니다.

2015년 7월 23일
Genome editing 기법을 개발하거나 사용해 학술 논문을 발표한
국내 연구 책임자 일동(무순)

연세대학교 생화학과 이한웅
연세대학교 의과대학 김동욱
충남대학교 생명과학과 김철희
생명공학연구원 유권
서울대학교 생명과학부 이준호
서울대학교 생명과학부 김빛내리
서울대학교 수의과대학 이병천
서울대학교 수의과대학 장구
서울대학교 농생대 한재용
서울대학교 농생대 박태섭
서울대학교 화학부 김진수

흥미롭게도 김진수 교수와 함께 인간 배아 유전자 편집 논문을 발표한 공동 교신저자인 미탈리포프도 인간 유전자변형의 윤리적 · 법적 논의가 필요하다는 사실을 인식하고 있지만, 그 팀의 연구는 유전자를 변화시키기보다는 '교정'했기 때문에 정당화된다고 말했다. 미탈리포프는 "실제로 우리는 아무것도 편집하지는 않았다. 우리는 아무것도 변형하지 않았다"고 말했다. "우리의 계획은 돌연변이 유전자를 교정하는 것이다."

_반론

'gene editing/genome editing'의 한국어 번역은 이 기술이 한국 사회에서 수용되는 첫 번째 단계라고 할 수 있다. 영어 전문 용어를 직접 사용하기보다 번역어를 사용하면, 대중은 이 기술을 보다 가깝게 대할 수 있고, 사용과 규제에 관해 공개적으로 논의할 수 있는 시작점을 갖게 된다.

'gene editing'을 둘러싸고 이것이 '유전자 편집' 또는 '유전자 교정'이라는 이름을 붙여야 하는가에 대한 논쟁이 있다. 흥미롭게도 이 논쟁은 실제 이 기술을 사용하는 연구자들이 '유전자 교정'이라는 용어를 주장하면서 비롯되었다.

실제로 'gene editing' 기술을 옹호하는 연구자들은 '유전자 편집'이라는 말이 "과학자들의 의도를 왜곡하고 사실 관계를 훼손하는 과장된 표현"이라고 지적한다. 'editing'의 두 가지 번역 '편집'과 '교정'(校訂)에서 변화의 규모로 볼 때 편집은 지나친 과장이고 오류이며 교정이 적절하다는 것이다. 둘째, 'gene editing'은 유전병의 원인이 되는 돌연변이를 원상 복구하는 것으로서 교정이고 편집에 해당하지 않는다는 것이다. 셋째, 유전자 편집이라는 용어는 불필요한 오해와 반감을 일으킬 수 있다는 것이다.

연구자들이 우려하다시피 기술이 순조롭게 수용되기 위해서는 올바른 용어의 사용이 첫걸음이 된다는 데 동의한다. 그러나 이들이 제시하는 '유전자 교정'이라는 번역어는 대안이 될 수 없다. 우선 '유전자 교정'에서는 '교정'이라는 말이 중의적으로 사용된다. '유전자 편집'이라는 용어를 비판하면서 들었던 첫 번째 이유에서는, '교정'을 교정(校訂, proofreading)이라는 의미로, 두 번째 이유에서는 교정(矯正, correction)이라는 의미로 경우에 따라 유리하게 사용하고 있다. 실제로 이에 대해 연구자는 교정(校訂)이나 교정(矯正)으로 특정하지 않고 포괄적으로 '유전자변형'이라고 설명한다.

두 번째로, '교정'(校訂)이나 '교정'(矯正)은 둘 다 "바로잡아 고치는 것"이라는 뜻을 포함한다. '편집'이라는 말이 부정적이기 때문에 사용해서는 안 된다고 주장하는 것만큼, '교정'이라는 용어는 연구자의 기대와 가치가 많이 반영된, 지나치게 긍정적인 의미를 포함한다. 이 같은 용어는 위험성을 과소평가하고 의미 없는 이익에 대한 기대를 부추길 것이다.

세 번째로, 유전자 교정에 대응하는 용어 'gene correction'이 이미 존재한다. 또한 중국, 대만, 일본 등 한자 문화권에서는 보편적으로 '편집'이라는 번역 용어를 사용하고 있다.

이상에서 살펴본 바와 같이 '유전자 교정'이라는 용어는 기술이 어떻게 작동하고 사용될 수 있는지에 대해 정확한 묘사를 할 수 없고 기술이 갖는 윤리적 가치를 정당하게 전달할 수 없기 때문에 부적절한 것으로 평가한다.

 필자는 '유전자 편집'이라는 말을 선호하는데, '편집'이라는 말
이 특별히 부정적인 의미를 담고 있지 않다고 생각한다. 실제로
편집 메타포는 중립적이거나 상황에 따라 긍정적이거나 부정적
으로 쓰이기도 한다.

 유전체를 텍스트로 보는 메타포는 가장 보편적으로 사용된다.
일반적으로 크리스퍼 유전자가위와 관련된 편집 메타포는 유전
체를 편집해야 할 불완전한 대상으로 표현하며, 윤리적으로 문
제를 일으키는 함의를 과소평가한다. 편집은 위험성의 감정을
전달하거나 주의를 기울일 필요를 전달하지 않는다. 편집은 편
집자가 전반적으로 어떤 의도를 가지고 품질을 높이기 위해 텍
스트를 다듬는 것이다. 그렇기에 편집은 의도를 벗어난 비정밀
성과 비의도적인 절단의 위험성을 종종 축소한다.

 또한 '편집'이라는 말이 몇 개의 염기서열부터 다중 넉아웃,
대규모의 염색체 전좌, 그리고 합성생물학까지의 가능성을 포괄
하는 단어이므로 사용하기에 적절하다고 생각한다(합성생물학에 이
기술을 사용하는 가능성은 실제로 현재 모색되고 있다).

 논란의 여지가 큰 기술에 대한 시민 논의의 초기 단계에서 어
떤 언어를 사용하는가는 토론이 구성되는 방식에 많은 영향을
미칠 수 있다. 따라서 기술을 옹호하는 사람이나 기술을 비판하
는 사람들은 서로 자신에게 유리한 이름을 붙이려고 노력한다.
유전자 편집을 둘러싸고 이런 논란이 일어나는 것은 지극히 당
연한 현상이다. 하지만 실제로도 '유전자 편집'이라는 용어는 연
구자들의 부정적인 평가에도 불구하고 대중적으로 보다 널리 사

용되고 있다(참고로 미국 과학의학아카데미는 편집의 대상이 유전자만이 아니라는 점에서 '유전자 편집'보다는 '유전체 편집'이 더 정확한 표현이라고 주장한다).

결국 2015년 기술영향평가에서는 편집이나 교정이라는 표현 대신 잠정적으로 합의된 유전자가위 기술이라는 표현을 사용하기로 했다.

정밀성의 신화

크리스퍼 유전자가위는 "크리스퍼 시대의 정밀 유전체 편집"이라는 타이틀처럼 정밀하고 특이적 기술로 소개된다. 그러나 이 표현대로 크리스퍼 유전자가위는 정밀한 도구인가?

첫째, 크리스퍼 유전자가위는 결점이 없는 기술이라는 함의를 준다. 정말 그런가? 원래 이 방법은 박테리아가 crRNA가 지정하는 곳을 자르므로 표적 부위를 벗어나도 침입하는 바이러스를 물리치기 위해서는 상관이 없다. 그러나 유전공학 도구로 개발되면 이 표적이탈효과가 문제가 된다. 크리스퍼 유전자가위는 sgRNA와 DNA가 쌍을 이룰 때 DNA의 이중가닥을 절단한다. sgRNA와 5개의 염기까지 쌍을 제대로 이루지 못해도 표적으로 인식해 절단할 수 있다는 사실이 밝혀졌다. 또한 2017년 5월, 아이오와 대학의 바숙(Alexander G. Bassuk)과 스탠포드 대학의 마하잔(Vinit B. Mahajan) 공동 연구팀은 크리스퍼 유전자가위로 유전자 치료를 받은 실험용 마우스 두 마리의 전체 유전체를 단일염기

수준까지 조사한 결과, 예측했던 것보다 훨씬 많은 의도하지 않은 변이가 발견되었다고 발표했다. 만약 이 주장이 사실이라면 크리스퍼 유전자가위는 정밀성을 요구하는 임상용으로는 사용할 수 없다는 함의를 지니게 된다. 현재 이에 대한 반박과 재반박이 이어지고 있다.

둘째, 방법이 정확하므로 결과도 정확할 것이라는 오해를 하게 한다. 완전한 정밀성을 갖는다면 이로부터 만들어지는 생물체에서 결과를 통제할 수 있을 것이라고 가정하는 것이다. 크리스퍼 유전자가위에 의한 절단 부위는 비상동말단접합과 상동의존성수리의 두 가지 방법으로 수리되는데, 현재 어느 방향으로 수리가 되도록 정확하게 통제할 수는 없다. 또한 비상동말단접합의 경우에는 세포가 절단된 부위의 DNA 토막을 약간 탈락시키거나 새로운 DNA 토막을 약간 추가해 절단된 곳을 화학적으로 봉합하는데, 이때 몇 개의 뉴클레오티드가 탈락되거나 추가될 것인지 통제할 수도 없고 예측하지도 못한다. 이 과정은 기본적으로 오류를 포함하는 과정이다.

셋째, 유전자 기능의 변화가 별개로 일어나고, 이것을 한정시킬 수 있다는 것을 의미한다. 하지만 유전자로부터 형질에 이르는 개별적이면서 단순한 경로는 결코 존재하지 않는다. 대부분의 유전자 기능은 다른 유전자 및 변이체의 존재, 환경, 생물체의 나이 또는 우연 등과 같은 많은 조건 변수에 의존적인 매우 복잡한 생화학 등의 네트워크를 통해 애매하게 중개된다. 그렇기 때문에 멘델 이래 유전학자와 분자생물학자들은 중요한 유전적 발견을 위해 이런 조건 변수들을 배제한 실험 시스템을 사용하려고 노력했다.

그런데 왜 정밀성에 대한 이야기가 중요한가? 살충제로부터 유전공학에 이르는 지난 70년 간의 모든 화학적·생물학적 기술이 이런 정밀성과 특이성의 신화에 근거했기 때문이다. 이 기술들은 모두 부작용이나 예측하지 못할 복잡성 없이 기능한다는 전제 아래 채택되었다. 하지만 우리는 DDT, 납 페인트, 고엽제, 아트라진, C8, 석면, 클로르덴(chordane), 폴리염화비페닐(PCBs) 등이 건강과 환경에 얼마나 악영향을 끼쳤는지 이제야 깨닫고 있으며 정밀성에 기반한 신화의 붕괴를 목도하고 있다.

우리는 크리스퍼 유전자가위의 개발자들과 언론을 통해 그 정밀성의 복음을 다시 듣고 있다. 그러나 기술의 정밀성은 신화에 불과하다는 사실을 잊지 말아야 한다. 유전자 치료나 GMO의 안전성 규제가 사실에 기반할 것인지, 아니면 신화에 기반할 것인지 역사가 앞으로 밝혀 줄 것이다.

과장과 마케팅

2013년 초, 크리스퍼 유전자가위를 포유동물 세포에 성공적으로 사용했다는 최초의 보고 이후 유전체 편집은 비상하게 발전하며 많은 사람들의 관심을 사로잡았다. 모든 유망한 기술이 새롭게 도입될 때 흔히 나타나듯 크리스퍼 유전자가위의 이야기도 얼마나 과장되어 있는가, 그리고 가까운 장래에 유전체 편집은 임상 의료에 실제로 기여할 수 있을까?

2017년 8월에 발표된 한·미 공동 연구팀의 논문은 유전자가위가 배아에서 안전하고 효율적으로 작용할 수 있을지를 밝힌 원리증명실험에 가까운데도 언론들은 "한국-미국 연구진 크리스퍼 가위로 선천성 심장병 막았다" "DNA서 나쁜 유전자 찾아 '싹둑'…유전병 대물림 막는다" "한국·미국 연구진, 인간 배아 유전자 교정으로 질병 치료" "한·미, 유전자가위로 심장병 DNA 잘라 내기 성공" "한·미 연구진, 유전자가위로 '유전병 DNA' 고쳤다" "불량 유전자만 싹둑, 심장병 대물림 막는다" "2030 돌연사 유발 DNA, 유전자가위로 콕 집어 잘라 낸다" 등의 자극적인 제목으로 유전자 편집에 의한 치료의 시대가 도래했음을 알린다.

언론사뿐만이 아니다. 연구자 자체도 "유전자가위로 유전병을 예방할 수 있는 새로운 길을 열었다. 혈우병, 겸상적혈구 빈혈증, 헌팅턴병 같은 희귀질환을 앓는 수백만 명의 환자를 위해 이번 연구의 파급 효과는 매우 클 것으로 기대한다"며 "유전질환으로 고통 받는 환자들과 이들이 출산할 아이들을 생각하면 지금이라도 인간 배아 연구를 허용해야 합니다" "연구를 지금처럼 막으면 앞으로 기술 축적이 불가능한 데다 급기야는 예비 부모들이 외국에 나가 배아 유전자 수술을 받고 귀국하는 부작용도 발생할 겁니다. 국내에서 불법적으로 배아 유전자 수술을 감행할 가능성도 있죠" "유전자 교정 기술 보유국 중에서 우리나라만 인간 배아 실험 못해 규제 안 풀면 의료 시장 다 뺏겨" 등의 말로 생명윤리법에 의한 배아 연구 규제를 허용하라고 요구한다.

캐나다 앨버타 대학에서 이루어진 연구에 의하면, 언론뿐만 아니라 연구자에 의해서도 연구의 함의에 대한 과장이 많이 이루어진다고 한다. 중국 과학자가 발표한 지난 세 건의 논문과 달리 이번 논문에서는 서론의 거의 절반이 특정 질병인 비후성심근증을 설명하는 데 할애되기도 했다. 연구자가 인간 배아와 같은 민감한 재료를 사용해 자신의 연구를 추진하기 위한 정당성 확보를 위해 애쓰는 것을 이해 못하는 것은 아니다.

그러나 무엇보다 유전자 치료는 과장 사이클로부터 분리할 수 없는 것 같다. 유망한 획기적 사건 다음에는 우선 기대가 솟구친다. 그다음 성공을 위해 더 많은 시간, 자금, 노력이 필요하다는 것이 명백해지면 미몽에서 깨어나게 된다. 이 사이클은 반복된다.

이 과장 사이클은 새로운 기술의 채택과 성숙을 다섯 단계로 나누어 설명한다. ①기술의 시작 단계. ②기대의 최고조 단계, 최초의 획기적인 기술의 출현과 함께 시민들의 기대가 한껏 증폭된다. 기술의 이익은 강조되고 위험성은 축소된다. ③각성에 따른 침체 단계, 실제적인 증거가 쌓이면서 시민들이 이성적으로 생각하는 단계다. 특히 부정적인 증거가 제시되면서 최초의 기대가 많이 사그라진다. ④회복 단계, 긍정적인 증거도 쌓이고 원래의 기대보다는 못하지만 기술이 사회에서 수용되기 시작하는 단계다. ⑤안정적 생산 단계, 규제가 완화되며 재정 지원이 확보되어 기술이 안정적으로 발전하는 단계다.

2012년 중반 이후 크리스퍼 유전자가위에 대한 일련의 논문이 출판되며 기술이 시작되었는데, 5년이 지난 지금은 어떤 상황인가?

크리스퍼 유전자가위의 생명과학 분야의 응용과 관련해 과장

사이클의 주기는 상당히 짧아졌다. 크리스퍼 유전자가위를 사용한 수천 건의 논문이 출판되었고, 유전자변형된 마우스와 다른 동물 모델을 만드는 데 신속하게 채택되었듯이 크리스퍼 유전자가위가 실험실에서 상당한 영향을 끼쳤다는 데에는 이론의 여지가 없다.

반면 크리스퍼 유전자가위가 가까운 장래에 인간 건강에 커다란 기여를 할 수 있느냐의 여부는 또 다른 문제다. 기초 과학 연구와 마찬가지로 크리스퍼 유전자가위 연구로부터 거둘 수 있는 임상적인 이익은 예측하기 어려운 방향으로 수십 년간 지속될 것이다. 크리스퍼 유전자가위를 치료 방법으로 사용하는 것은 어떨까? 크리스퍼 유전자가위의 가능성과 위험에 대해서는 많은 논의가 이루어졌고, 기술을 홍보하는 몇몇 신생 기업에는 수억 달러가 투자되었다. 실제로 여러 건의 임상시험이 시도되고 있다. 최근 크리스퍼 유전자가위에 의한 낫세포빈혈증의 임상 사례를 분석한 결과가 발표되었다. 여러 명의 임상 자원자 중 성공한 한 건만이 보고되었고 실패한 나머지는 무시되었다는 내용이다. 실제로 연구가 유망한 치료로 이어지기 위해서는 상당한 기간이 필요하다.

분자생물학에 기반을 둔 여러 치료법도 시도되고 있으나 실제로 성공을 거둔 사례는 거의 없다는 점도 고려할 사항이다. RNA 간섭 치료법에 초점을 둔 회사가 세워진 지 15년이 지났지만 승인된 RNA 간섭 기반 치료법은 아직 출시되지 않았다. 유사하게, 유전자 치료를 수십 년간 연구했지만 미국에서는 아직 승인된 유전자 치료법이 없고 유럽에 단지 2개가 있을 뿐이다. 그중 글리베라(Glybera)는 한 사람당 100만 달러라는 비현실적인 가격으로 인해 상품화를 포기해야 했다. 상기했다시피 체세포 크리스퍼 유전자가위에 의한 치료가 성공을 거두려면 상당한 장애물을 극복해야 한다. 게다가 실험실에서 가능하다고 해도 임상에서는 불가능할 수 있다.

현재 크리스퍼 유전자가위에서 비롯되는 치료의 효과와 경제적 이익이 막대하리라 예측된다고 해도, 이 같은 가치가 실현되기 위해서는 시간이 필요하다. 이를 약속의 마케팅이라 할 수 있다.

가치 생산과 시간의 지연을 연결하기 위해서는 미래에 대한 비전이 팔려야만 한다. 그것이 결코 실현되지 않을 비전이라도 말이다. 과잉과 지출, 흥분, 위험, 도박은 예상할 수 없는 것 혹은 상상할 수 없는 것을 창조하기 때문에 생산적이다. 그러나 이것은 생산의 시간적 순위가 전도될 때라야만 가능하다. 생산의 시간적 순서는 미래를 향해 가는 현재에서 멀어져, 현재를 감당하게 하기 위해 언제나 소환되는 미래로 간다. 미래주의적인 약속 담론인 과장 광고의 작동을 이해하기 위해서는 다름 아닌 가치가 집중적으로 적재된 시간성의 작동을 진지하게 이해해야만 한다. 과장 광고는 단순히 냉소적인 것이 아니라 미래로 하여금 현재를 감당하게 하는 담론 형태라는 것이 나의 주장이다. 그리고 과장 광고는 현실에 반대될 수도 없다는 것이 이 장의 핵심적인 이론적 주장이다. 물론 과장 광고가 냉소적으로 읽힐 때 그것은 너무나 쉽게 현실의 대척점에 서지만 말이다. 오히려 과장 광고는 현실이며, 최소한 현실이 펼쳐지는 담론적 지반을 구성한다.

- 카우시크 순데르 라잔,《생명자본: 게놈 이후 생명의 구성》(그린비, 2012)

한·미 공동 연구팀의 인간 배아 편집 결과가 발표되고 얼마 지나지 않았다. 이전에 비해 진일보한 연구 결과이기는 하지만 역시 아직 실현되지 못한 치료와 부의 창출이라는 비전이 마케팅되고 있다. 이에 대해서 자칫 휘둘릴 수도 있는 과장 사이클의 초기에 서둘러 규제를 완화하면 연구 방향에 잘못된 신호를 주거나 투자 자금의 흐름을 왜곡시킬 수 있다. 특히 이번 연구의 경우 연구자의 일부는 실제로 바이오 벤처를 소유한 기업인들이다. 이 같은 재정적인 이해관계를 가졌을 때에는 연구의 당위성 주장이나 연구 함의의 과장 등에 더욱 유의해야 한다. 차분히 생명윤리법의 한계 안에서 시간을 두고 의미 있는 실험 결과가 쌓이는지 지켜볼 필요가 있다.

10

과학자의 자기 규제에서 시민 규제로

다양한 규제 방식

생명공학의 규제 방식은 여러 층위에서 이루어질 수 있다. 공론조사는 실행력이 적지만 가장 민주적인 의사결정 방식이다. 생명공학과 관련해 무엇을 할 수 있는지 결정하고, 어떤 일이 벌어지고 있는지 시민의 감시에 맡기는 방식이다. 경우에 따라서는 정부 전문가/기구와 상호작용할 수도 있다. 집중화된 통치 방식의 대안이며 탈중심적 과정을 통해 시민이 정부나 기업에 영향력을 행사하거나 생명공학 혁신의 방향과 속도를 바꿀 수 있는 상황을 만든다.

이런 종류의 층위 다음으로 자발적인 자기 규제를 들 수 있다. 전문가들 스스로 생명공학의 방향과 속도를 결정할 수 있는 능력과 자격이 있다는 가정으로 뒷받침된다. 역사적으로는 1975년의 아실로마 회의, 2015년의 인간 유전자 편집 국제 정상회담 등을 꼽을 수 있다. 재조합 DNA에 대한 일시적 실험, 인플루엔자 바이러스 H5N1 주를 전파력과 독성을 증가시키도록 조작하는 것과 같은 기능 획득 돌연변이 실험, 인간 배아 유전체 편집의 임상 적용, 유전자 드라이브의 생태계 방출 등에 대해서 과학자들이 선제적으로 대응한 사례가 있다. 따라서 과학자들이 지켜야 할 원칙을 천명하였으나 과학자들 스스로 의제를 제한하고 연구를 최대한 지속하기 위한 전략이라는 비판을 받는 경우가 많다. 흥미롭게도 어떤 자발적인 자기 규제 방식은 정부에 의해 채택되기도 한다. 예를 들어 기능 획득 돌연변이 분야에서 자기부과 규칙은 미국과학아카데미의 보고서 발간으로 이어졌고, 이에 따라 국립생물안전성자문위원회가 결성되었다. 자세한 방법을 논문으로 출판하면 바이오테러리즘(Bioterrorism)을 촉진시킬 수 있다는 우려로 인해 국가가 상황을 관리하려고 노력하고 있다.

다음으로는 정부의 지침이나 국제 협약 등이 있다. 이런 종류의 규제 방식은 법률보다는 강제력이 약하지만, 이런 지침을 따라 운영하면 실제 규제나 법률을 어기지 않을 것이라는 점을 주지시키기에 기업에게는 매우 설득력이 있다. 이들은 또한 강력한 사회적 규범을 형성한다. 예를 들면, 세계의학협회(World Medical Association, WMA)에 의해 1964년 처음으로 발표된 헬싱키선언(Declaration of Helsinki)은 의학적 맥락에서 자기 규제의 사례다. 이것은 의학계에 의해 널리 인식되었던 인간 대상의 연구에 대한 기초적인 윤리 기준을 정의하고 많은 나라에서 국제적인 규제에 대해 영향을 미쳐 왔다. 특히 유전자 치료와 생식세포 조작에 대해 더욱 관련이 깊은 몇 가지 활동을 간단하게 생각해 보자. 유전학 측면에서 국제적인 수단이 다양하게 성문화되어 있다. 유럽평의회(Council of Europe)의 오비에도협약(Oviedo Convention)을 보면 배아 유전자 검사는 의학적인 목적으로만 사용해야 하며 특히 생식세포의 유전공학 사용이나 후속 세대의 유전자 구성을 변화시켜서는 안 된다고 규정한다.

스펙트럼의 극단에는 법령이 있다. 법령은 특히 민주적인 정부에서는 선출된 대표들이 제정한 것이므로 구속력이 있다는 장점을 갖는 반면 아주 경직되고 개정하기가 쉽지 않다는 단점을 갖는다. 이 규제 시스템은 국가에 따라 다르다. 예를 들어, 생식세포 유전체 편집을 지배하는 법과 규정의 국제 지형에는 차이가 있지만, 2014년 분석에 따르면 14개국은 배아줄기세포 연구를 허용하고, 13개국은 생식세포 변형을 금지하는 것으로 나타난다. 확장된 표본조사에서 39개국 중 29개국이 생식세포 변형을 금지하고, 그렇지 않은 나라에서는 그 문제에 모호한 입장을 취하는 것으로 나타났다. 만약 유전체 편집이 안전하다는 것이 확인되면 재고하겠다는 입장을 취하는 국가도 있다. 어떤 나라는 적절한 심의 후에 임신 치료 후 남은 배아에 관한 전임상연구를 허락하기도 한다.

그러나 법령이 없다고 해도 효율적인 규제가 작동하지 못한다고 볼 수는 없다. 미국은 인간 복제를 금지하는 법령이 없지만 제도적으로 그런 연구를 수행할 수 없다. 그러나 명시적으로 금지된 것은 아니다. 법령에 의한 규제는 대중의 판단과는 다소 괴리되어 있고 전문가의 의견에 더 영향을 받는다. 이는 민주적 거버넌스에 대한 도전으로 여겨질 수 있다.

각국의 규제 상황

미국에서 체세포 유전자 편집은 유전자 이식 연구와 유사하게 규제된다. 규제는 재조합DNA자문위원회(RAC), 연구지원 기관의 기관윤리위원회(IRB), 그리고 식품의약국(FDA)에 의한 심사와 승인을 통해 이루어진다. 일반적으로 임상시험을 개시하기 위해서는 세 기관으로부터 모두 승인을 받아야 한다. 연방의 지원금을 받는 연구는 RAC와 IRB 심사를 받아야 한다. 또한 상업적 제품에 대한 시판 승인을 얻기 위해서는 식품의약국의 심사를 거쳐야 한다.

영국에서는 인간에서 체세포 유전자 편집의 사용이 유럽 법률에 근거한 첨단치료의료제품(advanced therapy medicinal product, ATMP)의 규제 틀 아래 규제된다. ATMP에는 유전자 치료 의료제품, 체세포 치료 의료제품, 조직공학적 제품이 포함되며 유전자 편집 세포도 이 범주에 포함될 수 있다. ATMP를 제조하려면 영국 의약품 및 의료제품 규제청(UK Medicines and Healthcare Products Regulatory Agency, MHRA)의 승인을 받아야 하고, 제조업자들은 의약품 제조 및 품질관리 기준(Good Manufacturing Practice, GMP)을 준수해야 한다. ATMP를 EU 시장에 출시하려면 유럽연합 의약품청(European Medicines Agency, EMA)에 시판 허가를 받아야 한다.

다른 나라에서는 아직 유전자가위 기술 적용 치료제에만 특별하게 적용하는 법령이나 지침을 제정하지 않았다. 대신 기존의 세포 치료제 또는 유전자 치료제에 대한 지침을 준용해 비임상·임상 연구가 진행되고 있는 것 같다. 우리나라에서도 유전자가위 기술 치료제에 맞춘 세부 가이드라인은 아직 마련되지 않았지만, 기존의 유전자 치료제에 준해 유전자가위 기술 치료제에 대한 연구개발이 진행될 수 있으리라 생각된다.

전반적으로 체세포 유전자 편집은 규제 당국에 의해 사례별로 평가되고 있다고 할 수 있다. 하지만 기초적인 배아 연구에 유전자 편집 기술을 적용하는 데 대해서는 많은 우려가 제기된다. 미국 연방법에는 생식세포 변형을 금지하는 조항이 없지만 연방 세출 부대사항과 국립보건원의 정책이 인간 배아 연구에 적용된다. 1996년 연방 세출 부대사항으로 처음 포함된 디키위커 (Dickey-Wicker) 개정안은 "연방 지원금은 ①연구 목적을 위한 인간 배아의 형성이나 ②인간 배아가 파괴·폐기되거나 태아에 대한 연구에 허용되는 것보다 상해나 죽음의 위험성에 의도적으로 노출시키는 연구에 사용할 수 없다"고 규정했다. 2015년 4월 미국 국립보건원 원장인 콜린스는 인간 배아에 유전자 편집 기술을 사용하는 연구에는 자금을 지원하지 않을 것이라고 공언했다. 또한 RAC도 현재로서는 생식세포 변형의 계획을 고려하지 않을 것이라고 밝혔다. 2015년 5월, 백악관은 임상을 목적으로 인간 생식세포를 변화시키는 것은 현재 넘어서는 안 될 선이라고 천명했다. 하지만 최근 미국과학의학아카데미는 치료 목적의 배아 유전자 편집이 허용되어야 한다는 입장을 발표했다. 이는 인간 배아에 대해 유전자 편집 기술을 적용한 세 건의 연구가 중국 연구진들에 의해 발표되고 영국과 스웨덴에서 잇달아 배아 유전자 편집 연구가 승인된 현실을 반영한 것으로 보인다.

영국에서는 인간 배아의 생산, 저장, 사용이 인간수정배아법 (Human Fertilisation and Embryology Act)이라는 규제 틀 아래 엄격하게 규제된다. 이 법은 또한 인간 배아를 포함한 모든 연구도 규제한다. 치료나 연구 시 배아의 사용은 인간수정배아관리국 (HFEA)이라는 법적 규제 당국이 발부한 허가 아래 수행되어야 한다. 연구에 배아를 사용하는 목적은 심각한 질병이나 의료 증상에 대한 지식의 증진이나 치료의 개발, 선천적 질병이나 선천성 의료 증상의 원인에 대한 지식의 증진, 유산의 원인에 대한 지식의 증진, 착상 이전의 배아에서 유전자와 염색체 혹은 미토콘드리아 이상의 존재를 검출하는 방법의 개발, 배아의 발생에 관한 지식의 증진 또는 불임 치료의 개발 촉진 중 하나를 포함해야 한다. 또한 인간 배아를 사용하는 것이 바람직할 뿐만 아니라 필수라는 사실을 증명해야 하며, 이런 요구 사항이 충족되면 HFEA는 인간 배아를 포함하는 연구를 허용하는 허가를 발부한다. 최근 HFEA는 심각한 질병의 치료법을 개발하고, 배아의 발달에 대한 지식을 증진하고, 불임의 치료에서 개발을 촉진하는 다른 목적으로 인간 배아에 크리스퍼 유전자가위의 사용을 프랜시스크릭연구소에 허용했다.

실험에서 사용되거나 생성되는 배아는 치료에 사용할 수 없다는 것이 HFEA의 모든 연구 허가의 조건이다. 만약 유전자 편집 기술이 HFEA 허가에 따라 배아에 적용된다면, 그 배아는 법적으로 착상될 수 없고, 만약 착상한다면 범죄가 된다. 생성 후 14일 이후나(만약 그 출현이 14일 범위보다 빠르면) 원시선이 출현한 배아를 계속 배양하거나 사용하는 것도 범죄를 구성한다. 인간수정배아법에 따르면 핵이나 미토콘드리아 DNA가 변형되지 않은 허용된 배아만을 여성에게 이식할 수 있기 때문이다.

캐나다에서는 연구 시 인간 존엄성과 인간 배아의 특별한 도덕적 지위에 관심을 갖는 세위원회정책선언(Tri-Council Policy Statement, TCPS-2)과 인간보조생식법(Assisted Human Reproduction Act)에 의해 배아의 사용이 관리된다. 이 법은 보조생식 과정을 돕지 않는 연구 목적의 배아 생산을 금지하며, 유전될 수 있는 인간세포나 체외 배아의 유전체 변형을 금지한다. 이 법은

TCPS-2에서 인간 배우자세포나 배아의 유전적 변형을 포함하는 연구는 윤리적으로 수용될 수 없다고 해석한다. 캐나다의 모든 연구기관에 TCPS-2가 적용되므로, 인간 배아와 배우자세포에서 유전체 편집 연구는 사실상 금지되고 있다.

EU의 임상시험지침(Clinical Trial Directive)은 임상시험 대상자의 생식세포의 유전적 정체성 변형을 초래하는 시험을 금지하며, 이는 인간 배아에 유전자 편집을 적용하는 임상시험도 금지할 것으로 판단된다.

우선 밝혀둘 것은 우리나라에서만 배아 유전자 연구를 엄격하게 금지한다는 주장은 사실이 아니라는 것이다. 다만 생명윤리법 시행령에서 대상이 되는 질병의 범위를 줄기세포 연구를 기준으로 했기 때문에 조정이 필요하다.

현행 생명윤리법에 의하면, 배아·난자·정자 및 태아에 대한 유전자 치료는 금지된다(47조 3항). 즉 정자나 난자와 같은 생식세포나 태아 또는 배아를 대상으로 하는 경우, 질병의 예방·치료를 목적으로 하는 유전자 편집은 유전물질을 삽입하는 방식의 유전자 치료와 마찬가지로 전면 금지된다. 반면 배아에 대한 연구는 보존기간이 지난 잔여 배아(임신을 목적으로 생성된 배아 중 이용하고 남은 것, 2조 4호)를 원시선이 나타나기 전까지 대통령령이 정하는 희귀·난치병 등의 치료를 위한 경우 엄격한 감독 아래 허용되므로(29-33조), 결국 생명윤리법 시행령 12조에 열거된 20여 개의 질병 치료를 위한 연구 목적으로만 유전자 편집이 허용되는 것으로 해석된다.

아실로마의 환상

1975년 2월 미국 등 12개국의 150명 학자가 캘리포니아 몬트레이 부근의 아실로마에서 만나 다른 생물체의 DNA 토막을 잘라 붙이는 재조합 기술에 대한 실험 중단을 선언했다. 그 무렵 과학자들은 정치가들과 일반 대중이 유전공학의 잠재적인 영향과 함의에 대해 우려할 것이라는 상당한 이유를 가지고 있었다. 한 가지 이슈는 실험자와 시민의 안전이었다. 일부 과학자들은 유전자 조작된 대장균이 실험실을 빠져나와 사람을 감염시키거나 치명적 질병을 일으킬 것을 우려했다.

또한 1970년대는 과학과 의학의 권위에 대해 상당한 의문이 제기되던 시기였다. 시민은 과학 및 의학의 자율성이 남용된 터스키기(Tuskegee) 매독 시험과 같은 비윤리적인 실험을 알게 되었다. 과학자나 의사들을 자율적으로 내버려두어도 되는지 고민하고 있을 때, 과학계와 의학계는 시민의 안전과 복지를 위한 자신들의 인식과 책임감을 나타내는 방법을 모색했다.

유전공학 연구의 주창자들은 한편으로는 시민 건강을 증진시킬 유전공학의 상당한 잠재력을 강조했다. 특히 그들은 질병을 일으키는 돌연변이는 치료 수단으로 정상적인 유전자로 대체될 수 있다는 미래의 유전자 치료의 가능성을 밝혔다. 연구자들은 유전자 치료가 요원하고 복잡한 목표라는 것을 인정했으나 유전공학 기술이 그 중요한 첫 단계라는 점을 강조했다. 또한 과학자들은 유전자변형된 박테리아에서 임상적으로 유용한 효소, 백신, 항체를 생산할 수 있다는 점을 지적했다.

참가자들은 잠정적인 중단이 새로운 유전공학 기술에 대한 시민의 공포와 반대 의견을 진정시키는 효과가 있을 것이라는 데 마지 못해 동의했다. 그러나 결정 과정에 시민이 직접 참여하지 않았고, 다수의 저널리스트들이 초청되었지만 회의가 끝날 때까지 보도는 엠바고 상태였다. 따라서 아실로마는 시민 참여의 효과적인 모델이라기보다는 과학자들이 자신의 연구 규제를 사전에 예방하기 위한 퍼포먼스였다고 비판받았다. 역사가 라이트(Susan Wright)와 헐버트(J. Benjamin Hurlbut)는 아실로마 참여자들이 시민의 관심을 유전자 조작된 미생물의 차단을 위한 방법의 개선을 통한 시민 안전 확보라는 단일한 이슈로 환원시켜 보다 광범위한 사회적·윤리적 이슈로 확산되는 것을 차단했다고 비판했다. 과학자들은 유전적으로 조작된 슈퍼버그의 방출을 방지하려 하면서 자신들의 실험을 지속하려고 했던 것이다. 2008년 폴 버그는 아실로마를 회고하며, 그것이 세계를 바꾼 모임이었고 유전학자들이 인간의 건강을 위협하지 않고 최대한 연구를 진척시키도록 한 놀라운 성과를 거두었다고 묘사했다.

과학자들은 아실로마에서 시민 참여를 배제한 데 대한 쓰라린 교훈을 얻었을 것이다. 그럼에도 불구하고 과학계는 유전공학에 대한 시민의 지속적인 우려를 계속 간과해 왔다. 시민은 슈퍼버그나 우생학적 목표보다는 GMO 논쟁에서 나타나듯 우리의 식품이나 환경과 밀접하게 연관되는 데 더 관심이 많았다. 과학자가 기업을 사유화하면서 유전공학은 개인적 선택보다는 과학의 기대라는 측면에서 논의되며 새로운 견해차를 드러냈다. 크리스퍼 유전자가위와 관련된 우려는 보다 큰 역사적 맥락에서 볼 때 과거의 재조합 DNA 기술과 연속적인 것이다.

제2의 아실로마 회의가 필요할까

2015년 1월, 크리스퍼 유전자가위의 연구개발자인 다우드나, 아실로마의 조직위원이었던 버그와 볼티모어 등은 캘리포니아 나파에서 소수의 과학자와 생명윤리학자와 함께 아실로마와 유사한 회의를 소집했다. 이 소회의는 비슷한 결과를 낳았다. 2015년 4월, 나파회의의 참여자들은 유전되는 인간 유전체 편집을 강력하게 반대한다는 짧은 에세이를 〈사이언스〉에 발표했고, 이 기술의 잠재적인 적용과 관련된 사회적·윤리적 질문을 다룰 교육적이고 대중적인 포럼과 이들 이슈를 논의할 보다 큰 국제회의를 요구했다. 아실로마의 초점이 유전자 재조합● 세균의 국지적인 위험과 차단이었던 점에 반해 나파회의 참석자들은 대물림이 가능한 인간 유전체 편집을 방지하는 데 관심을 가졌다. 이 관심은 과학 수행과 경쟁이 국제적으로 확장되었음을 반영했다.

2015년 5월 1일, 〈네이처바이오테크놀로지〉(*Nature Biotechnology*)는 전 세계의 생명과학 연구자, 생명윤리학자, 바이오업계 지도자들에게 크리스퍼 기술을 이용한 인간 생식세포 변형을 계기로 불거진 윤리적 이슈에 대한 서면 인터뷰 기사를 실었는데 제기된 문항 중에는 아실로마 스타일의 회의가 필요한지에 대한 질문이 포함되어 있었다. "현재 벌어지고 있는 크리스퍼를 둘러싼 논쟁, 유전자 교정 연구의 국제적 성격과 기술의 용이성, 전통의 틀을 벗어난 차고생물학의 등장 등을 감안할 때, 아실로마 선언과 같은 결의안 채택이 가능하다고 보는가"라는 질문에 대해 7명의 응답자 중 주치(Zou Qi), 보슬리(Katrine S. Bosley), 장 펑 등은 긍정적인 입장을 보였다. 보슬리는 특히 "1975년 아실로마 회의 이후 세상이 많이 바뀌었지만, 나는 리더십이 여전히 중요하다고 생각한다. 사실 유전자 교정 연구의 국제적 성격과 기술의 용이성을 감안할 때 1975년보다 아실로마 스타일의 모임이 훨씬 더 요망된다고 하겠다"라는 의견을 밝혔다.

그러나 긍정적으로 응답한 사람들도 주치와 보슬리는 여러 이해 당사자 중 과학자들의 참여만 거론하고 있다고 말했다. 크레이그 벤터는 아실로마 스타일의 회의는 일부 과학자들에게 안도감을 주고 섣부른 기술이 인간에게 적용되는 것을 막을 수 있다는 환상을 심어 줄 수 있다고 주의를 주었다. 바스 대학의 페리는 다음과 같이 과학 정상회담에 회의적인 의견을 냈다.

나는 아실로마 스타일의 회의가 불가능하다고 생각한다. 우리는 '재조합 DNA'와 '인간 생식세포 조작'을 둘러싼 상황을 비교해 볼 필요가 있다. 1975년에만 해도 아시아는 경제적으로나 과학적으로나 힘이 없었고, 많은 이들은 '재조합 플라스미드'나 '바이러스'라는 말만 들어도 '암을 일으킬 수 있다'며 벌벌 떠는 분위기였다. 아실로마가 우리에게 몇 가지 교훈을 주는 것은 사실이지만 당시의 상황을 '인간 생식세포 조작'을 둘러싼 오늘날의 상황과 직접적으로 비교할 수는 없다. 아실로마 회의는 재조합 DNA의 잠재적 파괴력에 대한 깊은 우려를 반영하는 것이므로,

아실로마를 운운하며 모라토리엄 선포를 촉구하는 주장에는 '인간 생식세포 유전자 조작 연구는 나쁜 것'이라는 전제조건이 깔렸다. 그러나 이 같은 전제조건의 문제점은 '인간 생식세포 유전체 편집의 긍정적 잠재력을 무시하고 있다'는 것이다. 1975년의 논쟁에서 재조합 DNA가 긍정적 잠재력을 갖고 있음을 인정한 과학자가 있었던가? 어쩌면 모라토리엄이 선포되어 인간 생식세포 조작 기술의 발달이 하루씩 늦어질 때마다, 인류에게 행복을 가져다줄 수 있는 날이 하루씩 미뤄질지 모른다. 마지막으로, 나는 제2의 아실로마 선언을 촉구하는 사람들에게 두 가지 사실을 직시하라고 말하고 싶다. 첫째, 오늘날 미국은 세계 생명과학계에서 1975년과 같은 주도권을 행사하지 못하고 있다. 이런 상황에서 국제적 합의를 도출해 내는 것은 현실적으로 어렵다. 둘째, '차고생물학'은 과대평가되어 있다. '인간 배아줄기세포를 만들 수 있다'는 황우석의 거짓 주장이 미탈리포프 박사에 의해 사실로 밝혀질 때까지 무려 10년의 세월이 흘렀다는 점을 상기해보라. 그리고 지난 15년간 '인간을 복제했다'는 루머가 계속 떠돌았지만 결국에는 호사가들의 입방아에 불과한 것으로 밝혀졌다는 사실을 명심하라. 생명과학은 '허세'가 아니라 '실질'이 지배하는 학문이다.

-CRISPER germline engineering-the community speaks, *Nature biotechnology*

이처럼 결국 개최를 찬성하는 쪽이나 개최에 회의적인 쪽 모두 전반적으로 기술의 발달 방향을 과학자가 주도해야 한다고 생각하고 있음을 알 수 있다.

인간 유전자 편집 국제 정상회담

2015년 12월, 미국과학아카데미, 미국공학아카데미, 미국의학아카데미, 영국왕립학회, 중국과학아카데미는 인간 유전자 편집 국제 정상회담을 공동 주최했다. 정상회담은 3일간 열렸으며 유전자 편집의 역사, 유전자 편집과 특히 크리스퍼의 과학적 배경, 유전자 편집의 임상 적용, 생식세포 변형, 체세포 치료, 사회적 함의, 국제적인 견해, 거버넌스, 그리고 평등 및 기술에 대한 접근과 관련된 이슈 등을 포함하는 유전자 편집과 관련된 다양한 주제를 다루었다. 이 회담은 윤리학자, 역사가, 사회학자, 활동가 등 아실로마 회의보다 참가자의 범위가 넓었다. 또한 아실로마와는 달리 워싱턴에서의 논의는 우생학과 인간 진화를 변화시키는 문제를 거리낌 없이 다루었다. 과학자와 윤리학자 등의 학자들은 미래 세대로 전파되는 인간 유전자의 변형이 무엇을 의미하는지에 관한 대화에 참여했다. 요약 성명에서 회의 참석자들은 대물림하는 인간 유전자 편집은 안전하고 효율적이라는 증명이 될 때까지 그리고 광범위한 사회적 합의를 얻기까지 실시되어서는 안 된다는 데 합의했다. 배아가 임신을 위해 사용되지 않는 한 인간 배아의 유전자 편집은 연구를 위해 수용할 수 있다는 결론을 내렸다.

사회적·윤리적 이슈가 거의 다루어지지 않은 40년 전 회의와 비교해 2015년의 이 같은 변화를 어떻게 설명할 수 있을까? 과학계가 아실로마 이후에 다른 우려들이 무시되어서는 안 된다는 것을 새삼 깨닫기라도 한 것일까? 시민의 주의에 귀를 기울인 것일까?

과학 연구에서 약속과 위험은 밀접하게 얽혀 있다. 기술의 잠재적인 위험성을 밝히는 것은 또한 그 기술의 이례적인 위력과 가능성을 알리는 것이기도 하다. 아실로마에서 위험한 슈퍼버그를 지목했던 것처럼, 그리고 크리스퍼 유전자가위의 경우 디자이너 베이비나 증강(enhancement)처럼 극단적이고 윤리적으로 문제가 되는 응용 가능성을 지목해 과학자들은 암시적으로 그들의 기술이 획기적인 잠재력을 가지고 있다는 것을 강조한다.

여러 달 후 영국과 스웨덴 정부가 인간 배아에 대한 유전체 편집 실험을 승인했다는 사실이 뉴스로 등장했다. 연구가 시작되기도 전에 보도되었다는 것은 결과와 상관없이 과학자에게 막대한 이익을 준다. 유전의학은 유전자 치료를 약속하며 20세기 말 상당한 지지를 받았고, 유전체 지도 작성 사업의 원동력이 되었다. 그러나 약속이 이루어지지 않았다고 해서, 시민의 관심과 정부의 연구비를 유인할 수단으로서 유전자 치료에 대한 약속이 죽은 것은 아니다. 마찬가지로 임상적 유용성의 증명과 관계없이 크리스퍼 유전자가위 기술은 반세기 동안 추구해 왔던 유전자 치료에 새로운 생명을 불어넣고 있다.

1975년 2월의 공개 서한에서 벡위드(John Beckwith)와 '사람을 위한 과학' 소속 과학자들은 유전공학의 새로운 연구와 관련된 다양한 윤리적·사회적 우려가 제대로 다루어지지 않았다고 아실로마 조직위원회를 비판했다. 그러나 2015년 국제 정상회담 후에는 몇 달이 지나도 반응은 없었다. 이것을 유전체 편집에 대한 시민의 우려가 줄어들었다는 표시로 보면 곤란하다. 시민이 그런 완화된 반응을 보이는 이유는 크리스퍼 유전자가위 기술을 혁명적으로 보지 않았기 때문이다.

크리스퍼 유전자가위 기술이 위험한 목적에 사용될 수 있다는 점은 확실하다. 하지만 먼 미래에 있음직한 생물 무기, 디자이너 베이비를 만드는 데 사용된다거나, 그리고 인간 유전자 풀을 영원히 바꾸는 것과 같은 이야기로 끌어들이는 것은 현실의 당면한 문제로부터 벗어나려는 것이다. 먼 미래에 있을 수 있는 위험을 지적하며, 과학자들은 시민과 자신들에게 오히려 유전체 편집의 위력과 잠재성을 확신시키려 하고 있다.

크리스퍼 유전자가위 기술의 옹호자들은 대물림이 가능한 인간 유전체 변형이라는 이슈를 만드는 데 성공했다. 1975년에 유전공학에 대한 사회적 우려를 병원균 차단의 문제로 치환시킨 아실로마 참여자들과 마찬가지로 국제 정상회담의 조직자들은 일단 논쟁을 위한 이슈를 미리 결정해 버림으로써 시민의 삶에 더욱 직접적인 영향을 미칠 유전자 치료의 가능성, 농업에 사용할 가능성 등을 간과하도록 했다.

영국의 철학자 해리스가 안전성 이슈는 미래의 연구를 금지하는 것이 아니라 옹호하는 주장으로 이해되어야 한다고 주장한 것처럼, 배아의 유전자 편집은 생식적 개입이 가능하다는 전제를 당연시하고 있다고 보아야 한다. 회의 조직자들이 시민의 우려보다는 과학자들이 생각한 우려에 논의를 제한함으로써, 두 경우의 아실로마 모델은 실패로 끝났다고 평가할 수밖에 없다.

자기 규제 플러스

아실로마 회의와 인간 유전자 편집 국제 정상회담은 역사적으로 과학계가 신기술을 개발 적용하는 원칙을 어떻게 개발하려 했는지를 잘 나타내는 자기 규제 방식이다.

자기 규제 방식은 몇 가지 뚜렷한 장점을 갖는다. 과학자가 연구의 영향에 대해 깨닫고 책임감을 갖게 한다. 또한 과학자들은 언어와 문화를 공유함으로써 정치적 과정을 통한 것보다 신속하게 합의점을 찾을 수 있다. 아울러 과학자들은 연구의 잠재적인 위험성과 부작용을 판단할 자격이 충분히 있다. 일반 대중에게 잘 알려져 있지 않은 신기술이 발달할 때 과학자들이 자기 규제 지침을 보충하거나 개정하는 안목을 갖추고 있다는 점도 장점으로 들 수 있다.

과학계는 내적으로 지침을 확립하고 위반을 처벌하는 효율적인 장치와 메커니즘을 가졌다고 생각할 수 있다. 만약 학술지, 컨퍼런스, 국가 학술기관, 그리고 연구비 지원 기관이 규칙을 고수한다면, 업무와 경력을 위해 이 제도에 의존적인 과학자들을 효율적으로 규제할 수 있을 것이다. 중산 대학의 연구진이 크리스퍼 유전자가위를 사용해 인간 배아에서 유전자를 최초로 변형했을 때, 이들은 생존력이 없는 삼핵접합자를 사용하여 스스로 실험을 제한했다. 그러나 이 자기 규제마저도 〈네이처〉나 〈사이언스〉는 충분하다고 판단하지 않아 두 학술지 모두 논문 게재를 거부했다. 결국 다른 학술지에 그 결과가 출판되기는 했지만 최초의 게재 거부는 연구 수행에 대한 학술지의 영향력을 드러낸다.

아실로마 회의와 인간 유전자 편집 국제 정상회담은 단점도 드러냈다. 아실로마 회의는 시민의 참여를 배제한 채 안전성 문제에만 협소하게 초점을 두었고, 재조합 DNA 기술에 의해서 제기되는 시급한 도덕적 이슈를 무시했다는 비판을 듣고 있다. 두 회의는 또한 일반 대중의 대표성을 무시했다고 비판받았다. 인간 유전자 편집 국제 정상회담에 참가한 사람들의 출신 배경을 보면 이 회담의 축이 과학자 쪽으로 기울어졌음을 알 수 있다. 실제로 조직위원, 사회자, 연사를 포함해 정상회담에 참가한 총인력 65명 가운데 과학자는 60퍼센트가 넘는 40명을 차지했다. 이는 정상회담이 다양한 의견을 수렴하기보다 과학계의 의견을 주로 반영하는 구조로 조직되었음을 보여 준다.

정상회담의 결과 발표된 선언문에서도 과학 이외의 목소리는 거의 등장하지 않는다. 체세포 유전자 편집 연구는 진행되어야 하며, 생식세포 유전자 편집 연구는 허용하되 임상 적용은 금지해야 한다는 결론을 내렸다. 두 회의에 대한 비판은 기술과 관련된 도덕적·사회적 이슈를 다루는데 과학자들이 특별한 전문성을 가지고 있지 않기 때문에, 과학자들 사이의 합의가 인간 생식세포를 변형하는 가능성과 같은 논쟁적인 도덕적 문제에 대한 권위를 가질 수 없다는 점을 드러낸다.

신기술에 의해 제기되는 문화적·종교적·이념적 논쟁을 분석하는 데에는 윤리, 법, 사회과학 등 다른 분야의 전문가들이 관여할 필요가 있다. 게다가 그들의 전문적인 조언은 의사결정 과정과 합의점 구축에 기여한다. 전문가를 포함하는 과학적 자기 규제의 이런 방식을 자기 규제 플러스라고 부른다.

과학적인 '자기 규제 플러스' 틀 안에서 여러 학술 아카데미가 포함된 합의점 구축 과정은 초국가적이고 국제적인 지침을 개발하는 데 관여한다. 볼티모어도 회의 서두에서 정상회담의 성격을 설명하며 "대중에게 전문가적 조언자로서 학술 아카데미의 책임 있는 역할"을 강조했다. 이 말은 책임 있는 역할이라는 명분으로 과학자가 자기 규제 방식을 통해, 더 나아가서는 전문가 집단이 자기 규제 플러스 방식을 통해 어떻게 사회 전체의 의사 결정 활동에 개입하려 하는지를 보여 준다.

인간 유전자 편집 국제 정상회담은 과학계가 합의점을 만드는 '자기 규제 플러스'의 요소를 포함한다. 정상회담의 조직위원회 ─미국과학아카데미, 미국공학아카데미, 미국의학아카데미, 중국과학아카데미, 영국왕립학회─는 국제적으로 저명한 생명과학자와 생명윤리학자, 그리고 법학자들을 초청해 과학 · 안전성 · 윤리 이슈를 탐구했다. 또한 전문가 위원회는 인간 생식세포에서 유전체 편집에 대한 임상적 · 윤리적 · 법적 · 사회적 함의를 어떻게 다룰 것인지에 대한 권고 사항을 개발해 2017년 2월 보고서로 출판했다.

과학자들이 시민의 이익에 봉사한다고 시민이 신뢰하는 한, 과학계의 자기 규제는 효율적으로 작동할 수 있다. 우선 과학자들과 다른 전문가들의 합의 형성 과정이 투명해야 하고, 이 과정은 언론을 통해 보도되어야 한다. 또 시민은 공개 토론을 통해 과학자들 및 전문가들의 합의 형성 과정에 대해 반응과 우려를 표현할 수 있어야 한다. 토론회, 공청회, 공론 조사, 미디어와 인터넷 등을 통해 시민과 과학자들이 공개적으로 의사를 상호 교환해야 한다. 투명성과 개방성이 중요한 또 다른 이유는 과학의 상용화가 점점 더 많은 이해 상충을 야기하기 때문이다. 버그가 강조했듯이 오늘날의 많은 과학자들은 1970년대와 달리 사기업에 종사한다. 따라서 과학자들은 자기 규제 방식이 제3자의 이익을 위해 운용되지 않는다는 점을 대중에게 확신시킬 필요가 있다.

그러나 무엇보다 다음의 네 가지 이유로 과학자와 일부 전문가들만이 참여하는 과학적 '자기 규제 플러스'는 신생명공학 기술을 충분히 통제할 수 없다.

우선 시민이 이 논의에서 그 결정사항에 대해 대의권을 행사할 수 없으므로 과학자들과 다른 전문가 집단의 의견만으로 합의를 도출하는 것은 민주적인 정당성이 결여된다. 둘째, 전문가 단체의 결정이 특정한 문화적·역사적·종교적·사회적 가치나 원리를 무시할 것이라는 상당한 위험성이 있다. 셋째, 규제 제도에 대한 시민의 신뢰와 확신은 적절한 규제를 통한 신기술의 발전에 매우 중요하다. 넷째, 시민은 '자기 규제 플러스'를 통한 최소한의 합의를 불충분한 타협이라고 느낄 것이다.

시민 숙의의 필요성

최근 새로운 과학기술이 정착하기 전 이에 대한 숙의에 시민을 포함시키려고 노력하는 많은 실험이 이루어졌다. 이 시민 참여 방식에는 포커스 그룹, 시민배심원, 합의회의 패널, 공론 조사,

기술평가 과정 등이 포함된다. 원래 이런 노력들은 기술 혁신에 대해 시민이 적대감을 갖는 주요한 이유가 정보의 부족 때문이라고 가정했다. 시민을 참여시키려는 노력이 좀 더 정교해지기는 했지만 여전히 논쟁의 의제와 조항이 편협하게 정해진 단발성 행사에 머무르고 있다. 우리나라에서도 2015년 말, 유전자가위 기술에 대한 기술영향평가를 실시했지만, 구속력도 없고 사회 공론화 역할도 제대로 못하는 유명무실한 제도라는 비판을 받았다.

이런 방식으로 시민 참여를 다루는 것은 시민이 단순히 기술에 반응하며 살아간다고 보는 것이다. 기술과의 사회적 상호작용과 관계의 변화는 예측하기 어렵고, 다양한 조건에서 장기간의 경험을 통해서만 드러난다. 정해진 설문 항목에 소규모의 시민들을 참여시키는, 미리 각본을 짠 숙의로는 이런 점을 해결할 수 없고 측정하기조차 어렵다. 이런 행사는 시민 참여의 필요성을 만족시키자는 취지로 열리지만 가난하고 소외된 사람들 그리고 사회적으로 배제된 사람들에게는 의미가 없다. 또한 시민은 전문가의 상상력에 도전할 수도 없다. 결과적으로 시민의 배제라는 아실로마의 잘못된 결과를 바로잡기보다는 영속화시킬 것이다.

미국 국립연구위원회의 1996년 보고서는 인간 판단의 잠정성을 고려하는 메커니즘에 근거해 위험성을 이해하는 대안적인 방법을 제안했다. 이것은 분석-숙의 모델인데, 후기의 경험에 비추어 초기의 프레이밍을 숙고하는 귀납적인 의사결정 패러다임이다. 이 모델에서 사실의 발견과 가치 판단의 편입에 이르는 이동은 현행의 위험성 평가-위험성 관리 접근법과는 달리 직선적이 아니다. 그 대신 분석-숙의 모델은, 민주주의에서 위험성의 이해 과정이 프레이밍된 위험성과 제기된 질문에 대한 숙의를 통해 계속 반영되어야 한다고 추정한다. 다시 재프레이밍된 질문은 또 다른 분석의 의미 있는 토대가 되며, 시민은 거버넌스 과정에 계속 참여하게 된다.

결론적으로 신기술의 규제에서 시민의 역할은 어떠해야 하는가? 시민은 새로운 과학기술의 방향에 대한 의사 결정의 들러리가 아니라 주인이다. 인간 생식세포에서 유전체 편집의 경우와 같이 여러 가지 많은 문화적 · 사회적 · 종교적 가치가 게재된다면, 시민은 이런 기술이 어떻게 규제되고 통제되어야 하는지에 대해 충분한 발언권과 이를 결정할 주권을 가져야 한다. 과학자의 자기 규제와 전문가의 자기 규제 플러스를 넘어서는 새로운 시민참여 방식이 구현될 때 과학기술은 민주주의가 실현되는 또 다른 장이 될 것이다.

〈뉴욕타임즈〉는 인간 배아 유전체 편집이 공개된 직후인 2017년 8월 4일 "유전체 편집으로 어떤 일을 할 수 있는가?"라는 기사에서 독자들이 크리스퍼 유전자가위 기술에 대한 이해도를 스스로 점검해 보도록 했다. 우리도 책을 마치며 이 문제를 풀어 보면서 정리하는 시간을 가져 보자.*

'크리스퍼 유전자가위'라고 하는 새로운 기술이 DNA를 편집하는 인간의 능력을 혁신시켰는데, 동시에 열광과 우려, 혼란을 불러일으켰다. 아래 문항들의 사례가 실제로 가능한지, 이론으로만 가능한지 혹은 공상에 불과한지 생각해 보자. 현재 어떤 일들이 가능하고, 거기에 대해 우리는 얼마나

---

* https://www.nytimes.com/interactive/2017/08/04/science/crispr-gene-editing.html(Heather Murphy 2017. 8. 4.

아는지 측정해 볼 수 있다.

2017년 9월 20, 과학자들은 유전체 편집으로 인간 배아에서 유전자를 돌연변이시켜 초기 유산의 원인이 되는 유전인자를 성공적으로 찾아냈다. 이 것은 크리스퍼 유전자가위라는 시스템이 촉진한 일련의 유전자 편집의 최초 사례 중 가장 최근의 것이다. 유전자가위 기술로 과학자와 기업가, 심지어 중학생도 선례가 없을 정도로 정확하고 쉽게 유전물질을 자르고, 삽입하고, 제거할 수 있다.

크리스퍼 유전자가위가 지난 몇 년 동안 어떻게 사용되어 왔는지, 또 과학자들에게 가능한 것과 불가능한 것 사이의 경계가 무엇인지 구별하는 법을 알아 보자.

_퀴즈

1. 크리스퍼 유전자가위로 갈변하지 않는 버섯을 만들 수 있다.
   a. 이미 실현되었다.
   b. 이론적으로 가능하다.
   c. 공상에 불과하다.

2. 크리스퍼 유전자가위로 인간 배아에서 치명적인 질병을 일으키는 돌연변이를 수리할 수 있다.
   a. 이미 실현되었다.
   b. 이론적으로 가능하다.
   c. 공상에 불과하다.

3. 크리스퍼 유전자가위로 실명한 성인의 시력을 회복시킬 수
   있다.
   a. 이미 실현되었다.
   b. 이론적으로 가능하다.
   c. 공상에 불과하다.

4. 크리스퍼 유전자가위로 해파리의 유전자를 삽입해 효모를
   빛나게 만들 수 있다.
   a. 이미 실현되었다.
   b. 이론적으로 가능하다.
   c. 공상에 불과하다.

5. 크리스퍼 유전자가위로 말라리아를 옮기는 모기를 멸종시킬
   수 있다.
   a. 이미 실현되었다.
   b. 이론적으로 가능하다.
   c. 공상에 불과하다.

6. 크리스퍼 유전자가위로 조울증을 넉아웃시킬 수 있다.
   a. 이미 실현되었다.
   b. 이론적으로 가능하다.
   c. 공상에 불과하다.

7. 크리스퍼 유전자가위는 몇 번의 빠른 유전자 편집으로 치와와를 덴마크종 대형견으로 바꿀 수 있다.

   a. 이미 실현되었다.

   b. 이론적으로 가능하다.

   c. 공상에 불과하다.

8. 크리스퍼 유전자가위로 HIV에 면역성을 나타내는 아기를 만들 수 있다.

   a. 이미 실현되었다.

   b. 이론적으로 가능하다.

   c. 공상에 불과하다.

9. 고급 생식 클리닉이 합법적이 되는 순간 부모는 크리스퍼 유전자가위로 슈퍼모델과 같은 외모와 창조적 능력을 갖춘 천재로 자랄 수 있는 아기를 가질 수 있다.

   a. 이미 실현되었다.

   b. 이론적으로 가능하다.

   c. 공상에 불과하다.

10. 크리스퍼 유전자가위는 백신에 저항성을 나타내고 수백만 명의 사람들을 몰살시킬 수 있는 치명적인 천연두균을 만들 수 있다.

   a. 이미 실현되었다.

   b. 이론적으로 가능하다.

c. 공상에 불과하다.

11. 크리스퍼 유전자가위는 아르헨티나의 한 작은 어촌 마을을
주문형 유전자 편집 문제를 해결하는 천국으로 만들 수 있
다.
a. 이미 실현되었다.
b. 이론적으로 가능하다.
c. 공상에 불과하다.

12. 크리스퍼 유전자가위는 박테리아를 베이지색에서 군청색으
로 바꿀 수 있다.
a. 이미 실현되었다.
b. 이론적으로 가능하다.
c. 공상에 불과하다.

_정답과 해설

1. a
펜실베이니아 주립대학의 과학자들은 DNA 토막을 제거해 자
른 이후에도 빨리 갈색으로 변하지 않는 양송이를 개발했다. 갈
변하지 않는 감자의 출현 역시 임박했다.

2. a

과학자들은 2017년 8월 돌연사와 관련된 돌연변이를 수리하기 위해 인간 배아에 크리스퍼 유전자가위를 사용했다고 발표했다. 이 결과는 다양한 치명적 유전질환을 치료할 수 있다는 함의를 갖는다. 배아에서 돌연변이를 밝히기 위한 유전적 스크리닝은 시험관 수정을 하는 커플에서 이미 보편적으로 시행되고 있다.

만약 안전하다고 증명되면, 생식 전문가는 돌연변이가 밝혀졌을 때 배아를 폐기하는 대신 배아의 DNA를 수리하는 방안을 제시할 수 있을 것이다. 하지만 지금 그 과정은 실험적일 뿐이다. 확실히 돌연변이는 전달되지 않는다. 2017년 8월 2일에 발표된 연구에 사용된 배아는 3일 후 폐기되었다.

3. b

실명과 난청은 유전자 편집 기술을 사용해 연구자들이 조사하는 주요 영역이다. 모든 형태의 실명이나 난청이 우리의 유전자와 관련된 것은 아니지만 일부는 그렇다. 쥐와 마우스에서의 초기 연구 결과는 고무적이지만 추가로 진행해야 할 연구도 많다.

4. a

크리스퍼 유전자가위 키트를 온라인에서 200달러 이하로 사서 해파리의 유전자를 효모로 쉽게 삽입해 빛이 나게 만들 수 있다. 이런 일은 얼마 전에야 가능해졌다. 그러나 크리스퍼가 등장하기 전에는 보통 사람이 이런 일을 해내기가 훨씬 어려웠다.

5. b

크리스퍼 유전자가위의 인상적인 점 가운데 하나는 자연계에서 스스로 일어나던 과정을 통제하는 방법을 연구자들이 가질 수 있다는 것이다. 예를 들어 유전자 드라이브는 특정한 유전자가 절반의 확률로 전달되는 대신 개체의 모든 자손에게 전달되어, 형질을 전체 집단으로 드라이브할 수 있다. 유전자 드라이브를 구현함으로써 생물학자들은 말라리아를 일으키는 모기를 멸종시킬 수 있다.

한 가지 방법은 모기의 정자를 만드는 세포에서 X염색체를 절단하는 유전자를 가공해 모든 자손을 수컷으로 만드는 것이다. 과학자들은 또한 모기에서 암컷의 임성(稔性)을 파괴하는 유전자를 넣는 것을 연구하기도 했다. 결과를 충분히 이해하지 못한 채 야생에서 모기에게 이런 변화를 도입하는 것이 현명한 처사인지에 대해 토론이 진행되고 있다. 지금까지 모기를 포함해 종의 유전자 드라이브는 철저히 봉쇄된 랩에서만 연구되었다.

6. c

제니퍼 다우드나가 설립한 혁신유전체학연구소(Innovative Genomics Institute)의 커뮤니케이션 담당자 호흐스트라서(Megan Hochstrasser)는, 자신의 질병이 치유 가능한지 궁금해 하는 많은 사람들로부터 이메일을 받고 있다고 말한다. 단일 유전자의 돌연변이에 의해 질병이 명백하게 나타날 경우, 연구자들은 아마 '예스'라고 대답할 것이다.

호흐스트라서 박사는 낫세포빈혈증이 유전체에서 글자 하나가 잘못된 것이라고 말했다. "그건 아주 흥분할 만한 거죠. 우리는 그 치료법을 개발할 수 있어요." 2012년 박사과정 학생으로 버클리의 다우드나 박사의 랩에 참여한 호흐스트라서는 크리스퍼 유전자가위는 보잘것없는 연구 대상에서 세계 전역의 분자생물학자들이 다투어 사용하는 표준 도구가 되었다고 말한다. 하지만 조울증과 같은 증상에는 어떤 유전자들이 얼마나 개입되어 있는지 아직 분명치 않고, 이 시점에서 크리스퍼 유전자가위는 해결책을 제시하기보다는 질병이 어떻게 작용하는지 연구하는 데 더 유망하다고 호흐스트라서 박사는 말했다.

7. c

힌트는 문장의 두 번째 부분에 있다. 무작정 (어디에) 들어가서 유전체의 글자를 떼어 내고 그것이 마술처럼 나타나기를 증명하기만 하면 되는 것은 아니라고 샌프란시스코 캘리포니아 대학의 미생물학자 번디더너미(Joseph Bondy-Denomy)는 말한다.
각 품종의 유전체 지도를 그려야 하고 수천 가지의 차이점을 밝혀야 하고, 그중 어느 부분의 DNA가 유관한지 알아내야 한다. 그리고 그 차이가 나타날 수 있는 모든 부위를 자르고, 여러 번 그 일을 반복해야 한다. 현재의 기술에 근거해 여러 세대에 걸쳐 두 종을 계속 교배한다면 실제로 더욱 빠르게 결과를 얻을 수 있을 것이라고 그는 전망한다.
미시시피의 개 육종가인 데이비드 이시(David Ishee)는 예를 들면 요석을 갖는 달마티안의 보편적인 돌연변이를 수리하는 것과 같이 보다 표적이 분명한 방식으로 크리스퍼 유전자가위를 사용하는 데 관심을 나타냈다. 그는 변형된 강아지를 판매하지 않는다는 조건으로 미국 식품의약국으로부터 이에 대한 실험을 승인받았다.

8. b

번디더너미 박사는 "어떤 사람들은 HIV에 면역성을 나타내는 자연 돌연변이를 갖는다"고 말한다. 다른 배아에 그 돌연변이를 넣는다면, 이론적으로 이들은 평생 동안 HIV에 저항성을 가질 수 있다. 그러나 유전자의 작동 방식에 대한 우리의 지식은 제한적이므로, 다른 사람들이 지적한 대로 예상하지 못한 광범위한 부정적 결과를 불러올 수 있다.

9. c

사람들이 크리스퍼 유전자가위에 대해 이야기할 때 종종 디자이너 베이비에 대해 말하곤 한다. 유전자 편집 전문 연구자들은 사람들이 가장 두려워하는 특성의 일부가 시판될 것이라고 지적한다. 지능, 미, 창조성은 단일 유전자나 알려진 유전자 집단에 의해 결정되지 않는다. 머리카락 색깔이나 키와 같은 보다 덜 복잡한 형질조차도 완벽하게 예측할 수 있는 것은 아니라고 번디더너미 박사는 지적한다.

유전적 돌연변이를 편집해서 제거하는 제안은 만약 추가적인 연구와 법률로 가능해진다면 멀지 않은 장래에 의사들이 공언할 수 있는 약속이다. 하지만 장차 지능이나 외모를 판매할 가능성을 염두에 두는 것은 유전자가 작동하는 방식을 잘못 이해한 것이라고 그는 말했다.

10. b

위에서 언급한 종류의 시나리오는 공상과학 베스트셀러《나는 순례자》(*I am pilgrim*)의 기초가 되었다. 생물학자는 유전자 편집을 포함하지 않는 모든 종류의 두려운 바이오테러리즘 전술을 빠르게 꼽을 수 있다. 그리고 크리스퍼 유전자가위가 없이도 많은 전술이 가능하다.

그럼에도 불구하고 이 새롭고 습득하기도 상당히 쉬운 유전자 편집이 의도적으로 사람들에게 해를 끼치는 데 사용될 수 있다는 사실은 실제로 위협을 준다. 몇 주 전 미국 국방성은 크리스퍼 유전자가위를 더욱 안전하게 만드는 방법을 포함하는 유전자 편집 프로젝트를 진행하는 데 6500만 달러를 지원하겠다고 공표했다.

11. b

크리스퍼 유전자가위의 책임 있는 사용과 관련한 법률안을 만들어야 하는 과학자와 생명윤리학자 패널들은, 심각한 의료 증상을 방지하는 수단으로만 인간의 유전자 편집을 사용해야 한다고 주장할 것이다. 크리스퍼 유전자가위를 사용할 수 있는 생식 전문가가 흔해질 경우, 그들이 시도하고자 하는 계획을 엄격하게 규제해야 한다.

그러나 만약 미국이 특정한 종류의 변형만을 합법이라고 규정한다고 해도 다른 나라는 그 문제에 대해 전적으로 다르게 접근

할 수 있다. 그리고 만약 그렇다면 언젠가는 뜻밖의 작은 한 마을이, 돈만 있으면 어떤 편집이든 가능한 유전자 편집의 천국이 될 수 있다(아르헨티나는 이 문제에 대해 임의로 선택된 곳임을 밝혀 둔다).

12. a

자작 유전자 편집에 관해 학습하는 전국의 많은 허브 중 하나인 로스앤젤레스 토빈(Cory Tobin)의 더랩(The Lab)의 합성생물학 과정에서는 열세 살짜리가 산호의 유전자를 사용해 대장균의 색깔을 이런 방식으로 정확히 바꾸는 것을 배울 수 있다.

토빈은 이메일에서 엿새 후에는 색깔 변화가 일어났다고 밝혔다. "이것은 하루나 이틀 안에 할 수 있지만, 우리는 학생들에게 모든 재료를 스스로 만드는 법을 가르치는 식으로 교과과정을 디자인해 미래에 스스로 전 과정을 수행할 수 있도록 하려고 한다."

- 1차세포(primary cell): 장기나 조직에서 떼어 내어 배양한 세포.
- Cas9(CRISPR associated 9): 유산균의 크리스퍼 유전자가위에 존재하는 핵산분해효소로 크리스퍼 배열 부근에 존재하는 유전자에서 발현.
- crRNA(CRISPR RNA): 크리스퍼 배열에서 전사되는 RNA.
- dCas9(불활성 Cas9): DNA와 결합하는 능력을 유지하지만 더 이상 DNA를 절단하지 않는 변형 Cas9.
- FokI 제한효소(FokI restriction enzyme): 박테리아 *Flavobacterium okeanokoites*에서 첫 번째로 발견된 제한효소.
- sgRNA(single guide RNA): crRNA와 transRNA를 연결 가공한 RNA로 크리스퍼 유전자가위를 표적 부위로 인도함.

- SpCas9(Streptococcus pyogenes Cas9): 화농성연쇄상구균의 Cas9 단백질.
- TALE 핵산분해효소 (TALE nuclease, TALEN): 산토모나스의 핵산 인식 단백질과 FokI 제한효소로 합성한 유전자가위.
- tracrRNA(transcripsr RNA): crRNA와 짝을 지어 Cas9을 결합시켜 주는 RNA.
- T-세포(T-cell): 적응면역을 주관하는 림프세포의 일종. 가슴샘(Thymus)에서 성숙되어 그 첫 글자를 따서 T-세포로 명명.

- 결실(deletion): 유전자의 일부 염기가 탈락하는 현상.
- 고세균(Archea): 박테리아와 진핵생물과 구분되는 생물 분류군 중 하나.
- 공유결합으로 닫힌 원형 DNA(covalently closed circular DNA, cccDNA): 이중나선의 장축이 3차원 공간에서 반복 교차해 만들어지는 잠복성 유전자를 포함하는 DNA.
- 근두암종균(Agrobacterium tumefaciens): 형질전환 유전자 도입에 널리 사용되는 식물 종양 박테리아.
- 기능유전체학(functional genomics): 유전체의 기능을 연구하는 학문.
- 낭포성섬유증 막관통 전도조절 단백질(cystic fibrosis transmembrane regulator, CFTR): 낭포성섬유증 시 이온 채널에 이상이 발생하는 선택적 이온 통과를 조절하는 단백질.
- 넉다운(knockdown): 유전자변형을 통한 유전자의 활성 저하.

- 넉아웃(knockout): 염기의 탈락이나 첨가를 통한 유전자의 기능 상실.
- 넉인(knockin): 유전자변형을 통한 유전자의 기능 회복.
- 단구세포(monocyte): 혈액 속에 존재하는 대식세포.
- 대립유전자(allele): 부모로부터 각각 유래하는 한 쌍의 유전자.
- 대식세포(macrophage): 균을 먹어치우는 일종의 면역세포.
- 돌연변이(mutation): 유전체의 일부 염기가 외부 원인에 의해 변화하는 현상.
- 동미형성소(isocaudamer): 인식 부위가 다소 다르지만 동일한 점착성 말단을 형성하는 제한효소.
- 동형접합(homozygous): 대립유전자의 유전형이 같은.
- 레트로바이러스(retrovirus): RNA를 기본 유전체로 갖는 바이러스.
- 레플리콘(replicon): DNA나 RNA의 복제 단위.
- 리포솜(liposome): 내부에 유전 물질을 넣을 수 있는 지질로 된 이중층 구조.
- 리프로그래밍(reprogramming): 분열 능력을 상실한 체세포에서 줄기세포를 유도하는 것.
- 맞춤형 의학(personalized medicine): 개인의 유전적 특징에 맞춘 치료를 강조하는 의학.
- 면역계(Immune System): 병원체에 대해 생물체를 방어하는 시스템.
- 모자이크 현상(mosaicism): 변형된 세포와 변형된 세포가 한

조직에 섞여 나타나는 현상.

- 바실러스 투린지엔시스(Bacillus thuringiensis): 생물학적 방제에 널리 쓰이는 그람 양성 토양박테리아.

- 바이너리 벡터(binary vector): 두개의 유전자를 별개로 운반하는 플라스미드 운반체.

- 박테리오파지(bacteriophage): 박테리아를 공격하는 특이적 바이러스.

- 배아(embryo): 수정 후부터 8주까지 태아로 발생하기 이전의 세포.

- 배아줄기세포(embryonic stem cells): 배아세포에서 만들어진, 다양한 세포로 발달할 수 있는 줄기세포.

- 벡터(vector): 유전자를 운반하는 플라스미드 운반체.

- 비상동말단접합(non-homologous end joining, NHEJ): 세포가 이중가닥 절단 부위의 DNA 토막을 약간 탈락시키거나 새로운 DNA 토막을 추가하는 수리 방식.

- 비암호화 부위(non-coding region): 유전체에서 단백질로 번역되지 않는 부분.

- 산전 진단(prenatal diagnosis): 태어나기 전 태아의 이상 유무를 확인하는 방법.

- 삼핵접합자(tripronuclear zygote): 두 개의 정자가 난자에 동시에 들어가 만들어지는 생존력이 없는 수정란.

- 상동의존성수리(homology directed repair, HDR): 세포가 이중가닥 절단 부위에 공급된 주형 DNA 토막을 도입하는 수리 방식.

- 상염색체(autosome): 성염색체가 아닌 염색체.
- 상피세포(epidermic cell): 생물체 표면이나 관상 구조의 내면을 덮고 있는 세포군.
- 생식세포(germline): 정자, 난자와 초기 배아로 자손에게 유전 물질을 전달할 수 있는 가능성이 있는 세포.
- 설탕분해효소(invertase): 설탕을 포도당과 과당으로 분해하는 효소. 전화효소라고도 함.
- 세포자살(apoptosis): 세포가 자신의 프로그램을 이용해 자살 하는 세포사 현상.
- 아그로침윤법(agroinfiltration): 아그로박테리아를 사용해 손쉽 게 유전자를 도입하는 진공침윤법.
- 아연손가락핵산분해효소(zinc finger nuclease, ZFN): 전사 인자인 아연손가락 인식 부위와 FokI 제한효소로 합성한 유전자가 위.
- 엑손 (exon): DNA 중에서 유전 정보를 갖는 부분.
- 열성질환(recessive disorder): 대립유전자에 결함 유전자가 하나 만 존재하는 경우 증상이 나타나지 않는 질환.
- 영양번식(營養繁殖, vegetative propagation): 무성생식의 하나로, 식물의 영양기관의 일부가 떨어져 새로운 개체를 만드는 현 상.
- 올리고뉴클레오티드(oligonucleotide): 몇 개에서 수십 개의 뉴 클레오타이드가 결합한 중합체.
- 용균성(lytic): 숙주 세포를 파괴하는 박테리오파지의 증식 방 법.

- 용원성(lysogenic): 숙주 세포를 파괴하지 않고 유전자를 복제하는 박테리오파지의 증식 방법.
- 원시선(primitive streak): 착상 후 배아에 나타나는, 척추로 발달할 것으로 예측되는 해부학적 특징.
- 원형질체(protoplast): 세포벽을 제거해 분화 능력을 회복한 세포.
- 유도만능줄기세포(induced pluripotent stem cells): 체세포의 분화 능력을 회복시켜 다양한 세포로 발달할 수 있게 만든 줄기세포.
- 유식물(幼植物): 생장을 시작한 배가 씨를 감싸고 있는 껍질을 뚫고 밖으로 나와 스스로 광합성을 해 독립 영양을 하게 될 때까지 이른 어린 식물.
- 유전자 교정(gene Correction): 돌연변이 유전자를 정상 유전자로 교정하기 위한 유전자 편집의 한 방법.
- 유전자 드라이브(gene drive): 특정 생물체의 개체군 내로 유전자를 빨리 퍼뜨리는 과정.
- 유전자 자리(gene locus): 유전자가 차지하는 자리, 좌위라고도 함.
- 유전자 재조합(genetic recombination): 이종의 유전체로부터 얻은 유전 요소를 한 단위로 구성하는 과정.
- 유전자 치료(gene therapy): 돌연변이 유전자를 교정해 정상적인 표현형을 갖게 하는 치료.
- 유전자 카세트(gene cassette): 유전자 발현에 필요한 요소를 전부 담은 유전자 단위.

- 유전자 편집(gene editing): 유전자 재배열, 유전자 넉아웃, 유전자 교정 등 유전자가위에 의한 유전자변형을 총칭함.
- 유전자 풀(gene pool): 집단 내의 고유 유전자의 총량.
- 유전자가위(gene scissors): 특정 부위에서 핵산을 절단할 수 있는 능력을 갖는 광범위한 효소. 제한효소, 메가뉴클레아제, 아연손가락핵산분해효소, TALE 핵산분해효소, CRISPR 핵산분해효소 등이 있음.
- 유전체(genome): 특정한 생물이 갖는 모든 염기서열 정보.
- 유전체 스크리닝(genome screening): 개체군에서 돌연변이 개체를 식별하고 선별하는 기술.
- 이어맞추기(splicing): 유전자가 전사되어 만들어진 RNA 분자 중 인트론 부분이 제거되고 거기에 인접한 엑손의 배열이 연결되는 일련의 반응.
- 이온 채널(ion channel): 이온을 선택적으로 통과시키는 막 단백질.
- 이원성(paralogous): 사물을 이루는 두 개의 서로 다른 근본 원리가 갖는 성질.
- 이종이식(xenotransplatation): 다른 종의 동물 장기를 이식하는 행위.
- 이중가닥 절단(double strand breaks): DNA의 이중 나선 가닥을 모두 절단.
- 이형접합(heterozygous): 대립유전자의 유전형이 서로 다른.
- 인델(indel): 비상동말단접합 방식에 의한 이중가닥 절단 수리 시 나타나는 삽입(insertion)과 결실(deletion)을 모두 지칭하는

염기의 첨삭.

- 인트론(intron): DNA 중에서 유전 정보를 갖지 않는 부분.

- 적응면역(adaptive immunity): 병원체 감염 시 생물체가 반응하
  며 나타내는 면역.

- 전임상(preclinical study): 인체 임상시험 전, 약물의 효능과 안
  전성을 평가하는 동물실험 단계.

- 전기천공법(electroporation): 전기 충격을 주어 막에 구멍을 내
  는 방법.

- 전사(transcription): DNA의 유전 정보를 RNA의 유전 정보로
  복사하는 과정, 유전자로부터 RNA가 만들어지는 과정.

- 전사인자(transcription factor): 전사 과정에 참여하는 단백질.

- 전장유전체(whole genome): 유전체 전체.

- 점돌연변이(point mutation): 염기 하나가 바뀌어 나타나는 돌
  연변이.

- 접합자(zygote): 정자와 난자가 결합해 만들어지는 세포. 수정
  란이라고도 함.

- 제1상 시험(phase 1 clinical test): 약리 효과 탐색을 위한 인체
  임상시험 단계.

- 조혈모세포(haematopoietic stem cells): 골수에 존재하며, 적혈구,
  백혈구, 혈소판 등을 만드는 세포.

- 주형(template): 상동의존성수리에 사용되는 절단 부위와 유사
  한 DNA 토막.

- 중복(redundancy): 유전체의 일부가 반복적으로 나타나는 현
  상.

- 중심 교리(central dogma): DNA로부터 RNA가 만들어지고 이로부터 단백질이 만들어진다는 분자생물학의 중심 이론.
- 중합효소연쇄반응(polymerase chain reaction, PCR): 전체 DNA 게놈에서 특정 DNA 절편만을 선택적으로 복제해 증폭시킴으로써 시험관 내에서 효과적으로 DNA를 탐색하고 분리할 수 있는 기법.
- 증강(enhancement): 치료 이외의 목적으로 형질을 개선하기 위해 사용되는 유전자변형.
- 착상전유전자진단(preimplantation genetic diagnosis): 착상 전 배아에서 결함 유전자의 유무를 확인하는 방법.
- 체내(in vivo): 생물체 안에서.
- 체세포(somatic cell): 자손에게 유전물질을 전달하지 않으며 몸을 구성하는 세포.
- 체외(ex vivo): 생물체 밖에서.
- 크리스퍼 배열(CRISPR array): 크리스퍼 유전자와 크리스퍼 연관 유전자를 통칭.
- 키메라성항원수용체(Chimeric antigen receptor): 면역세포의 표면에 부가된 암세포를 인식할 수 있는 수용체.
- 틈새형성효소(nickase): DNA의 이중가닥 중 한쪽 가닥만 절단하는 효소.
- 폴리에틸렌글리콜(polyethylene glycol): 생물막 안으로 유전물질을 넣을 수 있는 비이온성 비누 성분.
- 표적이탈효과(off-target effect): 유전자가위에 의해 발생하는 비의도적인 이중가닥 절단.

- 프로바이러스(provirus): 숙주에 유전체 상태로 통합된 바이러스.
- 플라스미드(plasmid): 박테리아 세포 내에서 독자적 증식이 가능한 염색체 이외의 DNA 분자.
- 피기백(PiggyBac): 유전체 속에서 위치를 바꿀 수 있는 점핑 유전자의 일종.
- 현탁세포(suspension cell): 배양액에서 키우는 세포.
- 형질전환(transgenesis): 다른 종의 유전자를 생물체에 도입하는 유전자변형 방법.
- 형질전환 유전자(transgene): 유전자변형을 위해 도입되는 다른 종의 유전자.
- 회문구조(palindrome): 앞으로 읽으나 뒤로 읽으나 같은 순서가 되는 구조. 핵산 내에서 이중가닥을 형성함.

제1장 크리스퍼 유전자가위의 등장

김명자, "김명자의 과학 오디세이: 크리스퍼 유전자가위 혁명, 위기인가 기회인가", 〈중일일보〉 2016년 7월 29일.

김현일, "바이오 신기술: CRISPR/Cas-9의 탄생 배경과 적용 (1)", 〈BRIC〉 2016년 3월 21일. http://www.ibric.org/myboard/read.php?Board=news&id=270623&ksr=1&FindText=%B6%AF%C4%A5%C0%CC.

성상현, "ZFN, TALEN, 그리고 CRISPR-Cas 기반의 유전체 편집 방법들", *Bric View*, R13, 2014년 9월 23일. http://www.ibric.org/myboard/read.php?id=2250&Board=report.

이일하, "유전자 교정을 더 쉽게, '유전자가위' 발견의 드라마", *Dong-A Business Review* 217호, 2017, pp. 128-133.

전방욱, "크리스퍼 유전자가위 기술", 〈녹색평론〉 149, 2016. pp. 85-95.
前原佳代子, "未來を變えるゲノム編集", 〈畿央大學紀要〉 14.1, 2017, pp. 1-8.

Barrangou, R. & Horvath, P. (2017) A decade of discovery: CRISPR

   functions and applications, *Nature Microbiology*, 2, 17092.

Barrangou, R., & Doudna, J. A. (2016). Applications of CRISPR

   technologies in research and beyond. *Nature biotechnology*, 34(9),

   933-941.

Barrangou, R., Fremaux, C., Deveau, H., Richards, M., Boyaval, P.,

   Moineau, S., ... & Horvath, P. (2007). CRISPR provides acquired

   resistance against viruses in prokaryotes. *Science*, 315(5819), 1709-

   1712.

Carroll, D. Basic Background on Genome Editing. Aug 25, 2015.

   https://vimeo.com/137282545.

Chugunova, A. A., Dontsova, O. A., & Sergiev, P. V. (2016). Methods

   of genome engineering: a new era of molecular biology.

   Biochemistry (Moscow), 81(7), 662-677.

Corbyn, Z. (2015). Biology's big hit. Nature Outlook. Genome Editing.

   Nature 528, S4-5.

Doudna, J. A. (UC Berkeley / HHMI): Genome Engineering with

   CRISPR-Cas9. Mar 23, 2015. https://www.youtube.com/

   watch?v=SuAxDVBt7kQ.

Doudna, J. A. 28th Annual Benjamin Ide Wheeler Society

   Lecture and Tea. Jul 17, 2015. https://www.youtube.com/

watch?v=W3wnW5QzNgs.

Doudna, J. A. CRISPR Biology and the New Era of Genome Engineering. May 17, 2016. https://www.youtube.com/watch?v=xl-iGnGFmxI.

Doudna, J. A., & Charpentier, E. (2014). The new frontier of genome engineering with CRISPR-Cas9. *Science*, 346(6213), 1258096.

Duncan, D. E. Simple DNA Editing is Here: Now What? The Daily Beast. Dec 14, 2015. https://bodyhackingcon.com/blog/simple-dna-editing-is-here-now-what.html.

Foht, B. P. (2016). Gene Editing: New Technology, Old Moral Questions. *The New Atlantis*, 3-15.

Gaj, T., Gersbach, C. A., & Barbas, C. F. (2013). ZFN, TALEN, and CRISPR/Cas-based methods for genome engineering. *Trends in biotechnology*, 31(7), 397-405.

Gewin, V. (2015). Expanding Possibilities. Nature Outlooks, Genome Editing. *Nature*, 528, S10-11.

Grens, K. There's CRISPR in Your Yogurt. The Scientist, Jan 1, 2015. http://www.the-scientist.com/?articles.view/articleNo/41676/title/There-s-CRISPR-in-Your-Yogurt/.

Griffiths, L. The story of crispr/cas9. Apr 17, 2015. https://www.youtube.com/watch?v=U3_TmWoMEkU.

Koonin, E. V. (2016). Universal genome cutters: from selfish genetic elements to antivirus defence and genome editing tools. *Biochemist*, 38(3), 4-9.

Maxmen, A. (2015) The Genesis Engine. Easy DNA Editing Will
Remake the World. Buckle Up. WIRED. Aug 2015. https://www.
wired.com/2015/07/crispr-dna-editing-2/.

National Human Genome Research Institute. Genome Editing. Aug 3,
2017. https://www.genome.gov/27569222/genome-editing/.

Niu, Y., Shen, B., Cui, Y., Chen, Y., Wang, J., Wang, L., ... & Xiang, A.
P. (2014). Generation of gene-modified cynomolgus monkey via
Cas9/RNA-mediated gene targeting in one-cell embryos. *Cell*,
156(4), 836-843.

Petherick, Anna. Editorial. Nature Outlook. Genome Editing. *Nature*
528. (2015): S1.

Rajewsky, K. (2015). The Historical Scientific Context, *In* Commis-
sioned Papers, International Summit on Human Gene Editing,
December 1-3, 2015, Washington, D.C., 6-8.

Serageldin, I. (2015). The Historical Context, *In* Commissioned Pa-
pers, International Summit on Human Gene Editing, December
1-3, 2015, Washington, D.C., 1-2.

Singh, A., Chakraborty, D., & Maiti, S. (2016). CRISPR/Cas9: a historical
and chemical biology perspective of targeted genome engineer-
ing. *Chemical Society Reviews*, 45(24), 6666-6684.

Sorek, R., Kunin, V., & Hugenholtz, P. (2008). CRISPR--a widespread
system that provides acquired resistance against phages in bac-
teria and archaea. Nature reviews. *Microbiology*, 6(3), 181.

Steinberg, S. What if we could rewrite the human genome? Mar 31,

2016. http://www.tedmed.com/talks/show?id=528921.

Taylor, G. (2016). Rewriting the book of life. *Biochemists*, 38(3), 10-13.

Theodoulos, F. (2016). Genome editing biochemical superpower.

Biochemist, 38(3), 3.

Urnov, F. D., Miller, J. C., Lee, Y. L., Beausejour, C. M., Rock, J. M.,

Augustus, S., ... & Holmes, M. C. (2005). Highly efficient endogenous

human gene correction using designed zinc-finger nucleases.

Nature, 435(7042), 646-651.

Weissman, J. Tuning Genes On and Off with CRISPRa and CRISPRi.

Mar 3, 2016. https://vimeo.com/157663934.

제2장 실험동물의 생산

정희진, "CRISPR를 기반으로 한 진핵생물 유전자 교정 기술", 2017년 5월

30일. http://www.ibric.org/myboard/read.php?id=2755&Board=re-

port.

Barrangou, R., & Doudna, J. A. (2016). Applications of CRISPR technol-

ogies in research and beyond. *Nature biotechnology*, 34(9), 933-

941.

Belmonte, J. C. I. (2016). Human Organs from animal bodies. *Scientific

American*, 315(5), 32-37.

Ceasar, S. A., Rajan, V., Prykhozhij, S. V., Berman, J. N., & Ignacimuthu, S. (2016). Insert, remove or replace: a highly advanced genome editing system using CRISPR/Cas9. *Biochimica et Biophysica Acta*, 1863(9), 2333-2344.

Doudna, J. A. Interactive Keynote: Jennifer Doudna-SXSW2017. Mar 11, 2017, https://www.youtube.com/watch?v=I_6IA4ur0d0.

Doudna, J. A., & Charpentier, E. (2014). The new frontier of genome engineering with CRISPR-Cas9. *Science*, 346(6213), 1258096.

Ishii, T. (2017). Genome-edited livestock: Ethics and social accep-tance. *Animal Frontiers*, 7(2), 24-32.

Krause, K. A. CRISPR-Cas9: Not Just Another Scienctific Revolution. Feb. 6th, 2016. (https://thedotingskeptic.wordpress.com/2016/02/06/cris-pr-cas9-not-just-another-scientific-revolution/)

Niu, D., Wei, H. J., Lin, L., George, H., Wang, T., Lee, I. H., ... & Lesha, E. (2017). Inactivation of porcine endogenous retrovirus in pigs using CRISPR-Cas9. *Science*, eaan4187.

Niu, D., Wei, H. J., Lin, L., George, H., Wang, T., Lee, I. H., Zhao, H. Y., Wang, Y., Kan, Y., Shrock, E., Lesha, E., Wang, G., Luo, Y., Jiao, D., Zhao, H., Zhou, X., Wang, S., Wei, H., Güell, M., Church, G. B., & Yang, L. (2017). Inactivation of porcine endogenous retrovirus in pigs using CRISPR-Cas9. *Science*, 357(6357), 1303-1307.

Rodriguez, E. (2016). Ethical issues in genome editing for non-human organisms using CRISPR/Cas9 system. *Journal of Clinical Re-search and Bioethics*, 7, 266.

Smirnov, A. V., Yunusova, A. M., Lukyanchikova, V. A., & Battulin, N. R. (2017). CRISPR/Cas9, A universal tool for genomic engineering. *Russian Journal of Genetics: Applied Research*, 7(4), 440-458.

Trible, W., Olivos-Cisneros, L., McKenzie, S. K., Saragosti, J., Chang, N. C., Matthews, B. J., Oxley, P.R. & Kronauer, D. J. (2017). Orco mutagenesis causes loss of antennal lobe glomeruli and impaired social behavior in ants. *Cell*, 170(4), 727-735.

Wu, J., Platero-Luengo, A., Sakurai, M., Sugawara, A., Gil, M. A., Yamauchi, T., Suzuki, K., Bogliotti, Y. S., Cuello, C., Valencia, M. M., Okamura, D., Luo, J., Vilariño, M., Parrilla, I., Soto, D. A., Martinez, C. A., Hishida, T., Sánchez-Bautista, S., Martinez-Martinez, M. L., Wang, H., Nohalez, A., Aizawa, E., Martinez-Redondo, P., Ocampo, A., Reddy, P., Roca, J., Maga, E. A., Esteban, C. R., Berggren, W. T., Delicado, E. N., Lajara, J., Guillen, I., Guillen, P., Campistol, J. M.m Martinez, E. A., Ross, P. J., & Belmonte, J. C. I. (2017). Interspecies chimerism with mammalian pluripotent stem cells. *Cell*, 168(3), 473-486.

Yan, H., Opachaloemphan, C., Mancini, G., Yang, H., Gallitto, M., Mlejnek, J., Leibholtz, A., Haight, K., Ghaninia, M., Huo, L., Perry, M., Slone, J., Zhou, X., Traficante, M., Penick, C. A., Dolezal, K., Gokhale, K., Stevens, K., Fetter-Pruneda, I., Bonasio, R., Zwiebel, L. J., Berger, S. L., Liebig, J., Reinberg, D. & Perry, M. (2017). An engineered orco mutation produces aberrant social behavior and defective neural development in ants. *Cell*, 170(4), 736-747.

Yang, L., Güell, M., Niu, D., George, H., Lesha, E., Grishin, D., ... &

Deaplan, C. (2015). Genome-wide inactivation of porcine endogenous retroviruses (PERVs). *Science*, 350(6264), 1101-1104.

제3장 체세포 치료

김은정, "인류의 미래 재단할 3세대 유전자가위 CRISPR/Cas9", 〈LG경제연구원〉, 2017, p. 14.

이재영, "유전체 편집(CRISPR/Cas9) 기술을 이용한 in vivo 치료제 개발 동향", *BRIC VIEW*, 2017, T18. https://www.ibric.org:442/myboard/read.php?id=2739&Page=1&Board=REPORT&TodayReview=1

전방욱, "유전자 편집에 근거한 유전자치료 연구의 윤리", 〈한국의료윤리학회지〉 19(1), 2016, pp. 47-59.

Albert, H. (2016) The rise and rise of CRISPR. *Biochemist*, 38(3), 30-35.

Araki, M., & Ishii, T. (2016). Providing appropriate risk information on genome editing for patients. *Trends in biotechnology*, 34(2), 86-90.

Cai, L., Fisher, A. L., Huang, H., & Xie, Z. (2016). CRISPR-mediated genome editing and human diseases. *Genes & Diseases*, 3(4), 244-251.

Chapman, J. E., Gillum, D., & Kiani, S. (2017). Approaches to Reduce CRISPR Off-Target Effects for Safer Genome Editing. *Applied Biosafety*, 22(1), 7-13.

Crowe, K. Scientists in race to test CRISPR gene-editing technique

on cancer. Jul 24, 2016. http://www.cbc.ca/news/health/cris-
pr-cancer-immunotherapy-gene-therapy-1.3691689.

ECDC, E. (2009). The Bacterial Challenge – Time to React a Call to
Narrow the Gap between Multidrug-Resistant Bacteria in the EU
and Development of New Antibacterial Agents. Solna: ECDC &
EMEA Joint Press Release.

Editor. (2015). Germline editing: time for discussion. *Nature Medicine*,
21(4), 295.

Henderson, G. E., Churchill, L. R., Davis, A. M., Easter, M. M., Grady, C.,
Joffe, S., ... & Nelson, D. K. (2007). Clinical trials and medical care:
defining the therapeutic misconception. *PLoS medicine*, 4(11), e324.

Ju, X. D., Xu, J., & Sun, Z, S, (2017). CRISPR Editing in Biological and
Biomedical Investigation. *Journal of Cellular Biochemistry*. doi,
10.1002/jcb.26154.

Kim, E., Koo, T., Park, S. W., Kim, D., Kim, K., Cho, H. Y., Song, D. W.,
Lee, K. J., Jung, M. H., Kim, S., Kim, J. H., Kim, J. H., & Kim, J. S.
(2017). In vivo genome editing with a small Cas9 orthologue derived
from Campylobacter jejuni. *Nature Communications*, 8, ncom-
ms14500.

Kim, K., Park, S. W., Kim, J. H., Lee, S. H., Kim, D., Koo, T., Kim, K. E.,
Kim, J. H., & Kim, J. S. (2017). Genome surgery using Cas9 ribonuc-
leoproteins for the treatment of age-related macular degenera-
tion. *Genome research*, 27(3), 419-426.

Kimmelman, J. (2005). Recent developments in gene transfer: risk and ethics. *British Medical Journal*, 330(7482), 79-82.

Kimmelman, J., & London, A. J. (2011). Predicting harms and benefits in translational trials: ethics, evidence, and uncertainty. *PLoS medicine*, 8(3), e1001010.

King, N. M., & Cohen-Haguenauer, O. (2007). En route to ethical recommendations for gene transfer clinical trials. *Molecular Therapy*, 16(3), 432-438.

Knoppers BM,, & Chadwick R. (2005). Human genetic research: emerging trends in ethics. *Nature Reviews Genetics*, 6(1), 75-79.

Lander, E. (2015). What we don't know. *In* Commissioned Papers, International Summit on Human Gene Editing, December 1-3, 2015, Washington, D.C., 20-27.

Lin, J., Zhou, Y., Liu, J., Chen, J., Chen, W., Zhao, S., Wu, Z. & Wu, N. (2017). Progress and Application of CRISPR/Cas Technology in Biological and Biomedical Investigation. *Journal of Cellular Biochemistry*, 118, 3061-3071.

McAfee, K. (2003). Neoliberalism on the molecular scale. Economic and genetic reductionism in biotechnology battles. *Geoforum*, 34(2), 203-219.

Michael, Le P. Gene editng saves girl dying from leukaemia in world first. New Scientist. Nov 5, 2015. https://www.newscientist.com/article/dn28454-gene-editing-saves-life-of-girl-dying-from-leukaemia-in-world-first/.

Morrison, C. (2015). $1-million price tag set for glybera gene therapy.

Nature Biotechnology, 33(3), 217–218.

Nestor, M. W. & Wilson, R. L. Ethics of CRISPR gene editing in human stem cells. Apr 23, 2015. https://www.youtube.com/watch?v=w8h-1PNuJkk8.

Orqueda, A. J., Giménez, C. A., & Pereyra-Bonnet, F. (2016). iPSCs: A Minireview from Bench to Bed, including Organoids and the CRISPR System. *Stem Cells International*, 5934782.

Palpant, N. J., & Dudzinski, D. (2013). Zinc finger nucleases: looking toward translation. *Gene therapy*, 20(2), 121–127.

Rasool, S., Hussain, T., Zehra, A., Khan, S., & Khan, S. (2017). CRISPR: Genome-Editing and Beyond. *Current Trends in Biotechnology & Pharmacy*, 11(2). 181–189.

Reich, J., Fangerau, H., Fehse, B., Hampel, J., Hucho, F., Köchy, K., ... & Zenke, M. Human genome surgery-towards a responsible evaluation of a new technology: analysis by the Interdisciplinary Research Group Gene Technology Report.

Savić, N., & Schwank, G. (2016). Advances in therapeutic CRISPR/Cas9 genome editing. *Translational Research*, 168, 15–21.

Shim, G., Kim, D., Park, G. T., Jin, H., Suh, S. K., and Oh, Y. K. (2017) Therapeutic gene editing: delivery and regulatory perspectives. *Acta Phycologica Sinica*, 1–16.

Singh, V., Gohil, N., García, R. R., Braddick, D., & Fofié, C. K. (2017). Recent Advances of CRISPR–Cas9 Genome Editing Technologies for Biological and Biomedical Investigations. *Journal of Cellular*

Biochemistry. doi, 10.1002/jcb.26165.

Smith, K. R. (2003). Gene therapy: theoretical and bioethical concepts. *Archives of medical research*, 34(4), 247-268.

Song, M. (2017). The CRISPR/Cas9 system: Their delivery, in vivo and ex vivo applications and clinical development by startups. *Biotechnology Progress*. doi, 10.1002/btpr.2484.

Takahashi, K., Tanabe, K., Ohnuki, M., Narita, M., Ichisaka, T., Tomoda, K., & Yamanaka, S. (2007). Induction of pluripotent stem cells from adult human fibroblasts by defined factors. *cell*, 131(5), 861-872.

Thorpe, L. W., & Gundry, M. (2016). Science in the World of Gene Editing and Gene Therapy. *Scitech Lawyer*, 13(1), 4-9.

Xu, X. L., Yi, F., Pan, H. Z., Duan, S. L., Ding, Z. C., Yuan, G. H., ... & Liu, G. H. (2013). Progress and prospects in stem cell therapy. *Acta Pharmacologica Sinica*, 34(6), 741-746.

Zhang, H., & McCarty, N. (2017). CRISPR Editing in Biological and Biomedical Investigation. *Journal of cellular biochemistry*. doi, 10.1002/jcb.26111.

제4장 인간 배아의 유전자 편집

Addison, C., & Taylor-Alexander, S. (2015). Gene editing: Advising advice. *Science*, 349(6251), 935-935.

Baltimore, D. (2015). The purpose of the summit, *In* Commissioned Papers, International Summit on Human Gene Editing, December 1-3, 2015, Washington, D.C., 3-5.

Baltimore, D., Berg, P., Botchan, M., Carroll, D., Charo, R. A., Church, G., ... & Greely, H. T. (2015). A prudent path forward for genomic engineering and germline gene modification. *Science*, 348(6230), 36-38.

Bosley, K. S., Botchan, M., Bredenoord, A. L., Carroll, D., Charo, R. A., Charpentier, E., ... & Greely, H. T. (2015). CRISPR germline engineering - the community speaks. *Nature biotechnology*, 33(5), 478-486. (양병찬. "CRISPR 인간 생식계열 조작 - 전세계 전문가들의 의견". http://www.ibric.org/myboard/read.php?Board=news&id=259803&ksr=1&FindText=%BE%E7%BA%B4%C2%F9%20crispr).

Bubela, T., Mansour, Y., & Nicol, D. (2017). The ethics of genome editing in the clinic: A dose of realism for healthcare leaders. *Healthcare Management Forum*, 30(3), 159-163.

Camporesi, S., & Cavaliere, G. (2016). Emerging ethical perspectives in the clustered regularly interspaced short palindromic repeats genome-editing debate. *Personalized Medicine*, 13(6), 575-586.

Davidson, T. the genetic engineering of humans. Mar 10, 2015. https://www.youtube.com/watch?v=x_LVgHd-5bc.

Doudna, J. (2015). Perspective: Embryo editing needs scrutiny. *Nature*, 528(7580), S6-S6.

Dzau, V. J., & Cicerone, R. J. (2015). Responsible use of human gene-editing technologies. *Human Gene Therapy*, 26(7), 411-412.

Egli, D., Zuccaro, M., Kosicki, M., Church, G., Bradley, A., Jasin, M., (2017). Inter-homologue repair in fertilized human eggs?. *bioRxiv*. http:// www.biorxiv.org/content/early/2017/08/28/181255.

Fogarty, N. M. E., McCarthy, A., Snijders, K. E., Powell, B. E., Kubikova, N., Blakeley, P., Lea, R., Elder, K., Wamaitha, S. E., Kim, D., Maciulyte, V., Kleinjung, J., Kim, J. S., Wells, D., Vallier, L., Bertero, A., Turner, J. M. A. & Niakan., K. K. (2017). Genome editing reveals a role for OCT4 in human embryogenesis. *Nature*. doi. 10.1038/ nature24033.

Friedmann, T., Jonlin, E. C., King, N. M., Torbett, B. E., Wivel, N. A., Kaneda, Y., & Sadelain, M. (2015). ASGCT and JSGT joint position statement on human genomic editing. *Molecular Therapy*, 23(8), 1282.

Gamboa-Bernal, G. A. (2016). Editing genes for research possible bioethical issuesEDITING GENES FOR RESEA with this new technology. *Persona y Bioética*, 20(2), 125-131.

Goldim, J. R. (2015). Genetics and ethics: a possible and necessary dialogue. *Journal of Community Genetics*, 6(3), 193-196.

Gross, M. (2015). Bacterial scissors to edit human embryos?. *Current Biology*, 25(11), R439-R442.

Isasi, R., & Knoppers, B. M. (2015). Oversight of human inheritable genome modification. *Nature Biotechnology*, 33(5), 454-455.

Kang, X., He, W., Huang, Y., Yu, Q., Chen, Y., Gao, X., ... & Fan, Y. (2016). Introducing precise genetic modifications into human 3PN embryos by CRISPR/Cas-mediated genome editing. *Journal of Assisted Reproduction and genetics*, 33(5), 581-588.

Knoepfler, P. 4 key reasons Mitalipov paper doesn't herald safe CRISPR human genetic modification. Aug 7, 2017. https://ipscell.com/2017/08/4-reasons-mitalipov-paper-doesnt-herald-safe-crispr-human-genetic-modification/.

Krishan, K., Kanchan, T., Singh, B., & Baryah, N. (2015). Genome editing of human embryo – a question on editorial outlook and responsibilities. *Current Science*, 109(4), 661.

Kuruvilla, H. G. (2015). A Call to Forward-Thinking Bioethics. *Bioethics in Faith and Practice*, 1(1), 2.

Lander, E. S. (2015). Brave new genome. *New England Journal of Medicine*, 373(1), 5-8.

Lanphier, E., & Urnov, F. (2015). Don't edit the human germ line. *Nature*, 519(7544), 410-411.

Liang, P., Ding, C., Sun, H., Xie, X., Xu, Y., Zhang, X., Sun, Y., Xiong, Y., Ma, W., L, Y., Wang, Y., Fang, J., Liu, D., Zhou, S., Zhou, C., & Huang, J. (2017). Correction of β-thalassemia mutant by base editor in human embryos. *Protein & Cell*, 1-12. doi, 10.1007/s13238-017-0475-6.

Liang, P., Xu, Y., Zhang, X., Ding, C., Huang, R., Zhang, Z., ... & Sun, Y. (2015). CRISPR/Cas9-mediated gene editing in human tripronuclear zygotes. *Protein & Cell*, 6(5), 363-372.

Lovell-Badge, R. Applications of Gene Editing Technologies Human Germline modification, Dec 16, 2015. https://vimeo.com/149188814.

Ma, H., Marti-Gutierrez, N., Park, S. W., Wu, J., Lee, Y., Suzuki, K., Kos-
ki., A, Ji, D., Hayama, T., Ahmed R., Darby, H, Van Dyken, C., Li, Y.,
Kang, E., Park, A. R., Kim, D., Kim, S. T., Gong, J., Gu, Y., Xu, X, Batt-
aglia, D., Krieg, S. A., Lee, D. M., Wu, D. H., Wolf, D. P., Heitner, S. B.,
Belmonte, J. C. I., Amato, P., Kim, J. S., Kaul, S. & Mitalipov, S. (2017).
Correction of a pathogenic gene mutation in human embryos.
Nature, 548(7668), 413-419.

Martikainen, M., & Pedersen, O. (2015). Germline edits: heat does not
help debate. *Nature*, 520(7549), 623-623.

Morange, M. (2015). Genetic modification of the human germ line: the
reasons why this project has no future. *Comptes Rendus Biolo-
gies*, 338(8), 554-558.

National Academy of Sciences · National Academy of Medicine (2017)
Human Genome Editing: Science, Ethics and Governance. The
National Academies Press. 310p.

Savulescu, J., Gyngell, C., & Douglas, T. (2015). Germline edits: Trust
ethics review process. *Nature*, 520(7549), 623-623.

Sugarman, J. (2015). Ethics and germline gene editing. *EMBO reports*,
16(8), 879-880.

Tang, L., Zeng, Y., Du, H., Gong, M., Peng, J., Zhang, B., ... & Liu, J. (2017).
CRISPR/Cas9-mediated gene editing in human zygotes using
Cas9 protein. *Molecular Genetics and Genomics*, 292(3), 525-533.

The ISSCR statement on human genome modification, Mar 19,
2015. (http://www.isscr.org/professional-resources/news-publicationsss/iss-

cr-news-articles/article-listing/2015/03/19/statement-on-human-germline-ge-
nome-modification).

Winblad, N., & Lanner, F. (2017). biotechnology: At the heart of gene
edits in human embryos. *Nature*, 548(7668), 398-400.

Zastrow, M. (2017). South Korean researchers lobby government to
lift human-embryo restrictions. Sep 08, 2017. *Nature*. http://www.
nature.com/news/south-korean-researchers-lobby-govern-
ment-to-lift-human-embryo-restrictions-1.22585. (양병찬. [바이오
토픽] "바이오토픽: 한국의 연구자들, '인간배아연구 규제 철폐'를 정부에 강력히 촉구."
http://www.ibric.org/myboard/read.php?Board=news&id=286723&Page=1&-
SOURCE=6).

Zhang, X. (2015). Urgency to rein in the gene-editing technology.
Protein & cell, 6(5), 313.

Zhou, C., Zhang, M., Wei, Y., Sun, Y., Sun, Y., Pan, H., Yao, N., Zhong, W.,
Li, Y., Li, W., Yang, H. & Chen, Z. (2017). Highly efficient base edit-
ing in human tripronuclear zygotes. *Protein & Cell*, doi, 10.1007/
s13238-017-0459-6.

제5장 치료와 증강의 경계

전방욱, "인간 배아 유전체 편집에 관한 윤리적 쟁점", 〈생명윤리〉 16(2),
2015, pp. 17-29.

Baumann, M. (2016). CRISPR/Cas9 genome editing –new and old ethical issues arising from a revolutionary technology. *NanoEthics*, 10(2), 139–159.

Bermeo–Antury, E., & Quimbaya, M. (2016). Secuenciación de próxima generación y su contexto eugenésico en el embrión humano. *Persona y Bioética*, 20(2), 205–231.

Bermeo–Antury, Elías, and Mauricio Quimbaya. "Secuenciación de próxima generación y su contexto eugenésico en el embrión humano." *Persona y Bioética,* 20.2 (2016): 205–231.

Caplan, A. L., Parent, B., Shen, M., & Plunkett, C. (2015). No time to waste—the ethical challenges created by *CRISPR*. *EMBO reports*, 16(11), 1421–1426.

Caplan, A. When Is Genetic Editing Immoral? Jan 13, 2016. https://www.youtube.com/watch?v=t89aiKa-rUo.

Carroll, D., & Charo, R. A. (2015). The societal opportunities and challenges of genome editing. *Genome Biology*, 16(1), 1–9.

Cressey, D., Abbott, A., & Ledford, H. (2015). UK scientists apply for licence to edit genes in human embryos. *Nature*. doi, 10.1038/nature.2015.18394.

Daley, G. Q. Applications of gene editing technology human germline modification. Dec 16, 2015. https://vimeo.com/149188814.

Evans, B. J. (2016) The evolving ethics challenge in genomic science. *SciTech Lawyer*, 13(1), 22–25.

Evans, J. H. The ethics of human gene editing. Feb 29, 2016. https://

www.youtube.com/watch?v=JY3ZPsOxHyU.

Gamboa-Bernal, G. A. (2016). A edição de genes para estudio: os problemas bioéticos que esta nova tecnologia pode ter. *Persona y Bioética*, 20(2), 131.

Gamboa-Bernal, G. A. (2016). La edición de genes a estudio: Los problemas bioéticos que puede tener esta nueva technología. *Persona y Bioética*, 20(2), 131.

Griggs, J. (2015). Our superhuman future is just a few edits away. *New Scientist*, 227(3040), 28-30.

Gyngell, C., Douglas, T., & Savulescu, J. (2017). The ethics of germline gene editing. *Journal of Applied Philosophy*, 34(4), 498-513.

Hamai, A. Genetic Engineering and the Potential Effects on Evolution. Jun 02, 2016. http://teachers.yale.edu/curriculum/viewer/initiative_16.06.02_u.

Ishii, T. (2015). Germ line genome editing in clinics: the approaches, objectives and global society. *Briefings in Functional Genomics*, 16(1), 46-56.

Ishii, T. (2015). Germline genome-editing research and its socioethical implications. *Trends in Molecular Medicine*, 21(8), 473-481.

Janssens, A. C. J. (2016). Designing babies through gene editing: science or science fiction?. *Genetics in Medicine*, 18(12), 1186-1187.

Kelves, D. J. (2015). The History of Eugenics, *In* Commissioned Papers, International Summit on Human Gene Editing, December 1-3, 2015, Washington, D.C., 7-12.

Knoepfler, P. (2015). GMO Sapiens: the life-changing science of designer babies. *World Scientific*. 265p.

Lander, E. S. (2015). Brave new genome. *New England Journal of Medicine*, 373(1), 5–8.

Peters, T. (2015). CRISPR, the precautionary principle, and bioethics. *Theology and Science*, 13(3), 267-270.

Resnik, D. B. (2000) The moral significance of the therapy-enhancement distinction in human genetics. *Cambridge Quarterly of Healthcare Ethics*, 9(3), 365-377.

Specter, M. The Gene Hackers. *The New Yorker*. Nov 16, 2015. http://www.newyorker.com/magazine/2015/11/16/the-gene-hackers.

Spriggs, M. (2002). Lesbian couple create a child who is deaf like them. *Journal of Medical Ethics*, 28(5), 283-283.

제6장 농작물과 가축 개량

전방욱, "CRISPR-Cas9 사용이 제기하는 윤리적 질문들. 인격주의", 〈생명윤리〉 6(2), 2016, pp. 87-117.

Araki, M., & Ishii, T. (2015). Towards social acceptance of plant breeding by genome editing. *Trends in Plant Science*, 20(3), 145-149.

Choe, S. (2016) Genome editing – a technology in time for plants.

Biochemist, 38(3), 18-21.

Demirci, Y., Zhang, B., & Unver, T. (2017). CRISPR/Cas9: an RNA-guided highly precise synthetic tool for plant genome editing. *Journal of Cellular Physiology*. doi, 10.1002/jcp.25970.

Eduardo, R. (2017). Ethical Issues in Genome Editing for Non-Human Organisms Using CRISPR/Cas9 System. *Journal of Clinical Research and Bioethics*, 8(2), 1000300.

Enríquez, P. (2016). CRISPR GMOs. *North Carolina Journal of Law & Technology*, 18(4), 432-539.

Jones, H. D. (2016). Are plants engineered with CRISPR technology genetically modified organisms?. *Biochemist*, 38(3), 14-17.

Kamthan, A., Chaudhuri, A., Kamthan, M., & Datta, A. (2016). Genetically modified (GM) crops: milestones and new advances in crop improvement. *Theoretical and Applied Genetics*, 129(9), 1639-1655.

Kanchiswamy, C. N., Malnoy, M., Velasco, R., Kim, J. S., & Viola, R. (2015). Non-GMO genetically edited crop plants. *Trends in Biotechnology*, 33(9), 489-491.

Mehta, P., Sharma, A., & Kaushik, R. (2017). Transgenesis in farm animals-A review. *Agricultural Reviews*, 38(2), 129-136.

Pennisi, E. (2016). When is a GM plant not a GM plant? *Science*, 353(6305), 1222.

Stefan Jansson. Umeå researcher served a world first(?) CRISPR meal. Sep 6, 2016. http://www.teknat.umu.se/english/about-the-faculty/news/newsdetailpage/umea-researcherserved-a-world-first-crispr-meal.cid272955.

Tagliabue, G. (2017). Product, not process! Explaining a basic concept in agricultural biotechnologies and food safety. *Life Sciences, Society and Policy*, 13(1), 3.

Visk, D. CRISPR application in plants. Feb. 14, 2017. http://www.genengnews.com/gen-exclusives/crispr-applications-in-plants/77900846.

Voytas, D. Innovative Genomics Initiative, 13. CRISPR application in plants. Jul 23, 2015. https://vimeo.com/137405706.

Waltz, E. (2012). Tiptoeing around transgenics. *Nature Biotechnology*, 30(3), 215-217.

Weeks, D. P., Spalding, M. H., & Yang, B. (2016). Use of designer nucleases for targeted gene and genome editing in plants. *Plant Biotechnology Journal*, 14(2), 483-495.

Wolt, J. D., Yang, B., Wang, K., & Spalding, M. H. (2016). Regulatory aspects of genome-edited crops. *In Vitro Cellular & Developmental Biology-Plant*, 52(4), 349-353.

제7장 멸종과 복원

조홍섭, "지카바이러스 공포, 유전자 조작 모기가 해법일까", 〈한겨레〉 2016년 2월 12일. http://ecotopia.hani.co.kr/333042.

Adelman, Z. When Extinction Is a Humanitarian Cause. Feb 12, 2016.
https://www.technologyreview.com/s/600793/when-extinc-
tion-is-a-humanitarian-cause/.

Ainsworth, C. (2015) Hack the mosquitos. *Nature*, 528(7580), S16.

Akbari, O. S., Bellen, H. J., Bier, E., Bullock, S. L., Burt, A., Church, G.
M., ... & Gantz, V. M. (2015). Safeguarding gene drive experiments in
the laboratory. *Science*, 349(6251), 927-929.

Akbari, O. S., Bellen, H. J., Bier, E., Bullock, S. L., Burt, A., Church, G.
M., ... & Gantz, V. M. (2015). Safeguarding gene drive experiments in
the laboratory. *Science*, 349(6251), 927-929.

Banks, J. (2016). Target Malaria has a killer in its sights. *IEEE Pulse*.
November/December 2016, 30-33. doi, 10.1109/MPUL.2016.260738.

Bohannon, J. (2015) Biologists devise invasion plan for mutations.
Science, 347.6228, pp. 1300

Brodwin, E. Peter Thiel gave $100,000 to the scientists trying to
resurrect the woolly mammoth. Business Insider. Jun 30, 2017.
http://www.businessinsider.com/peter-thiel-funded-de-extinc-
tion-animal-resurrection-woolly-mammoth-2017-6.

Burt, A. (2003). Site-specific selfish genes as tools for the control and
genetic engineering of natural populations. *Proceedings of the
Royal Society of London B: Biological Sciences*, 270(1518), 921-928.

Camejo, A. (2016). Control issues. *Trends in Parasitology*, 32(3), 169-
171.

Delvin, H. Woolly mammoth on verge of resurrection, scientist

reveal. The Gurdian. Feb 16, 2016. https://www.theguardian.com/
science/2017/feb/16/woolly-mammoth-resurrection-scientists.

Doudna, J. A. Genetically engineered animals: What could go
wrong? Jun 26, 2017. https://www.youtube.com/watch?v=9ZGbt-
VAYwxM.

Esvelt, K. M., Smidler, A. L., Catteruccia, F., & Church, G. M. (2014).
Concerning RNA-guided gene drives for the alteration of wild
populations. *Elife*, 3, e03401.

Fang, J. (2010). A world without mosquitoes. *Nature*, 466, 432–434.

Gabrieli, P., Smidler, A., & Catteruccia, F. (2014). Engineering the
control of mosquito-borne infectious diseases. *Genome Biology*,
15(11), 535.

Gantz, V. M., Jasinskiene, N., Tatarenkova, O., Fazekas, A., Macias, V. M.,
Bier, E., & James, A. A. (2015). Highly efficient Cas9-mediated gene
drive for population modification of the malaria vector mosquito
Anopheles stephensi. *Proceedings of the National Academy of
Sciences*, 112(49), E6736–E6743.

Gilbert, N. (2013). A hard look at GM crops. *Nature*, 497(7447), 24.

Hammond, A., Galizi, R., Kyrou, K., Simoni, A., Siniscalchi, C., Kat-
sanos, D., ... & Burt, A. (2016). A CRISPR-Cas9 gene drive system
targeting female reproduction in the malaria mosquito vector
Anopheles gambiae. *Nature biotechnology*, 34(1), 78.

Jun, B-O. (2016) Eradicating Mosquitoes? The Promise and Peril of
Gene Drive Technologies. The 17th Asian Bioethics Conference,

Nov 16, 2016. Jogjakarta, Indonesia.

Marshall, J. M. (2011). The Cartagena protocol in the context of recent releases of transgenic and *Wolbachia*-infected mosquitoes. *Asian Pacific Journal of Molecular Biology and Biotechnology*, 19(3), 93-100.

McIntosh J, Mosquitos and Zika: the insect behind the break. Medical News Today. Feb 5, 2016. http://http://www.medicalnewstoday.com/articles/306194.php.

Nawy, T. (2016). Genetics: Driving out malaria. *Nature Methods*, 13(2), 111.

Oye, K. A., Esvelt, K., Appleton, E., Catteruccia, F., Church, G., Kuiken, T., Lightfoot. S. B. Y., McNamara, J., Smidler, A., & Collins, J. P. (2014). Regulating gene drives. *Science*, 345(6197), 626-628.

Pugh, J. (2016). Driven to extinction? The ethics of eradicating with gene-drive technologies. *Journal of Medical Ethics*, 42, 578-581.

Reckless Driving: Gene Drives and the End of Nature, Sep 1, 2016. (http://www.etcgroup.org/content/reckless-driving-gene-drives-and-end-nature)

Reegan, A. D., Ceasar, S. A., Paulraj, M. G., Ignacimuthu, S., & Al-Dhabi, N. A. (2016). Current status of genome editing in vector mosquitoes: A review. *Bioscience Trends*, 10(6), 424-432.

Threadgill, D. W. (2015). The next generation of rodent eradications: innovative technologies and tools to improve species specificity and increase their feasibility on islands. *Biological Conservation*, 185, 47-58.

University of Chicago Medical Center. First comprehensive analysis
of the woolly mammoth genome completed. Jul 2, 2015. https://
www.eurekalert.org/pub_releases/2015-07/uocm-fca070115.php.

Webber, B. L., Raghu, S., & Edwards, O. R. (2015). Opinion: Is CRIS-
PR-based gene drive a biocontrol silver bullet or global conser-
vation threat?. *Proceedings of the National Academy of Sciences*,
112(34), 10565-10567.

제8장 특허권 경쟁

김현일, "바이오 신기술: CRISPR/Cas9 관련 특허는 앞으로 어떻게 될까?
(20)", 2016년 8월 2일. http://www.ibrig.org/myboard/skin/news1/

식품의약품안전처 · 식품의약품안전평가원, "유전자가위기술 연구개발 동
향 보고서", 2017, p. 65.

한국바이오협회 · 한국비오오경제연구센터, "크리스퍼 기술 개발 진단과 시
장 전망", *Bio Economy Report*, 2017, pp. 1-13.

Brinegar, K., K. Yetisen, A., Choi, S., Vallillo, E., Ruiz-Esparza, G. U.,
Prabhakar, A. M., ... & Yun, S. H. (2017). The commercialization of
genome-editing technologies. *Critical Reviews in Biotechnology*,
1-12.

Brinegar, K., K. Yetisen, A., Choi, S., Vallillo, E., Ruiz-Esparza, G. U.,

Prabhakar, A. M., ... & Yun, S. H. (2017). The commercialization of genome-editing technologies. *Critical Reviews in Biotechnology*, 1-12.

Cohen, J. (2017). CRISPR patent ruling leaves license holders scrambling. *Science*, 355(6327). 786.

Cohen, J. (2017). The Birth of CRISPR Inc. *Science*, 355(6326), 680-684.

Contreras, J. L., & Sherkow, J. S. (2017). CRISPR, surrogate licensing, and scientific discovery. *Science*, 355(6326), 698-700.

Ellis, S. (2016). Toolgen wins critical CRISPR patent in Korea. *Bioworld*, 37(4),

Guerrini, C. J., Curnutte, M. A., Sherkow, J. S., & Scott, C. T. (2017). The rise of the ethical license. *Nature biotechnology*, 35(1), 22-24.

Kim, M. S., Osterman, M., & Maingi, S. A primer on gene editing. Kineticos, Sep 2016. http://www.kineticos.com/wp-content/uploads/2016/09/A-Primer-on-Gene-Editing_September-2016.pdf.

Ledford, H. Titanic clash over CRISPR patents turns ugly. Sep 21, 2016. http://www.nature.com/news/titanic-clash-over-crispr-patents-turns-ugly-1.20631(양병찬, "CRISPR 특허전쟁, 과열 끝에 이전투구로 변질", 2016년 9월 23일. http://www.ibric.org/myboard/read.php?id=276068&Board=news).

Marcus, A. D. & Palazzolo, J. Breakthrough Gene Technology Attracts Investors Amid Patent Dispute. *The Wall Street Journal*, Sep 22, 2016. (https://www.wsj.com/articles/breakthrough-gene-technology-attracts-investors-amid-patent-dispute-1474567512)

Marcus, D. A., & Palazzolo, J. Breakthrough gene technology at-
tracts investors amid patent dispute. Sep 22, 2016. http://www.
wsj.com/articles/breakthrough-gene-technology-attracts-inves-
tors-amid-patent-dispute-1474567512.

Moor, J. H. (2005). Why we need better ethics for emerging technol-
ogies. *Ethics and Information Technology*, 7(3), 111-119.

Research N Reports. (2017). What will the global genome editing
market size be in 2022 and what will the growth rate be? https://
www.medgadget.com/2017/09/what-will-the-global-genome-
editing-market-size-be-in-2022-and-what-will-the-growth-
rate-be.html.

Rood, J. (2015). Who owns CRISPR. *The Scientist*, 3. https://www.
dhushara.com/paradoxhtm/reprod/whoownsCRISPR.pdf.

Sherkow, J. S. (2016) Patents in the time of CRISPR. *Biochemist*, 38(3),
26-29.

Song, M. (2017). The CRISPR/Cas9 system: Their delivery, in vivo and
ex vivo applications and clinical development by startups. Bio-
technology Progress.

Staling, S. (2017) CRISPR patent results. *Nature Reviews Microbiology*,
15, 194.

제9장 프레이밍 전쟁

카우시크 순데르 라잔,《생명자본: 게놈 이후 생명의 구성》(*Biocapital: The Constitution of Postgenomic Life*), 안수진 역(그린비, 2012).

Blasimme, A., Anegon, I., Concordet, J. P., De Vos, J., Dubart-Kupperschmitt, A., Fellous, M., ... & Serre, J. L. (2015). Genome Editing and Dialogic Responsibility:"What's in a Name?". *The American Journal of Bioethics*, 15(12), 54-57.

Bubela, T. M., & Caulfield, T. A. (2004). Do the print media "hype" genetic research? A comparison of newspaper stories and peer-reviewed research papers. *Canadian Medical Association Journal*, 170(9), 1399-1407.

Cha, A. E. First human embryo editing experiment in U.S. 'corrects' gene for heart condition. Chicago Tribune, Aug 2, 2017. http://www.chicagotribune.com/news/nationworld/science/ct-human-embryo-editing-gene-heart-20170802-story.html.

Gabriel, R., Von Kalle, C., & Schmidt, M. (2015). Mapping the precision of genome editing. *Nature biotechnology*, 33(2), 150.

Gurev, S. (2017) CRISPR in Popular Media: Sensationalism of Germline Editing in Human Embryos. *Intersect*, 10(2), 1-11.

Harrett, L. Hope or hype? Sickle Cell Gene Therapy. *Biotechniques*, May 22, 2017. http://www.biotechniques.com/news/365896#.Wa6c-QLJJapo.

Latham, J. God's Red Pencil? CRISPR and The Three Myths of Precise Genome Editing. *Independent Science News*, Apr 25, 2016. https://www.independentsciencenews.org/science-media/gods-red-pencil-crispr-and-the-three-myths-of-precise-genome-editing/.

Liakopoulos, M. (2002). Pandora's Box or Panacea? Using metaphors to create the public representations of biotechnology. *Public Understanding of Science*, 11, 5-32.

Merriman, B. (2015). "Editing" a productive metaphor for resulting CRISPR. *The American Journal of Bioethics*, 15(12), 62-63.

Nerlich, B. Making Science Public. Gene editing, metaphors, and responsible language use. Dec 11, 2015. http://blogs.nottingham.ac.uk/makingsciencepublic/2015/12/11/59072/.

O'Keefe, M., Perrault, S., Halpern, J., Ikemoto, L., Yarborough, M., & UC North Bioethics Collaboratory for Life & Health Sciences. (2015). "Editing" genes: A case study about how language matters in bioethics. *The American Journal of Bioethics*, 15(12), 3-10.

Susanne Knudsen (2005) Communicating novel and conventional scientific metaphors: a study of the development of metaphor of genetic code. *Public Understanding of Science*, 14, 373-392.

제10장 과학자의 자기 규제에서 시민 규제로

김현섭, "유전자 편집 기술의 윤리적 문제와 생명윤리법의 재검토", 〈한국의
료윤리학회지〉 20.2, 2017, pp. 206-218.

박대웅·류화신, "유전자 편집 기술의 발전에 대응한 인간배아 유전자치료
의 규제방향", 〈생명윤리〉 17.1, 2016, pp. 35-52.

전방욱, "유전자 편집 기술의 윤리적 문제와 생명윤리법의 재검토"에 대한
논평문, 한국생명윤리학회 2017 춘계학술대회 "생명의료 영역에서의 정
의와 공정성의 문제들", 2017년 6월 10일, 동아대학교, pp. 63-65.

Bosley, K. S., Botchan, M., Bredenoord, A. L., Carroll, D., Charo, R. A.,
Charpentier, E., ... & Greely, H. T. (2015). CRISPR germline engi-
neering - the community speaks. *Nature biotechnology*, 33(5),
478-486. (양병찬. "CRISPR 인간 생식계열 조작 - 전세계 전문가들의 의견". http://
www.ibric.org/myboard/read.php?Board=news&id=259803&ksr=1&FindTex-
t=%BE%E7%BA%B4%C2%F9%20crispr).

Charo, A. (2015). The Legal/Regulatory Context, *In* Commissioned
Papers, International Summit on Human Gene Editing, December
1-3, 2015, Washington, D.C., 13-19.

Charo, R. A., & Hynes, R. O. (2017). Evolving policy with science. *Sci-
ence*, 355(6328), 889.

Chneiweiss, H., Hirsch, F., Montoliu, L., Müller, A. M., Fenet, S.,
Abecassis, M., ... & Kritikos, M. (2017). Fostering responsible
research with genome editing technologies: a European

perspective. *Transgenic Research*, 1-5.

Cook, G., Pieri, E., & Robbins, P. T. (2004). 'The scientists think and the public feels': Expert perceptions of the discourse of GM food. *Discourse & Society*, 15(4), 433-449.

Davies, J. L. (2016). The Regulation of Gene Editing in the United Kingdom. *Scitech Lawyer*, 13(1), 14-17.

Gregorowius, D., Biller-Andorno, N., & Deplazes-Zemp, A. (2017). The role of scientific self-regulation for the control of genome editing in the human germline. *EMBO reports*, e201643054.

Hitchcock, J. (2016). Reflections on the law of gene editing. *Biochemist*, 38(3), 22-25.

Hogan, A. J. (2016). From Precaution to Peril: Public Relations Across Forty Years of Genetic Engineering. *Endeavour*, 40(4), 218-222.

Hrouda, B. E. (2016). Playing God: An Examination of the Legality of CRISPR Germline Editing Technology under the Current International Regulatory Scheme and the Universal Declaration on the Human Genome and Human Rights. *Georgia Journal of International and Comparative Law*, 45(1), 221.

Jasanoff, S., Hurlbut, J. B., & Saha, K. (2015). CRISPR democracy: Gene editing and the need for inclusive deliberation. *Issues in Science and Technology*, 32(1), 37.

Jones, H. D. (2015). Regulatory uncertainty over genome editing. *Nature Plants*, 1(1), 14011.

Kimmelman, J. Governance at the institutional and national level.

Dec 16, 2015. https://vimeo.com/149196313.

König, H. (2017). The illusion of control in germline-engineering policy. *Nature Biotechnology*, 35(6), 502-506.

Ledford, H. (2016). CRISPR: gene editing is just the beginning. *Nature News*, 531(7593), 156.

Nuffield Council on Bioethics. (2016) Genome editing: an ethical review, 128p.

Paradise, J. (2016). US Regulatory Challenges for Gene Editing. *SciTech Lawyer*, 13(1), 10-13.

Parent, B. (2016). CRISPR Lit the Fire: Ethics Must Drive Regualtion of Germline Engineering. *Scitech Lawyer*, 13(1), 18-21.

Rosemann, A., Zhang, X., & Jiang, L. (2017). Human germ line gene editing: why comparative, cross-national studies on public viewpoints are important. *Anthropology*, 5(1), 1000175.

Taylor, R., Rementilla, V., De Jong, J., & Whyte, J. (2016). Change. Delete. Replace: Shaping policy for human genetic modification. https://www.researchgate.net/profile/Vanessa_Rementilla/publication/303299254_Change_Delete_Replace_Shaping_Policy_for_Human_Genetic_Modification/links/573b8e0c08ae9f741b2d8611.pdf.

ㄱ

가타카 131
고암모니아혈증 81-82
고지 동의 122
고콜레스테롤혈증 80
과장 7, 9, 237, 241, 246-251
근두암종균 141, 147, 150, 153, 155, 165,
    177, 181
근이영양증 82-83
김진수 63, 79, 104, 107, 111, 159, 165,
    179-180, 185, 240-241

ㄴ

낫세포빈혈증 58, 77-78, 121, 128, 227,
    229-230, 249, 281
낭포성섬유증 75, 120, 134, 227, 229
니아칸(Niakan, Cathy) 100, 102, 113

ㄷ

다우드나(Doudna, Jennifer A.) 28-29, 35,
    96, 116, 214-216, 221, 223, 227,
    263, 281-282
뒤센근이영양증 58, 82-83, 227

ㄹ

라이선스 217-224, 226, 232
란네르(Lanner, Fredrik) 102
레버선천성흑암시 227

ㅁ

망막이영양증 76
매머드 209-212
메가뉴클레아제 20, 230, 292
미국 농무부 144, 181, 184-185
미국 국립보건원 70, 72, 99, 258
미국 식품의약국 54, 58, 91, 144, 183,
        185, 187, 189, 230, 256, 283
미끄러운 비탈길 97, 119, 126-128, 131
미오스타틴(MSTN) 131, 136, 190
미탈리포프(Mitalipov, Shoukhrat) 104-106,
        241, 265

ㅂ

바르트신드롬 84
박테리오파지 23-25, 59-60, 289
백내장 76
베타지중해성빈혈 78-79, 98, 112-113,
        229-230

ㅅ

삼핵접합자 98, 101, 112, 127, 269, 289
상가모테라퓨틱스 79, 96, 226, 230-231
상동의존성수리(HDR) 31, 57, 76, 86, 88,
        112, 124, 145, 151, 162, 164, 169,
        184, 191, 289, 293
생식세포 치료 102, 116-121, 128, 134
생식세포 편집 97, 113, 118-120
샤르팡티에(Charpentier, Emmanuelle) 28,
        214-215, 221, 223, 228
슈퍼박테리아 59-61
스페이서 24-25
시험관 내 55, 65, 72, 8388, 216, 228, 294

ㅇ

아데노연관바이러스(AAV) 58, 68, 76, 81,
        83, 86-87
아실로마 회의 96, 254, 261-265, 266,
        268-270
아연손가락핵산분해효소(ZFN) 20-22,

(우측 상단)

보조생식기술(ART) 110, 121-122
비상동말단접합(NHEJ) 31, 57, 80, 83, 86,
        88, 142, 144-145, 151, 162, 168-
        169, 184, 188, 190, 245, 289, 292

33-34, 58, 63, 173, 186, 230-231,
290

암 38, 47, 52, 54, 56, 58, 65, 67-72, 85,
89, 118, 123, 128, 130, 134, 223,
229-230, 235, 264

에디타스메디신 58, 82, 217, 221-222,
226-227

예방의 원리 121

우생학 131, 133-135, 262, 266

유도만능줄기세포 48, 55-56, 63, 73, 78-
79, 82-84, 291

유산균 25-26, 161, 286,

유전자 드라이브 8, 41, 194-196, 197,
199, 201-202, 203-208, 254, 281,
291

유전자변형생물체(GMO) 36, 124, 159,
179-183,185, 188, 208, 235, 238-
239, 246, 262

이중가닥 절단 19, 20-21, 30-31, 34, 87,
148, 159, 176, 292

인간 유전자 편집 국제 정상회담 100,
254, 266-268, 269-271

인간면역결핍바이러스(HIV) 57-58, 61-
64, 121, 230, 278, 283

인간수정배아관리국(HFEA) 100, 258

인델 101, 105, 149, 151, 164, 167, 292

인텔리아테라퓨틱스 70, 82, 222-223,
226, 228

임상시험 34, 43, 45, 52, 54, 63, 70-71,

86, 89, 109, 112, 227, 229, 249,
256, 260, 293

ㅈ

자기 규제 9, 107-108, 207, 254-255,
269-272, 274

자폐 72-74, 134

장 펑(Feng, Zhang) 44, 67, 73, 80, 142,
214-215, 221-222, 227, 264

장기 이식 8, 44-46, 47

저촉심사서 215

정밀성 9, 40, 127, 244-246

제초제 저항성 140, 145-146, 176, 183

제한효소 19-21, 150, 286-288, 290, 292

조현병 72-73

증강 6, 8, 97, 103, 116-136

지적재산권 221, 223-225, 227

ㅊ

처치(Church, George) 45-47, 130, 210, 223

체내 54, 57, 58, 65, 68, 73, 75, 76, 80, 83,
228, 294

체세포 치료 8, 52-93, 102, 116-117,
257, 266

체외 54-56, 62, 68, 88, 99, 259, 294

체외수정 100, 122, 126, 135,
치료라는 오해 89-90

프레이밍 9, 234-251

ㅋ

ㅎ

화농연쇄상구균 29, 86
황반변성 77
카르타헤나의정서 180, 208
황색포도상구균 59, 61, 86, 161, 166
카리부바이오사이언시스 221-222, 226-
228
케모카인수용체(CCR5) 62-63, 121
크리스퍼 배열 25-27, 286, 294
크리스퍼테라퓨틱스 58, 221-222, 226,
B형간염바이러스(HBV) 62, 65, 228
228-229
Cas9 28-29, 32, 34, 63, 80, 86-87, 111,
키메라성항원수용체 T세포(CAR-T 세포)
147, 152-155, 157-162, 164-166,
69-70, 223, 228-230
168, 170-171, 176-177, 226
crRNA 17, 28-29, 214, 220, 244
dCas9 33, 152
ㅌ
sgRNA 29, 32-35, 59, 63-64, 68, 71-72,
74, 87, 101, 123-124, 147, 149,
툴젠 214, 218, 225, 231-232
152-155, 158-168, 173, 175-177,
트랜스휴머니즘 135
214, 228, 244
틈새형성효소 87, 151, 165-166, 172, 294
TALE 유전자가위(TALEN) 22, 33-34, 53,
티로신혈증 81
58, 73, 143, 161, 226, 229, 231
tracrRNA 29, 214, 220

ㅍ

표적이탈 돌연변이 42, 87, 98, 122, 151-
152, 157, 162, 165-166, 188-189